하천공학

하천공학

정관수, 안현욱, 장창래, 김연수
이기하, 최미경, 박상현 공저

씨
아이
알

머리말

인류의 문명은 하천 주변에서 시작되었으며, 인류는 하천을 이용하며 이를 발전시켜왔다. 하천의 기능에는 물을 이용하고 수자원을 개발하며 분배하는 이수기능, 홍수방어를 기본으로 재해를 방재하는 치수기능 그리고 수질뿐만 아니라, 생태환경적으로 건전한 환경을 창출하거나 보전하는 하천환경기능 등이 있다. 하천공학은 하천이 이러한 하천 기능을 잘 유지하고 인간 생활에 도움을 주게 하기 위한 인위적, 자연적인 기술이며, 토목공학의 한 분야이다. 하천공학은 하천정비, 제방, 수제, 하상유지시설, 보, 어도 등 하천시설물을 계획, 설계, 시공, 유지관리를 하거나 하천을 복원하는 모든 지식과 기술을 다루고 있다. 또한 하천을 포함하는 유역을 대상으로 수자원 조사, 계획, 관리도 하천공학의 범주에 포함된다.

최근에는 자연과 인간이 조화를 이루는 하천 계획, 복원 및 관리 기술이 요구되고 있으며, 이러한 패러다임의 변화에 의하여 유체역학, 수리학, 수문학, 수자원공학, 유사 이송 등 수공학 지식이나 기술뿐만 아니라, 기상학, 수생태학, 생물학, 조경학, 경제학, 사회학, 역사와 문화 등 다양한 분야의 학문과 융복합된 지식과 기술이 필요하다. 그러나 이러한 모든 분야를 한 권의 책으로 다루기에는 많은 한계가 있다. 따라서 이 책에서는 하천사업에 직접 적용할 수 있는 수공학 분야의 기술로 제한하였다.

이 책은 하천을 해석하는 수리학 분야의 기초이론에 충실하면서, 하천공학의 최신 실무 기술을 충실하게 기술함으로써, 하천공학을 개설한 대학이나 대학원에서 실용성이 강조된 전공교재로 사용할 수 있도록 하였다. 특히, 미래지향적으로 하천과 유역을 통합 관리하는 공학적인 기술뿐만 아니라 자연과 생태계를 고려한 하천관리 및 복원 기술을 강조하였다.

이 책은 총 11장으로 구성되어 있다. 우선 1장은 하천과 유역의 특성을 나타내는 기본적인 개념을 정리하여, 하천공학을 접하는 학부생이나 다른 전공자들이 쉽게 접근할 수 있도록 하였다. 2장은 강우와 유출의 기본적인 개념을 소개하였으며, 3장에서는 유역과 하천조사 실무 기술을 익힐 수 있도록 강수량, 수위, 유량, 유사량, 하천특성을 조사하고 분석하는 하천조사를 다루었다. 4장은 하천에서 흐름 특성을 수리학적으로 이해할 수 있도록 개수로 흐름을 소개하였다. 5장은 유사의 이송 특성과 유사량을 산정하고, 하상변동을 추정할 수 있는 기술을 소개하였다. 6장은 하천의 지형변화 과정을 이해하고 해석할 수 있는 개념을 기술하였다. 7장은 물관리를 효율적으로 하기 위한 물수지 분석 및 유량배분 등을 이해할 수 있도록 이수 분야를 다루었다. 8장은 홍수를 실무적으로 이해하고 이를 해석할 수 있도록 치수 분야를 다루었다. 9장은 하천생태계를 구성하는 물리적 구조와 서식환경을 이해하고 이를 평가하기 위한 기술을 소개하였다. 특히, 환경생태유량을 평가할 수 있는 방법을 다루었다. 10장은 하천시설물을 계획하고 설계할 수 있는 실무 기술을 다루었다. 특히, 치수기능에 해당하는 제방, 호안, 수제, 하상유지시설과 이수기능에 해당하는 보, 하천환경기능에 해당하는 어도 그리고 토사재해 방지를 위한 사방시설을 기술하였다. 11장은 하천 수질을 이해하고 하천수질관리를 위한 기본계획과 제도를 소개하였다.

이 책은 학부교재로 사용할 경우에 수리학적 기본개념이 소개된 1장, 2장, 3장, 4장과 하천수리구조물이 소개된 10장 등이 주요 대상이 될 수 있다. 하천실무를 위한 심화개념은 5장, 6장, 7장, 8장, 9장, 11장에서 소개하였으며, 대학원 교재로 사용하거나 현장 실무자에게 도움이 될 수 있을 것이다.

2019년 11월

저자 일동

목차

CHAPTER

⑩ 하천시설물

하천과 유역

CHAPTER 01 하천과 유역

하천공학의 기본개념인 하천과 유역의 정의 및 기능을 알아보고, 하천의 다양한 분류 방법을 정리해보기로 한다. 그리고 하천과 유역을 형태에 따라 구분해보고 그 특징을 살펴보도록 한다.

1.1 하천(河川)

1.1.1 하천의 정의

하천은 물이 흐르는 길로, 하늘에서 내린 강수(降水, precipitation)가 바다로 흘러가는 경로에 해당된다. 하천은 지표를 흐르면서 주변 생명체에 필요한 물과 영양분을 공급하며, 토지를 침식시키고 퇴적시키며, 민물고기와 야생동물이 살아갈 수 있는 터전을 제공한다. 하천은 강과, 골짜기나 평지에 흐르는 자그마한 시내를 아울러 이르는 말이다.

하천은 육지표면에서 대체로 일정한 유로를 가지는 유수의 계통을 말하며, 그동안 우리나라에서는 큰 물길인 강을 하(河), 작은 강을 천(川) 또는 수(水)로 나타내고 있으나 오늘날에는 혼용하는 경우가 많다.

지표면에 내린 비나 눈의 일부는 지표면이나 수면에서 증발하고, 일부는 식물체를 거쳐 증산(蒸散)하여 대기 중에 되돌아가고, 일부는 지하수가 된다. 그 나머지는 지표수가 되어 항상 낮은 곳을 향해서 흐르는데, 지표수는 사면(斜面)에서 최대 경사의 방향을 따라 흐르므로 자연적으로 그 흐름의 길이 생기게 된다. 이 유수의 통로가 되는 좁고 긴 요지(凹地)를 하도(河道)라 하고 하도에서의 물의 흐름을 하류(河流)라고 하며, 하류를 합쳐서 하천(河川)이라고 부른다. 하천은 수목(樹木)처럼,

줄기에 해당하는 본류(本流)와 가지에 해당하는 지류(支流)로 구성된다. 본류에 합류하는 것이 지류이며, 본류에서 갈라져서 흐르는 것을 분류(分流)라고 한다.

하천은 바다, 호수 또는 다른 하천으로 흘러 들어가거나 흘러나오는 자연스러운 물줄기이다. 어떤 경우에는 하천이 땅에 흘러들어 가버려서 다른 수체에 도달하기도 전에 말라버리기도 한다. 유럽에서는 큰 하천을 강, 그보다 작은 경우에는 하천, 개울, 개천, 냇물, 시내와 같은 이름을 사용하여 그 크기에 따라 불린다. 일부 국가 또는 지역에서는 하천이라는 이름이 그 크기에 의해 정의되지만, 일반 용어인 강에 대하여 지리적 특징을 적용한 정의는 아직 없다. 하지만 하천에 대한 이름들은 주로 지리적 위치에 따라 달라진다. 예를 들어 미국의 일부 지역에서는 'Run', 스코틀랜드와 잉글랜드 북동부 지역에서 'Burn' 그리고 잉글랜드 북부에서는 'Beck'이라고 부르기도 한다. 때로는 River가 Creek보다 더 크다고 정의되지만, 항상 그런 것은 아니다. 하천의 크기를 구별할 수 있는 언어가 모호하지만 앞서 구분한 대로 강, 하천, 개울, 개천, 냇물, 시내의 순서로 사용하면 된다.

하천은 수문순환 또는 물순환의 일부이다. 물은 일반적으로 표면 유출에 의하여 흐르거나, 지하수 함양, 샘, 얼음이나 눈과 같이 자연적으로 저장된 것의 일부가 점진적으로 방출되어 수로를 통해 하천에 모인다. 하천공학은 강에 대한 과학적 연구이며, 호소(limnology)는 일반적으로 내륙의 물에 대한 연구로 구분되기도 한다.

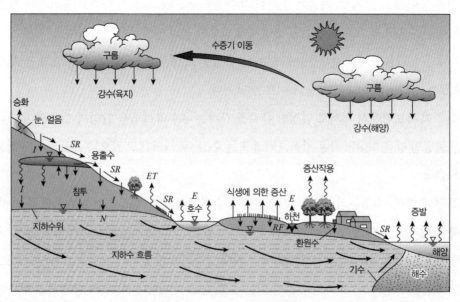

그림 1.1 물의 순환(Bear와 Verruijt, 1987); SR=지표유출, E=증발, I=침투, RF=회귀수, N=지하수 보충

1.1.2 하천의 기능

하천은 자연풍경 중 가장 명백하고 중요한 특징 중 하나이다. 하천은 물을 중력에 의해 바다로 운반한다. 자연적인 수문순환 과정은 시종(始終)이 없으며, 일반적으로 수표면 증발로 시작하여, 강우에 의한 유출이 발생하고, 지표수, 지하수, 지표하수 등의 형태로 다시 바다로 돌아옴으로써 그 순환이 끝나는 것으로 한다. 지표수의 경우, 주기는 평균 11일 동안 지속되는 것으로 알려져 있다. 즉, 전 세계적으로 평균 11일마다 전체 지표수가 교체된다. 하천은 상대적으로 짧은 기간 내에 완전히 재생 가능한 물의 원천을 제공한다. 오랜 세월 동안 하천은 물을 끊임없이 공급하여, 사회의 계속 증가하는 갈증을 만족시키는 신선한 물의 원천으로 사용되어 왔다.

반건조 지역과 건조 지역에서 담수는 희귀한 천연 자원으로, 경제적으로 유익한 용도로 측정되고, 할당되며, 판매된다. 이 외의 하천은 또 하나의 중요한 기능을 가지고 있다. 하천은 액체 상태의 물뿐만 아니라, 특히 부유 물질과 용해된 고체를 운반하기도 한다. 하천의 자연적인 기능 중 하나는 궁극적으로 이러한 고체들을 바다로 운반하는 것이다.

한편, 하천은 인간 생활에 여러 가지로 물질적 풍요를 가져다준 동시에 위협이기도 하였다. 하천 주변은 인구가 조밀하게 분포한 곳이었기 때문에 홍수피해를 막기 위해 끊임없이 둑을 쌓았으며, 반대로 가뭄 시에는 물을 쉽게 끌어올 수 있도록 관개 대책을 세웠다. 따라서 동서양을 막론하고 강물을 조절하여 가뭄을 해결하고 홍수를 막는 관개와 치수를 관장하는 일은 가장 중요한 토목 사업이었다. 따라서 과거 이수와 치수의 문제는 절대 권력을 가진 전제군주 출현의 원인으로 알려지게 되었다.

하천은 예로부터 동력원으로서 큰 역할을 하였다. 작은 도랑물을 이용해 물레방아를 돌려 곡식을 빻거나, 큰 강물을 이용해 수력발전을 하기도 한다. 또한 수운 교통으로서 하천이 차지하는 비중도 결코 작지 않다. 아마존 오지의 밀림에서는 하천이 유일한 교통로로 이용되고 있다. 미국의 중부를 북에서 남으로 관류하는 미시시피강은 미국 개척 초기에 중요한 교통수단으로서 미국의 발전에 크게 기여하였다. 유럽에서는 라인강과 도나우강을 연결하는 운하를 건설하여 교통, 관광 및 산업 발달의 한 축으로 이용하기도 한다.

일반적으로 하천의 3대 기능으로서 치수기능, 이수기능 그리고 환경기능을 들 수 있다. 치수기능이란 홍수 시 계획홍수량을 바다로 안전하게 배수시키는 기능을 말하며, 이수기능이란 갈수기에도 음용수, 생활용수, 공업용수, 농업용수 등을 수요자에게 안전하게 공급하는 기능을 말한다. 또한 환경기능은 수체 내의 용존산소가 고갈되지 않도록 자정작용이 가능하게 하고, 갈수기에도 생태환경유량을 제공하며, 홍수 시 홍수량을 상류 댐에 저장하여 경관 및 친수 기능에 장애가 발생하지 않도록 하고 갈수기에도 동일하게 경관 및 친수기능을 유지할 수 있도록 수량을 확보하는 기능을 말한다.

1.1.3 하천의 분류

분류에 대하여 Platts(1980)는 "가장 엄격한 의미에서의 분류는 유사점 또는 관계에 기초하여 객체를 그룹 또는 집합으로 정리하거나 정렬하는 것"이라고 정의하였다. 하천을 분류하려는 시도는 새로운 것이 아니다. Davis(1899)는 처음에 하천을 상대적 조정 단계에 따라 청년기, 장년기 그리고 노년기 하천 세 가지로 나누었다. 질적이고 기술적인 구분에 기초한 추가적인 하천 분류 시스템은 이후 Melton(1936)과 Matthes(1956)에 의해 개발되었다.

직선(straight), 사행(meandering) 그리고 망상(braided) 형태의 하천은 Leopold와 Wolman(1957)에 의해 기술되었고, Lane(1957)은 망상, 중간(intermediate) 그리고 사행하천에 대하여 정량적인 하천경사와 유량 관계를 개발하였다. 기술적이고 해석적인 특징에 기초한 분류는 Schumm(1963)에 의해 개발되었는데, 부분적으로 채널 안정성(stability), 침식(eroding) 또는 퇴적(depositing)과 유사 이송의 형태(혼합사(mixed load), 부유사(suspended load), 소류사(bed load))에 기반을 두고 있다.

서술적 분류는 위치적 특징(depositional features), 식물(vegetation), 망상의 형태(braiding patterns), 만곡(sinuosity), 사행구간(meander scrolls), 제방 높이(bank heights), 제방의 모양(levee formations), 홍수터 형태(floodplain types) 등을 이용하여 Culbertson et al.(1967)이 개발하였다. Thornbury(1969)는 계곡형(valley types)에 기반을 둔 분류시스템을 개발했다. 패턴은 선행(antecedent), 중첩(superposed), 결과(consequent) 및 후속(subsequent)으로 구분하여 설명하였다. 또한 Khan(1971)은 곡류비(meander Ratio), 경사도(slope), 채널 패턴(channel pattern)을 기준으로 모래 하천에 대한 정량적 분류를 개발했다.

광범위한 하천지형을 다루기 위해, Kellerhals et al.(1972, 1976), Galay et al.(1973), Mollard(1973)는 캐나다 강에 대한 분류 체계를 개발하고 적용하였다. 이 연구 결과는 하천 특성에 대하여 뛰어난 설명과 해석을 제공하고 있다. 이 체계는 항공 사진의 정리와 고전적인 강의 형태 사이의 점진적인 전환을 설명하는 데 모두 유용하다. 그리고 가장 상세하고 완벽한 하천 및 계곡의 특징에 대한 목록을 제공하고 있다. 그러나 많은 수의 해석적 설명은 오히려 이 분류체계를 일반적인 계획이나 목표에 적용하기에 매우 복잡하게 만든다.

Schumm(1977)은 퇴적물 수송(sediment transport), 채널 안정성(channel stability), 측정 수로의 크기(measured channel dimensions)를 이용하여 대초원 지역의 강을 분류하려는 시도를 하였다. 질적 기준이 관측자들 사이에서 크게 다를 수 있기 때문에 안정성에 기초하여 하천 시스템을 분류하는 것은 종종 어렵다. 마찬가지로, 이 분류에서 필요한 총유사량 대비 소류사량의 비율에 대한 데이터는 유용하지만, 이와 같은 자료는 하천을 분류해야 하는 사람들이 쉽게 구할 수 없는 경우가 많다.

Brice와 Blodgett(1978)는 4가지 수로 유형을 망상(braided), 망상사주(braided point bar), 완만하게 굽어진 사주(wide-bend point bar), 일정한 폭을 가진 사주(equi-width point bar) 등으로 설명하였다. 충적하천 수로의 기술적인 목록은 Church와 Rood(1983)에 의해 잘 정리되어 있다. 이 데이터들은 유사한 형태학적 특성에 기초한 하천의 분류를 포함한 많은 목적에 매우 유용할 수 있다. Nanson과 Croke(1992)는 입자 크기(particle size), 채널 형태(morphology of channels), 제방구성물질(bank materials) 등이 포함된 범람원 분류를 제시했다. 이 분류는 앞서 제시된 것과 동일한 채널 유형의 일부 기준을 가지고 있지만, 적용범위가 범람원으로 제한된다. Pickup(1984)은 하천 유형의 다양한 측면에 대한 퇴적물 공급원(sediment source)과 퇴적물의 상대적 양의 관계를 설명하지만, 하천의 분류는 아니다. Selby(1985)가 작성한 문서는 충적 하천의 형태와 구배 그리고 퇴적물의 유형, 공급 및 지배적인 질감(입자 크기) 사이의 관계를 보여 주었다. 이 관계는 근본적으로 Schumm(1977)의 이론을 이용하고 있는데, 총유사량(total sediment load)에 대한 소류사량(bed material load)의 비율 증가와 그에 상응하는 채널 구배의 증가는 수로의 안정성을 저하시켜서 곡류하도가 망상하도로 채널 패턴이 전환된다고 제시하고 있다. Selby(1985)는 그의 분류에서 합류(anastomosed channel) 또는 망상수로(braided channel) 형태를 비슷하게 다룬다. 그러나 합류수로는 Smith과 Smith(1980)에 나타난 바와 같이 경사도, 조절 과정(adjustment processes), 안정성, 총유사량에 대한 소류사량의 비, 폭과 수심의 비 측면에서 망상수로와는 유사하지 않다.

이러한 하천 분류 시스템의 대부분이 어느 정도의 한계를 가지고 있지만 특정한 설계 목표를 충족했다. 그러나 광범위한 지방에 걸친 다양한 하천을 보다 상세하고 재현이 가능한 정량적 분류에 대한 요구로 인하여 새로운 하천 분류 방법은 최근까지 계속 개발되고 있다.

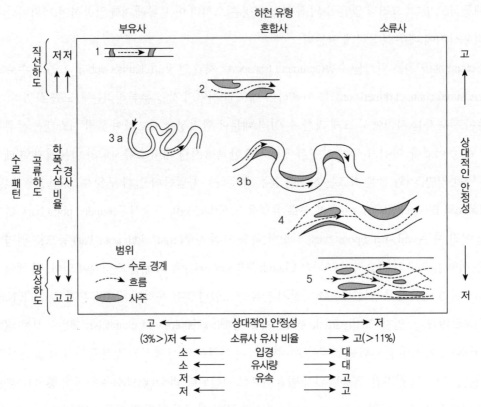

그림 1.2 충적하천의 분류(Schumm, 1977)

1.2 유역

1.2.1 유역의 정의

유역은 땅에 떨어진 모든 물방울과 그 물방울들이 모이고 흘러서 동일한 배출구로 가는 지역을 의미한다. 유역은 발자국만큼 작을 수도 있고, 대서양으로 유입되는 아마존강이나 서해로 유입하는 황하로 물을 배출하는 모든 땅을 포함할 만큼 클 수도 있다.

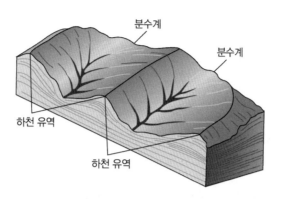

그림 1.3 유역분지와 하계망

유역은 저수지의 유출구, 만(灣, estuary)의 입구 또는 하천 수로를 따라 흐르는 임의의 지점과 같은 일반 출구를 통하여 모든 하천과 빗물을 배수하는 지역이다. 유역(watershed)이라는 단어는 배수유역(drainage basin) 또는 유역(catchment)과 상호 교환하여 사용하기도 한다. 하나의 지역을 두 개의 유역으로 분리하는 언덕(ridges)과 언덕(hills)을 유역분수계(drainage divide)라고 부른다. 유역은 지표수, 하천, 저수지, 습지 등으로 구성된다. 큰 유역에는 작은 유역이 많이 포함되어 있다. 그것은 모두 유출 지점에 달려 있다. 동일 유출 지점으로 물을 배출하는 모든 땅이 그 유출 지점의 유역이다. 하천의 흐름과 수질은 유역의 상류(上流, upstream)에 있는 땅에서 발생하는 인위적이든 아니든 간에 영향을 받기 때문에 유역의 개념은 매우 중요하다.

1.2.2 유역의 기능

유역의 상류에서 하류(下流)로 물이 내려가 점차적으로 더 큰 개울, 하천과 강이 되고, 대지를 적시며 동시에 생활, 농업, 발전 그리고 환경 측면에 필요한 물을 제공한다. 하나의 유역 공동체는 그곳에 사는 모든 사람들과 다른 동물과 식물들로 구성되어 있다. 인간, 식물, 동물의 공동체는 유역에 의존하기도 하지만 어떤 면에서는 그것에 영향을 주기도 한다. 흐르는 물은 수생태계의 피난처를 제공하고, 상류로부터 부스러기 유기물, 용해된 유기물, 미네랄 등을 운반하여 수생태계에 영양분을 제공하는 역할을 한다. 동시에, 물은 비료나 살충제 등과 같이 농작물재배를 위해 사용된 오염물질을 운반할 수도 있다. 유역에 거주하는 인간들의 수많은 활동은 수질을 저하시키는 요인 중 하나이다. 하천 제방 침식으로 인한 침전물, 야생 동물의 박테리아와 영양분, 강우에 의해 쌓인 화학

물질 등을 자연 오염원의 일부라고 할 수 있다.

유역의 주요한 기능을 다섯 가지로 구분할 수 있다.

① 빗물을 모은다.

② 시간에 따라 다양한 양의 물을 저장한다.

③ 물을 유출한다.

④ 화학 반응이 일어날 수 있는 다양한 장소를 제공한다.

⑤ 동식물의 서식지를 제공한다.

하천의 기능에서 ①~③은 하천의 물리적 특성이며, 수리학적 기능이라고 부른다. ④와 ⑤의 마지막 두 가지 기능은 하천이 가지는 생태학적 기능이다. 인간의 활동은 유역의 모든 기능에 영향을 미친다. 예를 들어, 지표면이 건물과 주차장과 같은 투과되지 않는 물질로 덮여 있을 때, 침투는 감소하고 대부분의 물은 배수로를 통하여 하천수로로 흘러 들어간다. 또한 침투 감소는 지하수의 재충전을 감소시킨다. 유역에는 도시지역, 농업지역, 산지 등이 포함되어 있고, 이들 지역에서 발생되는 비료와 살충제를 포함한 다양한 화학 물질이 혼합된 빗물이 토양에 유입되고 궁극적으로 지하수에 도달할 수 있어 공공 및 민간 우물의 오염이 발생하곤 한다.

1.2.3 유역의 특성

유역은 집수구역이라고도 하며, 강우 시 하천으로 물이 모여드는 영역을 의미하고, 하나의 유역에 내리는 강우는 유역에서 가장 낮은 지점으로 모이게 된다. 대부분이 산지로 둘러싸인 영역의 경우 유역 결정이 뚜렷한 반면, 평지의 경우에는 유역의 구분이 불분명한 경우가 많다. 그러나 지표를 따라 흐르는 하천의 유역면적과 지표 아래에서 흐르는 지하수의 흘러드는 면적이 반드시 일치하지 않을 경우가 있다.

1) 유역 보호 및 보존의 목적

수자원의 보호와 관리를 위한 장기적인 관점에서 유역 보호, 개선 그리고 복원이 매우 중요하다. 이를 인식하고, 많은 나라에서는 유역관리 분야로 관심과 자원을 집중하고 있다. 유역에서 황폐화 문제의 성격과 규모, 그리고 부족한 자원의 가용성은 포괄적이고 장기적인 접근을 요구한다. 이러한 노력의 성공적인 구현을 위한 핵심은 정확하고 적절한 조사와 계획을 수립하는 것이다.

(1) 유역의 황폐화

유역 황폐화는 시간에 따른 가치 손실을 의미하는 것으로서, 수질과 수량 그리고 하천 흐름의 악화를 초래하는 하천 시스템의 수문학적 거동의 현저한 변화를 포함한다. 유역의 황폐화는 생리학적 특징, 기후, 열악한 토지 사용(무분별한 산림벌채, 부적절한 경작, 채광으로 인한 흙과 경사의 폐해, 동물의 이동, 도로 건설 그리고 심하게 통제된 물줄기의 방향 전환, 저장, 운송 및 사용)의 상호작용 결과이다. 결국, 유역의 황폐화는 생태학적 퇴화를 가속화하고 경제적 기회를 감소시키며 사회적 문제를 증가시킨다.

(2) 유역관리

유역관리는 재화와 서비스를 제공하기 위해 토양이나 물의 근원에 부정적인 영향을 미치지 않고 유역에서 자원의 조작을 포함하는 행동 방침을 결정하고 수행하는 과정을 의미한다. 일반적으로 유역관리는 유역 내부와 외부에서 작용하는 사회, 경제 및 제도적 요인을 고려해야 한다.

(3) 유역조사 및 계획

유역조사 및 계획은 적절하게 조정 및 수행될 경우 실제 유역관리의 성공적인 수행을 가능하게 하는 준비 작업이다.

2) 유역 개발의 적절한 계획과 우선순위 설정의 목표

(1) 주요 목표 설정

기존 자료 수집 후 유역의 주요 문제점 파악과 관리 가능성을 고려하여 제안된 사업의 주요 목표를 정의해야 한다. 다음은 가장 일반적인 것들 중 몇 가지이다.

- 침식을 최소화하고 방지하기 위해서, 동시에 토지의 생산성을 증가시키고 농부들의 소득 증

대를 위한 적절한 토지 이용과 방지 및 보호 조치를 통해 유역을 복구하기

- 수자원 개발의 이익(가정용수 공급, 관개 등)을 위한 유역의 보호, 개선 또는 관리하기
- 홍수, 가뭄, 산사태 등 자연 재해를 최소화하기 위한 유역 관리하기
- 사람들의 이익과 지역 경제를 위하여 유역 안에 지역을 개발하기
- 위 항목들의 조합

서로 다른 목적들은 계획을 하는 데 있어 기술, 인력, 자료들과 다양한 접근방법이 요구된다. 모니터링 및 평가 기준도 다르므로 주요 목표를 가능한 한 빨리 파악하고 정의해야 한다.

(2) 우선순위 설정

우선순위 유역 및 소유역은 준비단계에서 파악되어야 한다. 모든 소유역에서 인력 및 자원 제약으로 동시에 작업을 수행할 수 없으므로, 우선순위 목록을 설정해야 한다. 우선순위는 항상 위험한 상태에 있거나 큰 하천에 가까이 있거나 공공시설에 가까이 있어서 보호가 필요한 시설이다. 예를 들면, 저수지나 취수구 또는 유수전환 댐과 같은 시설이 있는 소유역이 우선순위로 선택될 수 있다. 그러나 많은 경우 우선순위 지역은 전략적 위치, 경제적 순위 등 사회경제적 조건에 의해서 선택된다.

3) 유역 지질학과 지형학적 특성

(1) 지질학적 특성

대부분의 국가에서는 지질학적 지도와 정보를 이미 사용하거나 사용이 가능하다. 그러나 지도축척이 작고 정보가 대상유역을 구체적으로 설명할 수 없는 경우가 많다. 이런 경우에는 자료를 재확인하고 정제하는 작업이 필요하다. 침식 및 퇴적과 관련된 기본적인 지질학적 정보가 요구되는데, 대상유역에 관련 정보가 없는 경우 간단한 조사가 필요하다. 지질학적 특성조사의 목적은 암석의 종류, 풍화 깊이, 구조 등을 파악하는 것이 주요 관심사이다.

(2) 지형학적 특성

지형학은 유역 내의 지형 형태를 다룬다. 지형에 대한 조사는 침식 과정, 재해 및 관리 가능성을

더 잘 이해할 수 있게 한다. 유년기의 계곡은 예전의 계곡보다 더 활발한 침식을 겪게 된다. 높은 하천 밀도는 일반적으로 빠른 표면 유출과 갑작스러운 홍수 등을 예측할 수 있다.

이러한 종류의 정보는 암석 형태와 구조물과 함께 댐과 도로를 위한 부지를 적절하게 선정할 수 있게 하고, 첨두유출과 시기 등을 추정할 수 있게 한다. 서술적인 지형정보를 수집하는 것 외에도, 비교나 해석에 사용될 수 있는 몇 가지 정량적 분석 방법들도 있다.

4) 유역의 형태

유역의 형태 분석(morphometric characteristics)은 지표면과 지형 단위의 형태 특성에 대한 정량적 평가를 말한다. 배수유역의 하천 시스템의 구성은 하천차수(stream order), 배수밀도(drainage density), 분기 비율(bifurcation ration) 및 하천 길이 비율(stream length ratio) 등을 가지고 정량적으로 표현된다(Horton, 1945). 그것은 유역의 개발 특성을 나타내는 하천 세그먼트(stream segments), 유역 길이(basin length), 유역 매개변수(basin parameters), 유역면적(basin area), 고도(altitude), 부피(volume), 경사, 지표면(profiles of the land) 등과 같은 다양한 요소에 대한 정량적 연구를 포함한다. 일반적으로 유역은 선형적 측면(1차원), 면적 측면(2차원), 기복도 측면(3차원) 중 형태 분석을 위해 선택된다.

(1) 선형적 측면(linear aspect)

배수망은 단일 출구를 통하여 유역의 물과 퇴적물을 운반하게 되는데, 이 출구를 포함하는 하천 그 유역에서 하천차수(stream order)가 가장 높은 하천으로 표시된다. 하천과 유역의 크기는 유역의 차수에 따라 크게 다르다. 하천의 차수(order)를 정하는 것이 유역 분석의 첫 번째 단계이다.

① 하천차수(U)

하천의 차수를 결정하는 방법에는 Gravelius(1914), Horton(1945), Strahler(1952)와 Schideggar (1970) 등 네 가지가 있다. Horton의 시스템을 약간 개조한 Strahler 방법은 단순함 때문에 많이 선호되고 있다. 유역의 가장 높은 곳의 하천의 발원지점에 지류가 유입되지 않은 작은 하천이 1차 하천 구간으로 지정되면, 두 개 이상의 1차 하천구간이 결합되어 2차 하천구간이 되고, 다시 2개 이상의

2차 하천구간이 결합되어 3차 하천구간을 형성하게 된다. 다른 차수의 두 하천구간이 결합하면 더 높은 하천차수가 유지된다. 본류 하천은 가장 높은 차수의 하천구간이다.

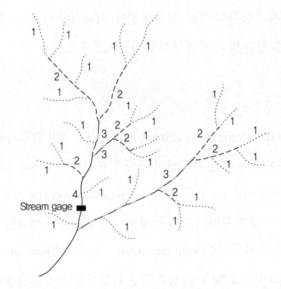

그림 1.4 하천차수에 따른 하천구간 분류(Horton, 1945)

② 하천 번호(Nu)

각 하천에 있는 하천구간의 총 개수는 하천의 번호(Nu)이다. Nu는 하천의 u 차수이다.

③ 하천의 길이(Lu)

각 차수의 개별 하천구간의 총 길이는 해당 차수 하천의 길이다. 하천 길이는 각 차수에서 하천의 평균 길이를 측정하며, 특정 순서로 모든 하천의 전체 길이를 해당 차수의 하천수로 나누어 계산한다. 하천차수가 증가함에 따라 각 차수의 하천 길이는 기하급수적으로 증가한다.

④ 하천경사(S)

하천경사는 하천종단도상에서 임의의 두 지점의 표고차이와 수평거리의 비를 나타낸다. 상류부에서는 경사가 급하고 하류로 갈수록 경사가 완만해지며 유속 및 유출과 같은 흐름 특성에 미치는 영향이 크다.

⑤ 유역 길이(Lb)

Schumm(1956)은 유역 길이는 주 배수로에 평행한 가장 긴 길이로 정의되었다. Gregory와 Walling(1973)은 유역의 길이를 유역의 입구에서 가장 긴 것으로 정의했다. Gardiner(1975)는 유역 길이를 유역 입구에서 그 입구로부터 주변의 어느 방향으로든 동일한 거리에 있는 둘레를 가진 점까지로 정의했다.

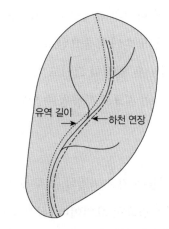

그림 1.5 유역 길이 및 하천 연장의 정의

⑥ 유역면적(A)

유역의 면적은 분수계로 둘러싸인 영역이 가지는 면적으로 하천 배수 길이와 같은 또 다른 중요한 매개변수이다.

⑦ 유역 둘레(P)

유역 둘레는 해당 영역을 둘러싼 유역의 외부 경계이다. 유역 둘레는 유역 사이의 분할을 따라 측정되며 분수령 크기와 형태의 지표로 사용될 수 있다.

⑧ 하천 빈도(Fs)

Horton(1932, 1945)이 도입한 배수 빈도는 하천 빈도 Fs는 유역의 단위면적당 하천구간의 수를 의미한다.

⑨ 지표유출의 길이(length of overland flow, Lo)

Lo는 배수유역의 수문 및 지형학적 개발에 영향을 미치는 중요한 독립변수 중 하나이다. 지표유출의 평균 길이는 하천 간 평균 거리의 약 절반이며 따라서 대략 수계밀도의 역수의 절반과 같다(Horton, 1945).

⑩ 수계밀도(drainage density, Dd)

수계밀도는 유역에서 단위면적당 하천의 길이를 나타내며(Horton, 1945, 1932; Strahler, 1952, 1958; Melton 1958) 배수분석에 필요한 또 하나의 중요한 요소이다. 수계밀도는 지형의 해체와 분석에 더 나은 양적 표현이지만, 지역의 기후, 암석학 그리고 지역구조 및 지역구조 이력은 결국 그러한 지형의 변수와 형성을 설명하는 간접 지표로 사용될 수 있다.

⑪ 질감비(texture ratio, Rt)

Schumm(1965)에 따르면 질감 비율은 기초 지질학, 침투용량, 지형의 기복(relief) 측면에 따라 달라지는 배수 형태측정학 분석에서 중요한 요인이다. 질감비율은 1차 하천과 분지 주변($Rt = U_1/P$)의 비율로 표현되며, 지형의 기초 지질학, 침수 용량 및 기복(relief) 측면에 따라 결정된다.

⑫ 배수 질감(drainage texture, Dt)

배수 질감은 배수 라인의 상대적 간격을 의미하는 지형학의 중요한 개념 중 하나이다. 배수 질감은 기초 지형학적, 침수용량, 지형의 기복(relief)에 달려 있다. Dt는 해당 지역의 둘레당 모든 차수의 총 하천구간 수이다(Horton, 1945). Smith(1950)는 배수 질감을 매우 거친(<2), 거친(2~4), 중간(4~6), 미세(6~8), 매우 미세(>8)의 다섯 가지 질감으로 분류했다.

⑬ 배수 강도(drainage intensity, Di)

Faniran(1968)은 배수 강도를 배수밀도에 대한 하천 빈도의 비율로 정의한다. 배수 강도가 낮다는 것은 배수밀도와 하천 빈도가 지표면침식에 거의 영향을 미치지 않음을 의미한다. 이처럼 배수밀도, 하천 빈도, 배수 강도가 낮은 경우에는 표면 유출이 유역에서 빨리 진행되지 않아서 홍수에 취약하게 되며, 따라서 홍수와 침식, 산사태 등이 발생하기 쉽다.

⑭ 침투수(infiltration number, If)

유역의 침투수는 수계밀도와 유역빈도의 곱으로 정의되고, 유역의 침투 특성에 대한 개념이 주어진다. 침투수가 높을수록 침투가 낮아지고 높은 유출을 나타낸다.

(2) 면적 측면(형상계수)

면적 측면은 유역의 2차원적 속성을 나타낸다. 각 하천구간에 물을 공급하는 유역면적을 묘사하는 것을 가능하게 한다. 평면 매개변수는 유역에서 발생하는 호우의 수문곡선의 크기에 직접적으로 영향을 주고, 첨두유출과 평균유출에도 영향을 준다. 단위면적당 최대홍수량은 유역면적에 반비례한다.

① 형상계수(Form Factor, Ff)

Horton(1932)에 따르면, 형상계수는 유역 길이의 제곱에 대한 유역면적의 비율로 정의할 수 있다. 형상계수의 값은 항상 0.754보다 작아야 한다(완벽한 원형 유역의 경우). 더 길쭉한 형태의 유역일수록 형상계수가 작은 값이 되고, 형상계수 값이 클수록 유출시간이 짧고 첨두유출량은 크다. 반면에 0.42 이하의 낮은 형상계수를 가지고 있는 유역은 길쭉한 형태를 가지고 있으며 긴 유출시간을 가지고 있다.

② 연장비(Elongation Ratio, Re)

Schumm(1965)에 따르면 연장비는 유역의 면적과 동일한 원의 지름과 유역의 최장길이의 비로 정의된다. Strahler는 이 비율은 광범위한 기후 및 지질학적 유형에 따라 0.6에서 1.0까지 변한다고 했다. 다양한 유역의 경사도는 다음과 같은 연장비 지수를 이용하여 구분할 수 있는데, 예를 들면 원형(0.9−0.10), 타원(0.8−0.9), 조금 기다란 형태(0.7−0.8), 기다란 형태(0.5−0.7), 매우 기다란 형태(<0.5)이다.

③ 배수밀도(Circularity Ratio, Rc)

유역의 외곽 형태(Strahler 1964, Miller 1953)가 어떻게 생겼는가에 대한 정량적인 방법으로는 무차원 배수밀도를 사용한다. 배수밀도는 주변의 길이가 같은 원형의 면적에 대한 유역면적의 비율로 정의하고, 배수밀도는 유역의 암석학적 특징과 어느 정도 관계가 있다.

④ 조밀계수(Compactness Coefficient, Cc)

수문학적 유역과 동일한 면적을 갖는 원형 유역의 관계를 표현하기 위해 사용된다. 원형 유역은 첨두유출까지 걸리는 시간이 매우 짧기 때문에 배수관점에서에서 가장 취약하다(Nooka Ratnam et al., 2005).

(3) 기복도 측면(Relief Aspect)

선형 및 면적 특성은 평면 위에 2차원적 측면에서 고려되었다. 세 번째 고려되는 차원으로서 3차원적 측면인 기복도 개념을 도입한다. 각 하천의 세그먼트로부터 높은 차수의 하천과 만나는 지점까지 수직거리를 측정하고, 그 합을 하천의 차수로 나누게 되면 평균 수직거리를 구할 수 있다.

① 유역기복도(Basin Relief, H)

유역기복도는 계곡 바닥의 가장 높은 점과 가장 낮은 점의 표고 차를 말한다.

② 기복도비(Relief Ratio, Rh)

기복도비는 유역의 총 기복도비율(즉, 분지의 가장 낮은 지점과 가장 높은 지점의 표고 차이)과 주 하천선에 평행한 유역의 가장 긴 길이의 비를 의미한다(Schumm, 1956). 기복도비는 직각삼각형과 동일하고 수평과 직각삼각형의 빗변이 이루는 각도에 대한 탄젠트 값과 같다(Strahler, 1964). 따라서 배수유역의 전체 경사는 유역의 경사면에서 작용하는 침식작용의 강도를 나타내는 지표다.

일반적으로 기복도비는 주어진 배수유역의 크기와 배수지역이 줄어듦에 따라서 증가한다(Gottschalk, 1964). 높은 Rh값은 가파른 경사와 큰 기복도비를 나타낸다. 기복도는 유역을 통해 배수되는 운동에너지에 대한 포텐셜을 변환시키는 비율을 제어한다. 일반적으로 보다 가파른 유역에서는 유출이 더 빠르며, 더 많은 첨두유출과 더 큰 침식력이 발생한다.

(4) 유역의 형상

유역은 하천 수로를 따라 자유롭게 흐르는 모든 하천과 그 지류들을 포함한다. 어느 지역에서 발견되는 배수유역의 개수, 크기, 모양 등은 매우 다양하다. 유역의 형상과 수계의 배치는 유역 전반에 걸쳐 첨두홍수량의 발생시간 및 크기에 영향을 미치게 된다. 일반적인 유역의 형상 분류는 다음과 같다.

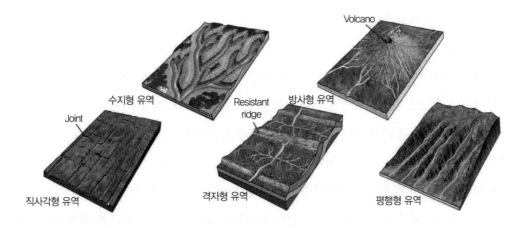

Volcano

수지형 유역

Joint

Resistant ridge

방사형 유역

직사각형 유역

격자형 유역

평행형 유역

그림 1.6 배수 패턴의 주요 유형(http://www.geologyin.com)

① 수지형 유역(dendritic form basin)

가장 일반적인 수지상 형태는 하천의 아래에 있는 자갈(또는 비고정 재료)이 특정한 형태나 구조가 없고 모든 방향에서 동일하게 쉽게 침식될 수 있는 영역에서 개발된다. 그 예로는 접히지 않는 화강암, 편마암, 화산암, 퇴적암 등이 있다. 수지형 유역은 일반적으로 가늘고 긴 직사각형 유역으로, 수계가 나뭇가지형상을 보이고 있고, 지류의 유역이 작고 본류의 유역이 중앙을 관통하고 있다. 지류가 본류의 양쪽 기슭으로부터 유입하여 수지상으로 된 것으로, 첨두홍수량이 작고 홍수의 지속시간이 길다. 한반도에서는 예성강이나 압록강과 같이 침식에 대한 저항력이 균등한 지질의 경우에 형성되는 유역이다.

그림 1.7 수지형 유역

② 평행형 유역(parallel form basin)

평행형 배수유역은 가파른 경사로 인해 유발되는 강들의 형태이며, 3차원적인 지형을 나타낸다. 가파른 경사 때문에 하천은 빠르고 직선적이며 지류가 거의 없고 모두 같은 방향으로 흐르는 경향을 나타낸다. 평행형 패턴은 표면에 뚜렷한 기울기가 있는 곳에서 형성된다. 또한 이 형태는 노출암반대가 있는 평행하고 긴 지역에서 발생한다. 평행형 유역은 좁고 긴 길은 독립된 두 유역을 가진 하천이 거의 평행하게 흐르다가 마지막에 합류하든가 혹은 좌우에서 합류하는 형태의 유역이다. 이러한 형태의 유역은 빙하퇴적, 평행단층 지질의 경우에 잘 형성되며 하류 부근에서 지류가 합류되므로 하류에서 큰 홍수가 자주 발생하게 된다. 우리나라에서는 대동강, 삽교천, 청천강유역 등이 이러한 하천유역이라 할 수 있다.

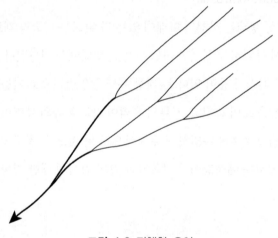

그림 1.8 평행형 유역

③ 부채형 유역(pinnate 또는 fan shape basin)

부채형 유역은 선형 유역이라고도 하는데 유역이 원형 또는 선형으로 되어 있으며 상류에서 여러 개의 지천이 흘러오다가 한군데서 합류되는 형태의 유역이다. 일반적으로 분지를 형성하는 유역으로, 합류점에서 큰 홍수가 발생할 가능성이 크다. 우리나라에서는 압록강, 예성강 유역 등이 부채형 유역에 속한다.

④ 격자형 유역(trellis form basin)

격자형 배수 형태는 일반적으로 퇴적암이 접히거나 기울어진 후 강도에 따라 다양한 정도로 침식되는 곳에서 발생한다. 격자형 유역은 산맥을 횡단하는 지천을 가지는 유역 형태로, 경암층과 연암층이 반복해서 지표에 노출된 퇴적암 유역에서 제1지류는 서로 평행하고 제2지류는 이에 직각으로 합류하는 형식의 하도를 가지는 유역이다.

⑤ 직사각형 유역(rectangular form basin)

직사각형 형태는 지역이 매우 적고, 침대처럼 평평하고, 단층이 있는 곳에서 발견된다. 직사각형 유역은 하천이 직교하는 단층과 같은 지질 구조선의 지배를 받다가 지류가 본류에 직각으로 합류하고 본류도 직각으로 변화하는 형태의 유역으로, 격자형 유역에 비해 공간적인 배열과 규칙성이 뚜렷하지 않다.

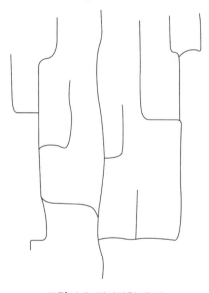

그림 1.9 직사각형 유역

⑥ 방사형 유역(radial form basin)

방사형 배수 시스템에서 하천은 중앙의 가장 높은 곳에서 바깥쪽으로 발산된다. 화산은 보통 뛰어난 방사형 배수 시스템 형태를 보여준다. 방사형 유역은 하나의 중심고지에서 하천들이 방사상으로 유하하는 형상의 유역으로, 고립화산과 퇴적암층의 돔에서 나타난다. 하천 길이에 비해 유역면적이 작아서 홍수 지속시간이 짧다. 이러한 유역에는 영산강, 안성천, 두만강 유역 등이 있다.

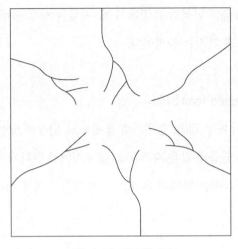

그림 1.10 방사형 유역

⑦ 환상형 유역(annular form basin)

환상형 유역은 경암, 연암이 교대로 지표에 노출될 때 나타나며, 환상에 연하여 하천을 형성하고 있는 유역이다.

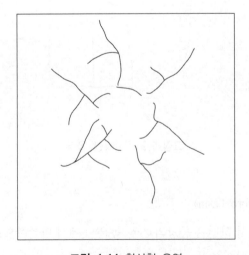

그림 1.11 환상형 유역

⑧ 복합형 유역(compound form basin)

복합형 유역은 위의 형태 중 두 가지 이상 복합되어 이루어진 유역으로, 실제로 대다수의 하천 유역이 복합형 유역이라고 할 수 있다. 특히 방사형 유역과 부채형 유역이 혼합된 유역이 많으며 국내의 금강과 낙동강 유역이 복합형 유역에 속한다.

참고문헌

1) Bear, J. and Verruijt, A.(1987). Modeling Groundwater Flow and Pollution, springer ISBN 10:1556080158.

2) Brice, J.C. and Blodgett, J.C.(1978). Counter Measures for Hydraulic Problems at Bridges. Vol. 1, Analysis and Assessment. Report No. FHWA-RD-78-162, Fed. Highway Admin., Washington, DC, p. 169.

3) Church, M. and Rood, K.(1983). Catalogue of alluvial river channel regime data. Natural Sciences and Engineering Research Council of Canada. Dept. Geology Univ. British Columbia, Vancouver, B.C., Eidition 1.0.

4) Culbertson, D.M., Young, L.E. and Brice, J.C.(1967). Scour and fill in alluvial channels. U.S. Geological Survey, Open File Report, p. 58.

5) Davis, W.M.(1899). The geographical cycle. Geogr. J., 14: 481-504.

6) Faniran, A.(1968). The Index of Drainage Intensity—A Provisional New Drainage Factor. Australian Journal of Science, 31, 328-330.

7) Galay, V.J., Kellerhals, R. and Bray, D.I.(1973). Diversity of river types in Canada. In: Fluvial Process and Sedimentation. Proceedings of Hydrology Symposium. National Research Council of Canada, pp. 217-250.

8) Gardiner, V.(1975). Drainage Basin Morpholmetry, British Geomorphological Research Group, Technical Bulletin.

9) Gottschalk, L.C.(1964). Reservoir Sedimentation. In: Chow, V.T., Ed., Handbook of Applied Hydrology, McGraw Hill Book Company, New York.

10) Gravelius, H.(1914). Grundrifi der gesamten Gewcisserkunde. Band I: Flufikunde (Compendium of Hydrology, Vol. I. Rivers, in German). Goschen, Berlin.

11) Gregory, K.J. and Walling, D.E.(1973). Drainage Basin. Form and Process: A Geomorphological Approach. Edward Arnold, London.

12) Horton, R.E.(1932). Drainage Basin Characteristics. Transactions, American Geophysical Union, 13, 350-361.

13) Horton, R.E.(1945). Erosional development of streams and their drainage basins "Hydro-Physical Approach to Quantitative Morphology", Bull. Geol. Soc. America 56.

14) Kellerhals, R., Church, M. and Bray, D.I.(1976). Classification and analysis of river processes. J. Hydraul. Div., ASCE, 102(HY7): 813-829.

15) Kellerhals, R., Neill, C.R. and Bray, D.I.(1972). Hydraulic and geomorphic characteristics of rivers in Alberta, Research Council of Alberta, River Engineering and Surface Hydrology Report 72-1, p. 52.

16) Khan, H.R.(1971). Laboratory studies of alluvial river channel patterns. Ph.D. Dissertation, Dept. of Civil Engineering Department, Colorado State University, Fort Collins, CO.

17) Lane, E.W.(1957). A study of the shape of channels formed by natural streams flowing in erodible material. Missouri River Division Sediment Series No. 9, U.S. Army Engineer Division, Missouri River, Corps of Engineers, Omaha, NE.

18) Leopold, L.B. and Wolman, M.G.(1957). River channel patterns: braided, meandering, and straight. U.S. Geological Survey Prof. Paper 282-B.

19) Matthes, G.(1956). River engineering. In: P.O. Abbott (Editor), American Civil Engineering Practice. Wiley, New York, Vol. 11, pp. 15-56.

20) Melton, F.A.(1936). An empirical classification of flood-plain streams. Geogr. Rev., 26.

21) Melton, M.A.(1958). Correlation Structures of Morphometric Properties of Drainage Systems and Their Controlling Agents. Journal of Geology, 66, 442-460.

22) Miller, A.(1953). The skin of the earth. Methuen & Co. Ltd., London.

23) Mollard, J.D.(1973). Air photo interpretation of fluvial features. In: Fluvial Processes and Sedimentation. Research Council of Canada, pp. 341-380.

24) Nanson, G.C. and Croke, J.C.(1992). A genetic classification of floodplains. In: G.R. Brakenridge and J. Hagedorn (Editors), Floodplain Evolution. Geomorphology, 4: 459-486.

25) Nooka Ratnam, K., Srivastava, Y.K., Venkateshwara Rao, V., Amminedu, E. and Murthy, K.S.R.(2005). Check Dam Positioning and Prioritization of Micro-Watersheds Using SYI Model and Morphometric Analysis-Remote Sensing and GIS Perspective. Journal of the Indian Society of Remote Sensing, 33, 25-38.

26) Pickup, G.(1984). Geomorphology of tropical rivers. 1. Landforms, hydrology and sedimentation in the fly and lower Purari, Papua New Guinea. In: A.P. Schick (Editor), Channel Processes, Water, Sediment, Catchment Controls. Catena Suppl., 5: 1-17.

27) Platts, W.S.(1980). A plea for fishery habitat classification. Fisheries, 5(1): 1-6.

28) Scheidegger, A.E.(1970). Theoretical Geomorphology. George Allen and Unwin, London.

29) Schumm, S.A.(1956). Evolution of Drainage Systems and Slopes in Badlands at Perth Amboy, New Jersey. Geological Society of America Bulletin, 67, 597-646.

30) Schumm, S.A.(1963). A tentative classification of alluvial river channels. U.S. Geological Survey Circular 477. Washington, DC.

31) Schumm, S.A.(1965). The contribution to hydrology, EOS, Transactions American Geophysical Union, Volume 46, Issue 4.

32) Schumm, S.A.(1977). The fluvial System. Wiley, New York, p. 338.

33) Selby, M.J.(1985). Earth's Changing Surface: an Introduction to Geomorphology. Oxford University Press, Oxford.

34) Simith, D.G. and Smith, N.D.(1980). Sedimentation in anastomosing river systems: examples from alluvial valleys near Banff, Alberta. J. Sediment. Petrol., 50: 157-164.

35) Smith K., G.(1950). Standards for grading textures of erosional topography. Am J Sci 248: 655-688.

36) Strahler, A.N.(1952). Dynamic Basis of Geomorphology. Geological Society of 1) 1) 1) America Bulletin, 63, 923-938.

37) Strahler, A.N.(1958). Dimensional Analysis Applied to Fluvial Eroded Landforms. Geological Society of America Bulletin, 69, 279-300.

38) Strahler, A.N.(1964). Quantitative Geomorphology of Drainage Basins and Channel Networks. In: Chow, V.T., Ed., Handbook of Applied Hydrology, McGraw Hill, New York, 439-476.

39) Thornbury, W.D.(1969). Principles of Geomorphology. 2nd Edition. Wiley, New York.

CHAPTER 02

강우와 유출

CHAPTER 02 강우와 유출

표면에 도달한 강수는 증발산(evapotranspiration)과정과 침투(infiltration)과정을 통하여 일정 부분 손실되고 나머지부분은 하천으로 유출(runoff)되게 된다. 하천설계를 위해서는 이러한 수문학적 순환과정을 깊이 있게 이해할 필요가 있으며, 본 장에서는 지표면에 도달한 강수(precipitation)가 하천에 도달하기까지의 과정에 대해 소개하였다.

2.1 강수자료 수집 및 해석

2.1.1 강수자료 수집

강수(precipitation)란 대기에서 응결되어 지표면으로 강하하는 모든 수분을 총칭하며, 강우(rain)와 눈(snow) 그리고 이슬(drizzle) 및 우박(hail) 등을 포함한다. 하천의 효율적인 유지관리를 위해서는 대상지역의 수문순환과정을 분석하여야 하는데, 이를 위해 가장 선행되어야 할 과정이 바로 강수자료의 수집이며, 강수량은 가장 중요한 입력자료라고 할 수 있다.

우리나라의 우량관측은 국토교통부, 기상청, 한국수자원공사, 한국수력원자력, 지방자치단체 소관의 우량관측소를 통하여 측정된다. mm 단위로 측정된 우량은 자기로 기록되거나 T/M(Telemeter)방식으로 전송되어 기록된다. 현재 국내에서 사용되고 있는 대부분의 우량계는 전도형 우량계(그림 2.1)로 채수부에 들어온 우수를 Tipping Bucket에 받아 우수가 0.5 mm 또는 1 mm가 될 때마다 Tipping Bucket이 전도되도록 설계되어 있으며, 전도된 횟수를 기록하여 우량을 재도록되어 있다.

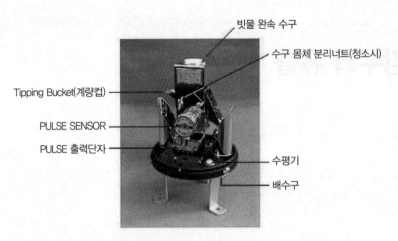

빗물 완속 수구

수구 몸체 분리너트(청소시)

Tipping Bucket(계량컵)

PULSE SENSOR

PULSE 출력단자

수평기

배수구

그림 2.1 전도형 우량계(http://www.wedaen.co.kr/wdr-205.html)

현재 국토교통부, 기상청, 한국수자원공사, 한국수력원자력에서 측정한 강우자료는 국가수자원관리종합정보시스템(http://www.wamis.go.kr/)에서 수집할 수 있다.

우량계에서 측정한 지점강우 이외에 레이더를 이용하여 우량을 측정하기도 한다. 레이더에서 발생한 전파가 대기 중의 강수 입자들에 부딪혀 반사된 파장을 측정하고, 파장과 강우강도 사이의 관계를 이용하여 강우량을 추정한다. 레이더를 이용한 강우관측의 장점은 지점강우와 다르게 공간적인 강우분포를 비교적 정확하게 추정할 수 있는 것이다. 하지만 현재까지 레이더를 이용한 강우측정은 기술적으로 불확실성이 커서 주로 지점강우의 보조적인 수단으로 사용되고 있다.

우량관측소에서 관측장비의 교체 또는 고장 등으로 인해 관측자료가 결측될 경우가 있다. 이런 경우 관측된 값으로부터 결측된 값을 산정하여 결측자료를 보완할 필요가 있다. 일반적으로 결측 값의 보완을 위해서는 결측자료가 발생한 관측소에서 인접한 세 관측소 자료를 사용한다. 세 관측소의 정상연평균강수량(normal annual precipitation)과 결측된 관측소의 정상연평균강수량의 차가 10% 이내일 경우에는 인접한 세 관측소에서의 강수량을 산술평균함으로써 결측된 강수량을 구한다. 연평균강수량의 차가 10%를 넘어가게 되면 정상연강수량 비율법(normal-ratio method)에 따라 다음 식과 같이 강수량을 산정하게 된다.

$$P = \frac{Y}{3}\left(\frac{P_1}{Y_1} + \frac{P_2}{Y_2} + \frac{P_3}{Y_3}\right) \tag{2.1}$$

여기서, P는 보완된 결측값, Y는 결측값이 발생한 지역의 정상연평균강수량, P_n은 인접한 관측소의 강수량, Y_n는 인접한 관측소의 정상연평균강수량이다. 이 밖에도 결측된 관측소와 인근 관측소간의 거리를 가중인자로 사용하는 역거리제곱법(inverse distance squared method), 회귀분석기법(regression technique method), 크리깅(kriging), 인공신경망(ANN) 등 다양한 방법으로 결측 강수량을 보완할 수 있다. 상세한 사항은 참고문헌(Ly et al., 2011; Paraskevas et al., 2014)을 참고하기 바란다.

2.1.2 유역 면적평균 강우량

우량관측소에서 관측한 강우량은 지점강우량이며 수문분석에서는 일반적으로 유역의 면적평균 강우량이 필요하다. 따라서 지점강우량을 면적평균 강우량으로 변환할 필요가 있으며 산술평균법(arithmetic average method), 티센다각형법(Thiessen polygon method), 등우선법(isohyetal method)을 사용하여 면적평균 강우량을 계산할 수 있다.

산술평균법은 유역 내에 있는 강우관측소의 강우량 자료를 단순히 산술평균하는 방법이다. 이 방법은 우량관측소가 균등하게 분포되어 있을 때 비교적 정확한 값을 줄 수 있으나, 강우관측소의 분포 및 지형상황 등에 대한 고려가 없어 일반적으로 잘 사용되지 않는다.

티센다각형법(Thiessen's polygon method)은 관측소 간 연결선의 수직이등분선들로 구성된 티센다각형의 면적비를 가중치로 대상유역의 면적평균 강우량을 산정하는 방법이다. 그림 2.2와 같이 유역을 티센다각형으로 나눌 수 있고 각 관측소에 해당하는 티센다각형의 면적으로 가중치로 하여 다음과 같이 평균을 구한다.

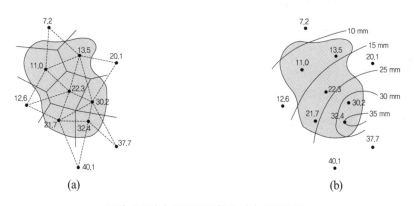

그림 2.2 (a) 티센다각형법, (b) 등우선법

$$P = \frac{A_1 P_1 + A_2 P_2 + \ldots + A_n P_n}{A_1 + A_2 + \ldots + A_n} \tag{2.2}$$

여기서 P는 유역 면적평균 강우량, P_n은 유역 내 관측소에서 관측된 강우량, A_n은 각 관측지점에 해당하는 티센다각형의 면적이다. 관측지점으로부터 티센다각형을 작도하고 유역 내 면적을 구하는 작업은 일반적으로 GIS 소프트웨어를 통해 이루어진다. 티센다각형법은 유역 내의 우량관측소의 상대적 위치와 관측망의 상대적 밀도를 고려하고 있어 산술평균법보다는 정확하고 적용방법의 객관성 때문에 가장 널리 사용되고 있는 방법이다. 하지만 이 방법은 고도에 따른 강수변화를 고려하지 못하는 한계가 있다.

등우선법은 등우선 간의 면적비를 가중치로 하여 유역의 면적평균 강우량을 산정하는 방법으로 산악지역 등 지형적인 효과를 고려할 수 있는 장점이 있다. 등우선법은 면적을 가중인자로 취한다는 방법이 티센다각형법과 유사하지만 관측 자료에 직접 가중치를 부여하는 것이 아니라 등우선 간의 평균강우량에 면적 가중치를 주어 산정한다는 것에서 차이점이 있다.

$$P = \frac{A_1 P_1 + A_2 P_2 + \ldots + A_n P_n}{A_1 + A_2 + \ldots + A_n} \tag{2.3}$$

여기서 P는 유역 면적평균 강우량, P_n은 등우선 사이의 면적에 대한 평균 강우량, A_n은 등우선 사이의 면적이다. 등우선법의 단점으로는 관측지점강우로부터 등우선을 작성하는 과정 및 방법에 따라 정확도가 달라질 수 있다는 점이다.

예제 2-1

유역의 평균강우량 산정 방법이 아닌 것은?

① 산술평균법　　　② DAD 해석법　　　③ 등우선법　　　④ Thiessen법

풀이

유역의 평균 강우량 산정법은 산술평균법, 티센다각형법, 등우선법 등이 있으며 DAD곡선은 최대

평균우량깊이 – 유역면적 – 강우지속시간 관계곡선이다.

예제 2-2

다음 그림과 같은 유역(6 km×4 km)의 평균 강우량을 Thiessen 다각형법으로 구하여라. (단, 1~4번 관측점의
강우량은 각각 50, 70, 20, 60 mm이며, 격자는 1 km×1 km의 정사각형이다.)

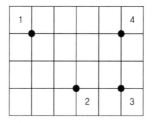

풀이

Thiessen 다각형의 작도방법에 따라 관측지점별 지배면적을 구하면 다음 그림과 같다.

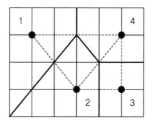

$A_1 = 7.5 \text{ km}^2$, $A_2 = 7 \text{ km}^2$, $A_3 = 4 \text{ km}^2$, $A_4 = 5.5 \text{ km}^2$이다.

따라서 면적평균 강우량은 다음과 같다.

$$P = \frac{A_1 P_1 + A_2 P_2 + A_3 P_3 + A_4 P_4}{A_1 + A_2 + A_3 + A_4} = \frac{1275}{24} = 53.125 \text{ mm}$$

2.1.3 강우강도 - 지속기간 - 발생빈도

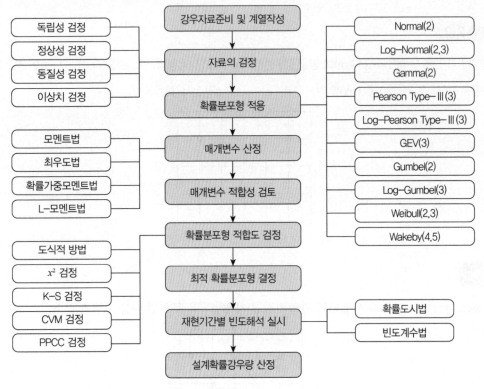

그림 2.3 확률강우량 빈도해석 절차

하천구조물 또는 시설의 설계를 위해서는 확률기반의 설계강우량 산정이 필요하다. 확률강우량은 일반적으로 그림 2.4와 같은 빈도해석절차에 따라 재현기간(return period)과 강우지속시간(duration)별로 산정할 수 있으며, 하천에 대해 적용되는 설계기준은 표 2.1과 같다. 재현기간이란 일정 기간 동안 특정한 강도 이상의 사상이 발생할 확률인 초과확률의 역수로 정의되며, 임의의 크기를 가지는 강우가 발생한 후 해당되는 특정 크기의 강우량보다 크거나 같은 강우가 발생하기까지의 시간간격의 기댓값을 의미한다. 예를 들어 재현기간이 100년인 강우강도는 장기간에 걸쳐 100년에 한 번 꼴로 발생하는 강우강도의 의미를 가진다.

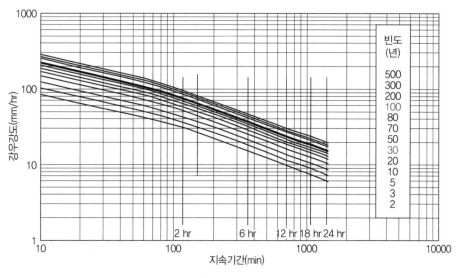

그림 2.4 IDF 곡선

표 2.1 하천구조물에 대한 일반적인 설계기준

하천 종류	재현기간(년)
소하천	50 이하
지방2급하천	50~100
지방1급하천, 도시하천	80~100
국가하천	100~200
국가하천 주요구간	200 이상

빈도해석절차에 따라 산정된 확률강우량을 발생빈도(재현기간)별로 지속기간을 x축상에 강우강도를 y축상에 배치하여 도시한 곡선을 IDF 곡선이라고 한다(그림 2.4). 일반적으로 발생빈도가 같을 경우 강우의 지속기간이 길어지게 되면 강우강도는 작아지게 된다. 이러한 관계로부터 강우강도와 지속기간간의 관계를 회귀식으로 나타낼 수 있으며 널리 사용되고 있는 회귀식은 Talbot형, Sherman형, Japanese형, Semi-log형 등이 있다.

Talbot형: $$I = \frac{b}{t+a}$$ (2.4)

Sherman형: $\qquad I = \dfrac{b}{t^a}$ $\hfill$ (2.5)

Japanese형: $\qquad I = \dfrac{b}{\sqrt{t+a}}$ $\hfill$ (2.6)

Semi-log형: $\qquad I = a + b \log t$ $\hfill$ (2.7)

여기서, I는 강우강도(mm/hr), t는 지속시간(min), a, b는 회귀상수이다. 위 회귀식들은 지역과 발생빈도별로 회귀상수가 결정되게 되며, 식 내에서는 발생빈도가 포함되어 있지 않다.

전국 우량관측소에서 측정된 강우량을 기초로 68개 지점에 대하여 확률강우량을 산출하고 재현기간에 따른 확률강우강도식을 다음과 같이 유도하였다(건설교통부, 2000).

$$I(t, T) = \frac{a + b \ln \dfrac{T}{t^n}}{c + d \ln \left(\dfrac{\sqrt{T}}{t} \right) + \sqrt{t}} \hfill (2.8)$$

여기서, I는 재현기간과 지속기간에 따른 강우강도(mm/hr)이며, T는 재현기간(yr), t는 강우지속시간(min)이며, a, b, c, d, n은 지점별로 결정되는 회귀상수이다. 전국 주요지역의 회귀상수를 표 2.2에 제시하였다.

일반적으로 유역 전반에 걸쳐 균등한 강우가 내리는 경우는 거의 없으며 동일한 강우사상에서 강우량은 호우 중심으로부터 멀어질수록 감소하게 된다. 따라서 최대강우량은 유역면적이 커질수록 작아지는 경향이 있다. 지점강우량은 한 유역에 대한 면적강우량과는 달리 단일 관측지점에서 관측한 강우량이다. 이를 설계강우량으로 사용하기 위해서는 지점강우량을 면적평균 강우량으로 환산할 필요가 있다. 일반적으로 유역면적이 약 26 km² 이하인 경우, 대상유역 내에 한 개의 우량관측소만 있다면 그 지점의 확률강우량을 면적확률강우량으로 이용하고 유역 내에 여러 개의 우량관측소가 있을 경우에는 각 지점별 확률강우량을 Thiessen가중법이나 등우선법에 의해 평균한 강우량을 산정하여 면적확률강우량으로 사용할 수 있다. 그러나 유역면적이 26 km²보다 커지면 강우특성의 공간적 변화를 고려해주어야 하므로 면적감소계수(Area Reduction Factor, ARF)를 도입하여

표 2.2 강우강도식 회귀상수(국토해양부, 2012)

지점	구분		지역상수				
			a	b	c	d	n
서울	120분	단기간	153.0746	144.5254	0.6011	0.1562	-0.1488
		장기간	324.7979	91.6429	-2.8899	0.0176	0.2685
인천	120분	단기간	322.0633	147.1074	2.1344	0.2689	0.1109
		장기간	338.1145	97.8410	-2.0748	0.0655	0.2937
수원	30분	단기간	79.1287	78.0319	-0.2551	0.1088	-0.6026
		장기간	828.3783	144.8427	4.9127	0.1139	0.6580
대전	90분	단기간	157.7852	98.5065	0.1822	0.1356	-0.2843
		장기간	521.6633	101.0004	-0.1721	-0.0005	0.5153
전주	180분	단기간	412.1723	138.2680	1.9288	0.3150	0.3174
		장기간	351.8756	82.1814	-2.3994	0.0696	0.3885
부산	90분	단기간	253.5492	159.1007	1.6795	0.1470	0.0109
		장기간	380.9872	118.4000	-0.5210	0.0627	0.2784
광주	60분	단기간	185.4785	97.5953	0.5941	0.1531	-0.1131
		장기간	354.2587	78.4099	-0.6737	-0.0313	0.3859
춘천	전체	전체	172.6329	82.6687	0.0555	0.1444	-0.0073
포항	120분	단기간	51.8427	72.6780	-0.2845	0.1044	-0.3374
		장기간	266.0319	91.7480	3.0201	0.5121	0.2019
대구	90분	단기간	147.9781	98.0911	0.2046	0.1725	-0.0518
		장기간	310.0363	66.9800	-1.8327	-0.0354	0.4384
군산	90분	단기간	317.0764	96.5720	1.9521	0.1943	0.1353
		장기간	888.6918	100.2966	2.9299	-0.5044	1.0673
목포	60분	단기간	140.3045	74.9801	-0.0001	0.1289	-0.1577
		장기간	350.2751	76.0617	1.1267	0.1034	0.3669
강릉	120분	단기간	98.1820	78.2095	0.1927	0.1525	-0.1758
		장기간	188.0071	101.6393	3.5588	0.5308	0.0141
울산	30분	단기간	569.2767	185.9155	4.6126	0.2583	0.4327
		장기간	255.6156	124.4030	1.2410	0.2497	0.1373
청주	60분	단기간	206.9811	93.6890	0.1992	0.1380	-0.0266
		장기간	194.5685	67.0847	-1.7755	0.0855	0.0791
속초	240분	단기간	93.7767	77.1755	1.1261	0.2165	-0.2620
		장기간	158.2023	82.0172	2.8169	0.6434	-0.0835

유역의 면적확률강우량을 산정한다. 면적확률강우량은 지점확률강우량에 면적감소계수를 곱한 값으로 산정한다. 4대강의 권역별로 ARF를 다음과 같은 회귀식으로 산정하면 다음과 같다(국토해양부, 2012).

$$ARF(A) = 1 - M\exp\left[-\left(aA^{b}\right)^{-1}\right] \tag{2.9}$$

여기서, A는 유역면적(km^2)이고, M, a, b는 회귀상수이다. 위 식의 회귀상수는 지역, 재현기간, 강우지속시간에 따라 다르게 결정되는 매개변수이다.

예제 2-3

부산지역에서 100년 빈도의 60분 강우강도를 식 (2.8)을 이용하여 구하여라.

풀이

부산에서 60분은 단기간으로 분류되며 이에 따른 매개변수는 $a = 253.5492$, $b = 159.1007$, $c = 1.6795$, $d = 0.1470$, $n = 0.0109$이다. 매개변수들과 변수들을 (2.8) 식에 대입하면, 강우강도는 다음과 같다.

$$I(60, 100) = \frac{253.5492 + 159.1007 \ln \dfrac{100}{60^{0.0109}}}{1.6795 + 0.1470 \ln \left(\dfrac{\sqrt{100}}{60}\right) + \sqrt{60}} = 106.87\,mm$$

예제 2-4

다음의 강우강도에 대한 설명 중 틀린 것은?

① 강우 깊이(mm)가 일정할 때 강우지속시간이 길면 강우강도는 커진다.

② 강우강도와 지속시간의 관계는 Talbot, Shermen, Japanese형 등의 경험공식에 의해 표현된다.

③ 강우강도식은 지역에 따라 다르며, 강우관측소의 우량자료로부터 지역상수를 결정한다.

④ 강우강도식은 댐, 제방, 우수관서 등의 수공구조물의 중요도에 따라 그 설계 재현기간이 다르다.

풀이

강우 깊이가 일정할 때 강우지속기간이 길어지면 일반적으로 강우강도는 작아진다.

2.2 유출분석

2.2.1 증발과 침투

지표면에 도달한 강수는 하천에 도달하기 전 증발산(evapotranspiration)과정과 침투(infiltration)과정을 통하여 일정 부분 손실된다. 이러한 손실량은 유출분석을 위해 추정할 필요가 있다.

증발(evaporation)은 수표면 또는 습기가 있는 토양에서 발생하는 물이 수증기가 되는 현상을 뜻하며, 증산(transpiration)은 식물의 잎 기공을 통해 발생하는 증발 현상이다. 증발과 증산은 개념적으로 분리하여 정의할 수 있으나 일반적으로 두 현상을 정량적으로 분리하여 측정하거나 추정하기가 매우 어렵기 때문에 유출분석 시에는 증발과 증산을 합하여 증발산이라는 용어를 사용한다. 증발산량을 산정하기 위해 주로 사용되는 공식들은 1) Thornthwaite 방법, 2) Blaney-Criddle 방법, 3) Penman 방법, 4) Penman-Monteith 방법 등이 있으며 이들의 적용범위는 다음 그림과 같다.

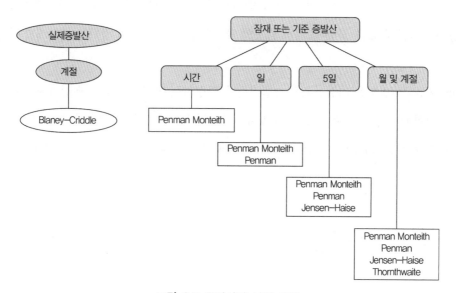

그림 2.5 증발산량 산정 공식

Thornwaite 방법은 월평균기온을 사용하여 증발산량을 다음 식과 같이 산정한다.

$$E = \acute{E} \frac{DT}{30 \times 12} \tag{2.10}$$

여기서, E는 월의 실제 일수(D)와 일조시간(T)를 고려하여 보정한 잠재증발산량(mm/month), $\acute{E}$는 1개월을 30일, 일평균 일조시간을 12시간으로 가정한 잠재증발산량(mm/month)이며 다음과 같이 산정한다.

$$\acute{E} = 16 \left(\frac{10t_n}{J} \right)^a \tag{2.11}$$

여기서 J는 연열지수로 월열지수 j_n의 합이며, 월열지수 j_n은 다음 식과 같이 산정한다.

$$j_n = 0.0875 t_n^{1.514} \tag{2.12}$$

여기서 t_n은 월평균기온(℃)이다. Thornthwaite의 방법은 월평균기온만을 사용하여 증발산량을 산정하기 때문에 토양, 식생 및 기타 환경의 영향을 반영할 수 없어 정확도의 한계가 종종 지적된다.

Blaney-Criddle 방법은 계절단위의 증발산량을 산정하는 방법으로 농작물 경작지에 대한 관개용수를 산정할 때 사용된다. 이 방법은 미국 서부지역의 작물 소비수량, 월평균기온, 일조시간 사이의 상관관계를 바탕으로 개발되었다. Blaney-Criddle 방법에 의한 월별 증발산량 u(in)는 다음 식과 같다.

$$u = K \times f, \qquad f = \frac{T \times P}{100} \tag{2.13}$$

여기서 K는 작물별 계절 소비수량계수(표 2.3), f는 소비수량 인자, T는 월평균기온(°F), P는 연간 일조시간에 대한 월간 일조시간 백분율(%)이다.

표 2.3 작물별 소비수량계수 K

작물 및 지역	1	2	3	4	5	6	7	8	9	10	11	12
알팔파												
애리조나주 메사	0.35	0.55	0.75	0.90	1.05	1.15	1.15	1.10	1.00	0.85	0.65	0.45
캘리포니아주 로스엔젤레스	0.35	0.45	0.60	0.70	0.85	0.95	1.00	1.00	0.95	0.80	0.55	0.30
캘리포니아주 데이비스				0.70	0.80	0.90	1.10	1.00	0.80	0.70		
유타주 로건				0.55	0.80	0.95	1.00	0.95	0.80	0.50		
옥수수												
노스다코다주 맨돈					0.50	0.65	0.75	0.80	0.70			
목화												
애리조나주 피닉스				0.20	0.40	0.60	0.90	1.00	0.95	0.75		
캘리포니아주 베이커스필드				0.30	0.45	0.90	1.00	1.99	0.75			
텍사스주 웨슬레코			0.20	0.45	0.70	0.85	0.85	0.80	0.55			
자몽												
애리조나주 피닉스	0.40	0.50	0.60	0.65	0.70	0.75	0.75	0.75	0.75	0.70	0.60	0.50
오렌지												
캘리포니아주 로스엔젤레스	0.30	0.35	0.40	0.45	0.50	0.55	0.55	0.55	0.50	0.50	0.45	0.30
감자												
캘리포니아주 데이비스					0.45	0.80	0.95	0.90				
유타주 로건						0.40	0.65	0.85	0.80			
노스다코다주					0.45	0.75	0.90	0.80	0.40			
밀												
애리조나주 피닉스	0.20	0.40	0.80	1.10	0.60							
귀리												
네브라스카주 스코츠블러프						0.50	0.90	0.85				
사탕수수												
애리조나주 피닉스						0.40	1.00	0.85	0.7			
텍사스주 대평원연구소						0.30	0.75	1.10	0.85	0.50		

Penman법은 알팔파 기준 작물계수를 이용하여 다음과 같이 증발산량 $\acute{E}$(cm/day)를 산정한다 (Penman, 1948).

$$\acute{E} = \frac{\Delta}{\Delta + \gamma} E_n + \frac{\gamma}{\Delta + \gamma} E_a \qquad (2.14)$$

여기서, E_n은 에너지수지방법에 의해 산정한 증발량(cm/day), E_a는 공기동력학적 방법에 의해 산정한 증발량(cm/day), γ는 습도계 상수(0.66 mb; 0.485 mmHg), Δ은 온도에 대한 증기압변화의 기울기로 다음과 같은 회귀식으로 계산할 수 있다.

$$\Delta = (0.00815\,T + 0.8912)^7 \qquad (2.15)$$

위 방법으로 산정한 증발산량은 알팔파에 대하여 산정한 것으로서 특정작물에 대한 증발산량은 $E = k_c\acute{E}$와 같이 무차원 작물계수를 곱하여 보정하게 되며, 일반적으로 사용되는 작물계수는 표 2.4와 같다.

표 2.4 Penman법에 사용하는 알팔파 기준 작물계수

	파종부터 성장까지 시간(%)									
작물	10	20	30	40	50	60	70	80	90	100
작은 곡물	0.15	0.16	0.20	0.28	0.5000	0.75	0.90	0.96	1.00	1.00
콩류	0.51	0.16	0.18	0.22	.35	0.45	0.60	0.75	0.88	0.92
사탕무	0.20	0.17	0.15	0.15	0.16	0.20	0.30	0.50	0.80	1.00
옥수수	0.150.	0.15	0.16	0.17	0.18	0.25	0.40	0.62	0.80	0.95
겨울철 밀	15	0.15	0.30	0.55	0.80	0.95	1.40	1.00	1.00	1.00
	성장 후의 날 수									
작물	10	20	30	40	50	60	70	80	90	100
작은 곡물	1.00	1.00	0.80	0.40	0.20	0.10	0.05	–	–	–
콩류	0.92	0.86	0.65	0.30	0.10	0.05	–	–	–	–
사탕무	1.00	1.00	1.00	0.98	0.91	0.85	0.80	0.75	0.70	0.65
옥수수	0.93	0.93	0.90	0.87	0.83	0.77	0.70	0.30	0.20	0.15
겨울철 밀	1.00	1.00	1.00	0.95	0.50	0.20	0.10	0.05	–	–
	수확 사이의 시간(%)									
작물	10	20	30	40	50	60	70	80	90	100
알팔파(1차)	0.50	0.62	0.80	0.90	1.00	0.85	0.90	0.95	0.98	1.00
(2차 및 3차)	0.50	0.40	0.70	0.90	0.95	1.00	1.00	0.98	0.95	0.95

예제 2-5

어느 지역에서 5월 한 달간 평균기온은 15℃, 에너지수지방법에 의해 산정한 증발량은 0.4 cm/day, 공기동력학적 방법에 의해 산정한 증발량은 0.5 cm/day일 때, 옥수수에 대한 5월의 잠재증발산량을 구하여라. 단, 5월 중순을 기준으로 성장 후의 날 수가 30일에 해당한다고 가정하여라.

풀이

알팔파 기준의 잠재증발산량은 다음과 같다.

$$\Delta = (0.00815\,T + 0.8912)^7 = 1.1$$

$$\acute{E} = \frac{\Delta}{\Delta + \gamma}E_n + \frac{\gamma}{\Delta + \gamma}E_a = \frac{1.1}{1.1 + 0.66} \times 0.4 + \frac{0.66}{1.1 + 0.66} \times 0.5 = 0.4375\,\text{cm/day}$$

성장 후 30일에 해당하는 옥수수의 작물보정계수를 곱하면

$$E = k_c\acute{E} = 0.9 \times 0.4375\,\text{cm/day}$$

를 얻을 수 있다.

Penman-Monteith법은 가장 물리적 가정을 바탕으로 유도한 공식으로 기공저항(stomatal resistance) r_s와 공기동력학저항(aerodynamic resistance) r_a를 도입하여 다음 식과 같이 증발산량 (kg/m²/sec)을 산정한다(Monteith, 1980).

$$E = \frac{\Delta(Q_n - G) + \rho c_p\left(\dfrac{e_s - e_a}{r_a}\right)}{L_v\left[\Delta + \gamma\left(1 + \dfrac{r_s}{r_a}\right)\right]} \tag{2.16}$$

여기서 Q_n은 순태양복사에너지(W/m²), G는 토양의 열유동(W/m²), ρ는 공기밀도(kg/m³), c_ρ는 공기의 비열(=1005J/Kg), L_v는 잠재기화열(J/Kg), e_a 및 e_s는 실제 및 포화증기압(mb), r_s 및 r_a는 기공저항 및 공기동력학적 저항(sec/m)이다. Penman-Monteith법에서는 경험적으로 산정해야 하는 작물계수를 사용하지 않는 점에 유의하기 바란다.

강수가 지표면에 떨어진 후 토양으로 이동하는 과정을 침투(infiltration)라고 한다. 물을 지표면에서 토양으로 이동시키는 힘은 크게 중력(gravity)과 모세관흡입력(capillary suction)이며, 모세관흡입력은 토양, 토양내의 수분조건, 식생 등에 따라 달라지게 된다. 지표면의 강수가 토양으로 침투하는 속도를 침투능(infiltration rate, infiltration capacity)이라고 하며, 침투능을 시간에 대하여 적분하면 누가침투량을 산정할 수 있다. 침투능의 산정공식은 1) Horton의 공식, 2) Green-Ampt의 공식 등이 주로 사용된다.

Horton의 침투능 식은 경험공식으로 초기침투능 f_0에서 종기침투능 f_c로 지수적으로 감소하는 함수이며, 다음과 같다(Horton, 1932).

$$f(t) = f_c + (f_0 - f_c)e^{-kt} \tag{2.17}$$

여기서, f_c는 종기침투능(mm/hr), f_0는 초기침투능(mm/hr), k는 감소상수(1/hr) 이다. 초기의 침투속도는 초기침투능에 의해서 결정되며, 충분한 시간이 지나면 침투속도는 종기침투능에 수렴하게 된다. 이때 침투능이 변화하는 속도는 감소상수 k에 의해 결정되게 된다. 일반적으로 널리 사용되는 토양의 조건에 따른 Horton 공식의 변수값을 표 2.5에 제시하였다.

표 2.5 토양의 종류에 따른 Horton 공식의 변수

토양의 종류	초기침투능 f_o		종기침투능 f_c		감소상수 k (1/hr)
	(cm/hr)	(in/hr)	(cm/hr)	(in/hr)	
Alpha loam	48.26	19.00	3.56	1.40	38.29
Carnegie sandy loam	47.68	14.77	4.49	1.77	19.64
Cowarts loamy sand	38.81	15.28	4.95	1.95	10.65
Dothan loamy sand	8.81	3.47	6.68	2.63	1.40
Fuquay pebbly loamy sand	15.85	6.24	6.15	2.42	4.70
Leefield loamy sans	28.80	11.34	4.39	1.73	7.70
Robertsdale loamy sand	31.52	12.41	2.99	1.18	21.75
Stilson loamy sand	20.59	8.11	3.94	1.55	6.55
Tooup sand	58.45	23.01	4.57	1.80	2.71
Tifton loamy sand	24.56	9.67	4.14	1.63	7.28

Grren과 Ampt는 습윤토양과 건조토양을 구분하는 습윤선을 가정하여 Darcy의 법칙에 따라 침투능 공식을 유도하였다. Green-Ampt 침투능 공식은 다음과 같다(Green and Ampt, 1911).

$$f(t) = K\left(\frac{\psi \Delta \phi}{F(t)} + 1\right) \tag{2.18}$$

여기서, K는 투수계수, $\Delta \phi$는 습윤토양과 건조토양 간의 함수비 차이, ψ는 건조토양의 흡인수두, $F_{(t)}$는 누가침투량이며 다음 식과 같다.

$$F(t) = Kt + \psi \Delta \theta \ln\left(1 + \frac{F(t)}{\psi \Delta \theta}\right) \tag{2.19}$$

위 식은 비선형방정식으로 Newton법, 시행착오법 등을 통하여 계산하여야 한다. 상세한 공식의 유도과정은 (Green and Ampt, 1911)를 참고하기 바라며, Green-Ampt 공식에서 일반적으로 사용하는 매개변수의 값을 표 2.6에 소개하였다.

표 2.6 Green-Ampt 공식에 사용하는 매개변수

토양종류	공극률 η	유효공극률 θ_e	습윤선 흡인수두 ψ(cm)	투수계수 K(cm/hr)
Sand	0.437(0.374~0.500)	0.417(0.354~0.480)	4.95(0.97~25.36)	11.78
Loamy sand	0.437(0.363~0.506)	0.401(0.329~0.473)	6.13(1.35~27.94)	2.99
Sandy loam	0.453(0.351~0.555)	0.412(0.283~0.541)	11.01(2.67~45.47)	1.09
Loam	0.463(0.375~0.551)	0.434(0.334~0.534)	8.89(1.33~59.38)	0.34
Silt loam	0.501(0.420~0.582)	0.486(0.394~0.578)	16.68(2.92~95.39)	0.65
Sandy clay loam	0.398(0.332~0.464)	0.330(0.235~0.425)	21.85(4.42~108.0)	0.15
Clay loam	0.464(0.409~0.519)	0.309(0.279~0.501)	20.88(4.79~91.10)	0.1
Silty clay loam	0.471(0.418~0.524)	0.432(0.347~0.517)	27.30(5.67~131.5)	0.1
Sandy clay	0.430(0.370~0.490)	0.321(0.207~0.435)	23.90(4.08~140.2)	0.06
Silt clay	0.479(0.425~0.533)	0.423(0.334~0.512)	29.22(6.13~139.4)	0.05
Clay	0.475(0.427~0.523)	0.385(0.269~0.501)	31.63(6.39~156.5)	0.03

2.2.2 유출해석

지표면에 도달한 강수가 유역이 출구까지 흘러가는 과정을 유출(runoff)이라고 하며, 유출은 크게 직접유출(direct runoff)과 기저유출(base runoff)로 분류할 수 있다. 직접유출은 강수가 내린 후 비교적 단시간에 하천으로 유출된 부분을 의미하며, 지표면유출(surface runoff)과 지표하유출(subsurface runoff)의 일부분을 포함한다. 일반적으로 지표하유출이 직접유출에 미치는 영향은 미미한 것으로 고려되어 직접유출에서 제외하고 분석하는 경우도 있다. 기저유출은 강수가 없을 때의 유출로 지하수유출(groundwater runoff)과 지표하유출의 일부분을 포함한다. 하천설계량을 고려해야 하는 하천공학의 측면에서는 기저유출보다 직접유출의 해석이 중요하게 된다.

지표면에 도달한 강우 중 직접유출에 기여하는 강우량을 유효우량이라고 하며, 차단, 증발, 침투량 등의 강우손실을 총 강우량에서 제외하고 산정하게 된다. 유효우량을 산정하는 방법에는 자료의 보유 여부에 따라 다양한 방법을 사용할 수 있다. 국내에서 널리 사용되고 있는 미자연자원보존국(NRCS, Natural Resources Conservation Service)에서 제안한 총우량과 유효우량 간의 관계는 다음과 같다.

$$P_e = \frac{(P-0.2S)^2}{P+0.8S}, \qquad S = \frac{25400}{CN} - 254 \qquad (2.20)$$

여기서, P_e는 유효우량, P는 총우량, S는 최대잠재보유수량, CN은 유출곡선지수(runoff curve number)이다. 유출곡선지수는 토지상태에 따라 0에서 100 사이의 값을 가지며, 불투수 또는 수표면에서 $CN = 100$, 그 외 지표면에 대해서는 $CN < 100$의 값을 가진다. CN값은 토지이용상태와 선행토양함수조건(AMC, Antecedent soil Moisture Condition)에 의해 결정되게 되며 선행토양함수조건은 표 2.7과 같이 세 가지 조건으로 분류된다.

표 2.7 NRCS 유출지수곡선법의 선행토양함수조건

AMC	선행토양수분상태	5일 선행 강우량 P5(mm)	
		성수기	비성수기
I	토양이 건조한 상태로 유출률이 낮은 상태	P5 < 35,56	P5 <12.70
II	토양의 수분과 유출률이 보통인 상태	35.56 ≤ P5 < 53.34	12.70 ≤ P5 < 27.94
III	선행강우로 인하여 토양이 포화상태로 유출률이 높은 상태	P5 ≥ 53.34	P5 ≥ 27.94

CN값은 일반적으로 선행토양함수조건이 AMC-II인 경우에 대하여 토지이용상태에 따라 주어지게 되며 타 선행토양함수조건에 대해서는 다음 식과 같이 AMC-II 조건으로 산정한 $CN(II)$값을 변환하여 사용하게 된다.

$$CN(I) = \frac{4.2\,CN(II)}{10 - 0.058\,CN(II)}, \qquad CN(III) = \frac{23\,CN(II)}{10 + 0.13\,CN(II)} \tag{2.21}$$

도시지역과 농촌지역의 토지이용상황에 따른 CN값은 표 2.8~2.9와 같다.

표 2.8 도시지역의 유출곡선지수(AMC-II)

지표면 상태		토양 종류			
지표면 종류 및 수문학적 상태	평균 볼투수 면적 비율(%)	A	B	C	D
완전히 개발된 도시지역 개활지(잔디, 공원, 골프장, 묘지 등) − 불량한 상태(초지피복율 < 50%) − 보통 상태(초지피복율 50%~75%) − 양호한 상태(초지피복율 > 75%)		68 49 39	79 69 61	86 79 74	89 84 80
불투수지역 − 포장된 주차장, 지붕, 접근로 등 (도로포함, 도로용지 불포함)		98	98	98	98
도로 − 포장도로: 곡선길 및 우수거(도로용지 불포함) − 포장도로: 도로용지 포함 − 자갈도로: 도로용지 포함 − 흙 도로: 도로용지 포함		98 83 76 72	98 89 85 82	98 92 89 87	98 93 91 89
도시지역 − 상업 및 사무실 지역 − 공업지역	 85 72	89 81	92 88	94 91	95 93
주거지역(지역 크기에 따라 결정) − 1/8 acre(150평, 500 m²) 이하 − 1/4 acre(150~300평, 500~1010 m²) − 1/3 acre(300~400평, 1010~1350 m²) − 1/2 acre(400~610평, 1350~2030 m²) − 1 acre(610~1220평, 2030~4050 m²) − 2 acre(1,220~2450, 4050~ 8100 m²)	 65 38 30 25 20 12	77 61 57 54 51 46	85 75 72 70 68 65	90 83 81 80 79 77	92 87 86 85 84 82
• 개발 중인 지역 • 새로 조성된 지역(투수지역만, 식생 없음) • 공휴지(표 9.6과 유사한 지표면생태를 이용하여 CN 결정)		77	86	91	94

표 2.9 농촌지역의 유출곡선지수(AMC-II)

지표면 상태			토양 종류			
토지 이용	경작상태	토양의 수문학적 상태	A	B	C	D
휴경지(fallow)	나지(bare soil)	−	77	86	91	94
	작물 잔여물 존재 (crop residual cover, CR)	배수불량	76	85	90	93
		배수양호	74	83	88	90
이랑경작지 논(row crops)	수평경작 (straight row, SR)	배수불량	72	81	88	91
		배수양호	67	78	85	89
	SR+CR	배수불량	71	80	87	90
		배수양호	64	75	82	85
	등고선경작 (contoured, C)	배수불량	70	79	84	88
		배수양호	65	75	82	86
	C+CR	배수불량	69	78	83	87
		배수양호	64	74	81	85
	등고선 또는 테라스경작 (contoured & terraced, CT)	배수불량	66	74	80	82
		배수양호	62	71	78	81
	CT+CR	배수불량	65	73	79	81
		배수양호	61	70	77	80
조밀경작지 밭(Smail grain)	수평경작	배수불량	65	76	84	88
		배수양호	63	75	83	87
	SR+CR	배수불량	64	75	83	86
		배수양호	60	72	80	84
	등고선경작	배수불량	63	74	82	85
		배수양호	61	73	81	84
	C+CR	배수불량	62	73	81	84
		배수양호	60	72	80	83
	등고선 또는 테라스경작	배수불량	61	72	79	82
		배수양호	59	70	78	81
	CT+CR	배수불량	60	71	78	81
		배수양호	58	69	77	80
콩과식물 (close-seeded legumes) 또는 윤번초지 (rotation meadow)	수평경작	배수불량	66	77	85	89
		배수양호	58	72	81	85
	등고선경작	배수불량	64	75	83	85
		배수양호	55	69	78	83
	등고선 또는 테라스경작	배수불량	63	73	80	83
		배수양호	51	67	76	80
목초지(pasture) 또는 목장(range)		배수불량	68	79	86	89
		배수보통	49	69	79	84
		배수양호	39	61	74	80
	등고선경작	배수불량	47	67	81	88
		배수보통	25	59	75	83
		배수양호	6	35	70	79
초지(meadow)		배수양호	30	58	71	78
삼림(woods)		배수불량	45	66	77	83
		배수보통	36	60	73	79
		배수양호	25	55	70	77
관목숲(forests)	매우 듬성듬성함		56	75	86	91
농가(farmsteads)	건물, 시골길, 도로 및 주변	−	59	74	82	86
도로	진흙	−	72	82	87	89
	단단한 표면	−	74	84	90	92

하천설계를 위해서는 설계유량을 산정할 필요가 있으며 이를 위해서는 산정된 유효우량을 유출수문곡선으로 변환할 필요가 있다. 이러한 과정은 일반적으로 강우유출모형(rainfall-runoff model)을 통하여 이루어지게 되며, 매우 다양한 강우유출모형이 현재까지 개발되어 사용되고 있다(Sitterson et al., 2017). 국내 실무에서는 주로 단위도법을 사용하여 강우유출해석이 이루어진다.

단위도법에서는 유효우량과 유출량 간의 관계를 다음과 같은 주요 가정을 통하여 고려하고 있다.

① 일정 기저시간 가정: 동일 유역에 지속기간이 같은 유효강우가 내릴 경우 단위도의 기저시간은 동일하다.

② 비례가정: 특정지속기간을 가진 유효강우로 인한 직접유출수문곡선의 종거는 유효강우 강도의 종거에 비례한다.

③ 중첩가정: 일련의 유효강우에 의한 총 직접유출량은 각 기간의 유효우량에 의한 개개의 유출량을 산술적으로 합한 것과 같다.

위와 같이 단위도법의 주요 가정의 기저에는 유효우량과 유출량 간의 관계를 선형으로 가정한다. 이러한 가정은 비선형적인 강우－유출 시스템에 대하여 적절하지 못한 면이 있으나, 간편함과 적용성으로 인해 단위도법은 현재까지 널리 사용되고 있다.

하천의 특정지점에 대해 충분한 강우－유출량 자료가 있는 경우 이를 이용하여 다음과 같은 과정을 통하여 단위도를 유도할 수 있다.

① 총 유출량자료로부터 기저유량을 분리하여 직접유출수문곡선을 구한다. 이때 직접유출수문곡선의 시작과 끝나는 시간이 단위도의 기저시간이 된다(그림 2.6(a))

② 직접유출수문곡선의 면적을 계산하여 유출량(m^3)을 계산하고, 이를 유역면적(km^2)으로 나누어 유역의 유효우량(cm)을 계산한다(그림 2.6(b)).

③ 비례가정을 이용하여 유효우량이 1 cm가 되도록 유출곡선을 선형적으로 조정한다(그림 2.6(c)).

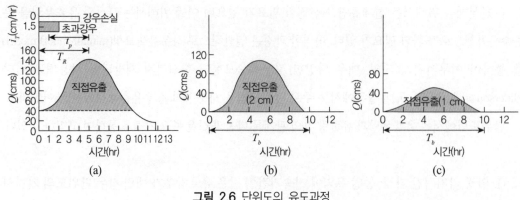

그림 2.6 단위도의 유도과정

강우－유출량 자료가 충분하지 않은 경우 위와 같은 방법을 이용하여 단위도를 유도할 수 없다. 이럴 경우 유역의 특성을 바탕으로 단위도를 유도하게 되며 이러한 단위도를 합성단위도(synthetic unit hydrograph)라고 한다. SCS 합성단위도법은 미자연자원보존국(NRCS)의 전신인 토양보존국(SCS)이 개발한 방법으로 미국 내 여러 지역의 대소유역으로부터 얻은 다수의 단위도를 이용하여 얻은 무차원 단위도(dimensionless hydrograph)를 기반으로 하고 있다.

2.2.3 홍수추적

홍수추적이란 상류의 수문곡선이 하도 또는 저수지를 통하여 하류로 이동함에 따라 변화하는 양상을 분석하는 과정이다. 홍수추적은 수문학적 홍수추적(hydrological flood routing)과 수리학적 홍수추적(hydraulic flood routing)으로 구분할 수 있다. 수문학적 홍수추적은 연속방정식의 일종인 저류방정식(storage equation)을 해석하는 방법으로 계산이 비교적 용이하다. 수리학적 홍수추적은 연속방정식과 운동량방정식을 편미분 방정식으로 표현하고 풀이하는 방법으로 해석과정이 비교적 복잡하고 많은 계산시간이 소요된다.

수문학적 홍수추적 방법은 저수지추적과(reservoir routing)과 하도추적(channel routing)으로 구분할 수 있다. 저수지추적은 저수지를 통과하는 홍수파를 추적하는 것으로 저수지 용량, 댐 및 여수로의 규모 등 댐 부속수리구조물의 설계 시 필요하다. 수문학적 홍수추적은 다음 식과 같은 저류방정식을 통해 추적하게 된다.

$$\frac{dS}{dt} = I - O \tag{2.22}$$

여기서, S는 저류량, I는 유입률, O는 유출률, t는 시간이다. 위 미분방정식을 추적시간 Δt에 대하여 이산화하면 다음과 같은 식을 얻을 수 있다.

$$\frac{S_2 - S_1}{\Delta t} = \frac{I_1 + I_2}{2} - \frac{O_1 + O_2}{2} \tag{2.23}$$

여기서 아래첨자 1, 2는 추적시간 초기 및 종기의 상태량을 뜻한다. 일반적으로 유출량 O는 저류량 S의 함수형태로 주어진다. 초기 저류량 및 유출량 S_1, O_1과 유입량 I_1 및 I_2는 기지의 값이고 O_2와 S_2는 미지의 값이 된다. 미지의 값을 좌변에 기지의 값을 우변에 정리하면 다음과 같은 식이 얻어진다.

$$\frac{2S_2}{\Delta t} + O_2 = (I_1 + I_2) + \left(\frac{2S_1}{\Delta t} - O_1\right) \tag{2.24}$$

위 식에 의하여 저수지를 추적하는 방법을 수정 Plus방법이라고 한다.

하도의 홍수추적은 저수지 홍수추적에서 유출량이 저류량에 의해 일괄적으로 결정되는 것과는 달리 하도의 유출량은 저류량에 의해서만 결정되지 않는다. 하도의 홍수추적을 해석하는 방법 중 대표적인 방법은 Muskingum법이다. Muskingum법은 McCarthy(1938)에 의해 미국 Ohio주 Muskingum 지역의 홍수통제를 위해 개발된 방법이며, 상류부와 하류부의 수심을 y_u, y_d라고 할 때 상류부와 하류부의 유입량, 저류량, 유출량이 다음과 같이 표현된다고 가정하였다.

$$I = ay_u^n, \quad O = ay_d^n, \quad S_u = ay_u^m, \quad S_d = by_d^m \tag{2.25}$$

여기서, a, b, n, m은 하도구간 상수이다. 상하류의 수심을 같다고 가정하고, 저류량을 상류 및 하류 저류량의 가중치 X로 나타내면 다음 식을 얻을 수 있다.

$$S = \frac{b}{a^{m/n}}\{XI^{m/n} + (1-X)O^{m/n}\} \tag{2.26}$$

여기서 $b/a^{m/n} = K$, $m/n = x$로 가정하면 위 식은 다음 식과 같이 쓸 수 있다.

$$S = K\{XI^x + (1-X)O^x\} \tag{2.27}$$

여기서 K는 저류상수이다. 사각형 하도에서는 $n = 5/3$, $m = 1$, $x = 0.6$이 일반적으로 사용되며 자연하천인 경우 $x = 1.0$이 사용되어 다음과 같은 식을 얻을 수 있다.

$$S = K\{XI + (1-X)O\} \tag{2.28}$$

그 외 저류상수 및 타 상수들은 유출자료를 바탕으로 산정하게 된다. 위 식을 추적기간의 시점 및 종점에 대하여 적용한 후에 두 식을 빼면 다음과 같은 식을 얻을 수 있다.

$$S_2 - S_1 = K\{X(I_2 - I_1) + (1-X)(O_2 - O_1)\} \tag{2.29}$$

위 식을 (2.23) 식에 대입하면 다음 식을 얻을 수 있다.

$$\frac{I_1 + I_2}{2}\Delta t + \frac{O_1 + O_2}{2}\Delta t = K\{X(I_2 - I_1) + (1-X)(O_2 - O_1)\} \tag{2.30}$$

위 식을 O_2에 대하여 정리하면 다음과 같다.

$$O_2 = C_0 I_2 + C_1 I_1 + C_2 O_1 \tag{2.31}$$

여기서,

$$C_0 = \frac{-KX + 0.5\Delta t}{K - KX + 0.5\Delta t}, \quad C_1 = \frac{KX + 0.5\Delta t}{K - KX + 0.5\Delta t}, \quad C_2 = \frac{K - KX - 0.5\Delta t}{K - KX + 0.5\Delta t} \tag{2.32}$$

(2.31)~(2.32) 식에서 미지수는 I_2, I_1, O_1은 기지의 값이며, 매개변수 K 및 X는 과거의 자료로부터 동정(calibration)과정을 통해 결정할 수 있다.

유역의 홍수추적은 유역전체를 연속적인 저수지 또는 하도로 구성되어 있다고 가정하여 유출수문곡선을 홍수추적방법에 의하여 산정하는 방법이다. 유역의 홍수추적방법은 선형저수지모형, Muskingum의 홍수추적법, Clark의 홍수추적법 등이 있다.

선형저수지모형은 그림 2.7과 같이 유역을 연속된 저수지로 가정하여 유출수문곡선을 계산한다. 저류량은 유출량과 선형관계가 있는 것으로 가정하여 다음과 같은 식이 성립한다.

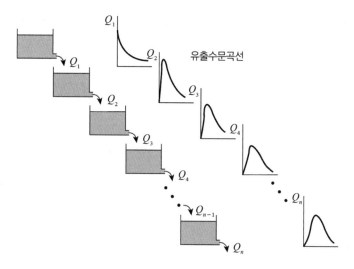

그림 2.7 선형저수지모형의 개념도

$$S = KO \tag{2.33}$$

여기서, K는 저류상수(Storage coefficient)이다. 앞의 식을 시간에 대하여 미분하면 다음과 같다.

$$\frac{dS}{dt} = K\frac{dO}{dt} \tag{2.34}$$

저류방정식 (2.18)을 식 (2.30)에 대입하면 다음과 같다.

$$I - O = K\frac{dO}{dt} \tag{2.35}$$

유역에서 가장 상류의 첫 번째 저수지를 고려해 보면 유입량 $I_1 = 0$이므로 다음과 같은 식이 성립한다.

$$- O_1 = K\frac{dO_1}{dt} \tag{2.36}$$

위 상미분방정식은 변수분리법에 의해서 해를 구할 수 있으며, 해는 다음과 같다.

$$O_1 = \frac{1}{K}e^{-t/K} \tag{2.37}$$

두 번째 저수지의 유입량은 첫 번째 저수지의 유출량과 같으므로, 두 번째 저수지에서의 저류방정식은 다음과 같이 서술된다.

$$O_1 - O_2 = K\frac{dO_2}{dt} \tag{2.38}$$

위 상미분방정식의 해는 다음과 같다.

$$O_2 = \frac{1}{K}\left(\frac{t}{K}\right)e^{-t/K} \tag{2.39}$$

동일한 방법으로 n번째 저수지의 유출량을 구할 수 있으며, 이는 다음 식과 같다.

$$O_n = \frac{1}{K(n-1)!}\left(\frac{t}{K}\right)^{n-1}e^{-t/K} \tag{2.40}$$

식 (2.40)은 유역 출구지점에서의 유출량으로 해석할 수 있다. 위 식을 적용하기 위해서는 저수지의 수 n과 저류상수 K를 결정해야 한다. 다양한 방법이 있지만, 일반적으로 지체시간 t_p와 저류상수와 저수지 수의 곱 nK와 같다고 가정하여 매개변수를 결정하는 방법이 널리 사용된다.

Muskingum의 유역추적방법은 Muskingum의 하도추적법을 이용하여 유역에서의 유출수문곡선을 계산하는 방법이다. Muskingum의 하도추적법에서 식 (2.28)을 미분하면 다음 식과 같다.

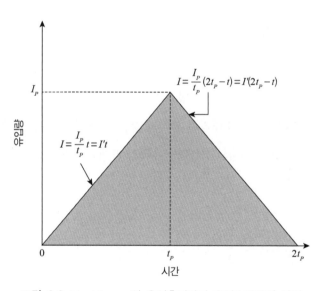

그림 2.8 Muskingum의 유역추정방법 유입수문곡선 가정

$$\frac{dS}{dt} = KX\frac{dI}{dt} + K(1-X)\frac{dO}{dt} \tag{2.41}$$

식(2.41)을 식(2.22)에 대입하여 정리하면 다음과 같은 식을 얻을 수 있다.

$$\frac{dO}{dt} + \frac{O}{K(1-X)} = \frac{1}{K(1-X)} - \frac{X}{1-X}\frac{dI}{dt} \tag{2.42}$$

유입수문곡선을 그림 2.8과 같이 삼각형 형태로 가정하면 다음의 해를 얻을 수 있다.

$$\begin{cases} O = \dfrac{I_p}{t_p}\left[t - K\left(1 - e^{-\frac{t}{K(1-K)}}\right)\right] & t < t_p \\[4mm] O = \dfrac{I_p}{t_p}\left[2t_p - t + K - K\left(2t_p - e^{-\frac{t_p}{K(1-K)}}\right)\right] & t_p < t < 2t_p \end{cases} \tag{2.43}$$

여기서 I_p 는 첨두유입량, t_p 는 첨두유입량 발생시간이다. K와 X는 다음 식에 의해서 계산된다.

$$K = 1.41(T_p - t_p), \quad T_p = t_p + 0.71K, \quad X = 0.71 - \frac{t_p}{K}\left(\frac{I_p - O_p}{I_p}\right) \tag{2.44}$$

Clark의 유역추적법은 유역 출구점에 선형 저수지가 존재하는 것으로 가정하고 시간－유역면적 관계곡선을 이용하여 하천유역에 내리는 강우의 순간단위도를 구하는 방법이다. Clark의 유역추적법에서 유역출구에 있는 저수지의 저류량－유출량 관계식은 식 (2.23)에 식 (2.33)을 대입하여 다음과 같이 표현할 수 있다.

$$K(O_2 - O_1) = \frac{I_1 + I_2}{2} - \frac{O_1 + O_2}{2} \tag{2.45}$$

위 식을 유출량에 대해 재정리하면 다음 식과 같다.

$$O_2 = M_0 I_2 + M_1 I_1 + M_2 I_1 \tag{2.46}$$

여기서, $M_0 = \dfrac{0.5\Delta t}{K+0.50}$, $M_1 = \dfrac{0.5\Delta t}{K+0.50}$, $M_2 = \dfrac{K-0.5\Delta t}{K+0.50}$ 이다.

식 (2.33)은 Muskingum의 유역추적법에서 사용한 식 (2.28)에서 X=0인 경우로 해석할 수 있다. 따라서 Clark의 유역추적법은 Muskingum의 유역추적법의 특수한 경우로 볼 수 있다. 따라서 Muskingum의 유역추적법과 동일한 방법으로 매개변수들을 산정할 수 있으며, 식 (2.45)를 축차적으로 계산하여 유역출구지점에서의 순간단위도를 구할 수 있다.

미계측유역에 대한 저류상수의 산정을 위해 표 2.10과 같은 회귀식들이 제안되어 있다.

표 2.10 저류상수 회귀식

공식명	공식	기호설명
Clark 공식	$K = \dfrac{cL}{\sqrt{S}}$	K=유역 저류상수(h) L=주수로 길이(km) S=하천 평균경사(%)
Linsley 공식	$K = \dfrac{bL\sqrt{A}}{\sqrt{S}}$	A=유역면적(km²) b=상수(0.01-0.03)
Russel 공식	$K = \alpha t_c$	t_c=유역 집중시간(h) α=상수; 　−도시지역=1.1-2.1 　−자연하천유역=1.5-2.8 　−삼림지역=8.0-12.0
Sabol 공식	$K = \dfrac{t_c}{1.46 - 0.0867(L^2/A)}$	L^2/A=유역 형상계수
peters 공식	$\dfrac{K}{t_c + K} = M$	M=하천 평균경사에 따른 상수 　−경사 크고, 저류능 적은 하천상류 유역=0.4 　−경사 보통, 저류능 보통 유역=0.5 　−경사 완만, 저류능 큰 유역=0.6 이상

수리학적 홍수추적은 하도에서 급한 흐름의 변화를 추적하기 위한 것으로 저류방정식만으로는 현상의 해석이 어려울 때 사용하는 방법이다. 수리학적 홍수추적은 일반적으로 개수로에서의 부정류(unsteady flow)를 표현하는 연속 방정식과 운동량 방정식을 연립한 편미분방정식을 해석함으로써 지점의 유출량을 추적한다. 이연립편미분방정식은 수학적(해석적)으로 해를 얻기 어려우므로, 컴퓨터를 이용한 수치해법(numerical method)이 일반적으로 사용된다. 수치해법으로는 유한차분법(FDM, Finite Difference Method), 유한요소법(FEM, Finite Element Method), 유한체적법

(FVM, Finite Volume Method) 등이 하천의 해석에 널리 사용된다.

하천에서의 1차원 흐름은 다음과 같은 Saint Venant 방정식에 의하여 기술될 수 있다(정안철 등, 2018).

$$\frac{\partial \mathrm{U}}{\partial t} + \frac{\partial \mathrm{F}}{\partial x} = \mathrm{S} \tag{2.47}$$

$$\mathrm{U} = \begin{bmatrix} A \\ Q \end{bmatrix}, \quad \mathrm{F} = \begin{bmatrix} Q \\ \dfrac{Q^2}{A} + \dfrac{A\bar{p}}{\rho} \end{bmatrix}, \quad \mathrm{S} = \begin{bmatrix} 0 \\ gA(S_0 - S_f) \end{bmatrix} \tag{2.48}$$

여기서, U, F, S는 각각 흐름에 관한 변수, 흐름률, 생성항을 나타내는 벡터이며, A는 하천단면적, Q는 유량, $\bar{p}$는 단면에서의 평균 압력, ρ는 물의 평균밀도, S_0는 경사이다. S_f는 마찰경 사이며 일반적으로 Manning의 공식으로 표현되며 다음 식과 같이 기술된다.

$$S_f = \frac{n^2 Q}{A^2 R_h^{4/3}} \tag{2.49}$$

여기서 R_h은 동수반경, n은 Manning의 조도계수이다.

그림 2.9와 같이 하천의 단면과 단면 사이의 체적을 검사체적으로 정의하고, x_i와 x_{i+1}에서 정의 된 단면으로 둘러싸인 검사체적의 평균 단면적을 A_i, 평균 유량을 Q_1로 정의하였다. 유한체적법을 사용하여 식 (2.43)을 검사체적에 대해 이산화하고, 시간에 관해 Forward Euler 방법을 적용하면 다음과 같은 식이 유도된다.

$$\mathrm{U}_i^{n+1} = \mathrm{U}_i^n - \frac{\Delta t}{\Delta x}\left(\mathrm{F}_{i+1/2}^n - \mathrm{F}_{i-1/2}^n\right) + \Delta t \mathrm{S}_i^n \tag{2.50}$$

여기서, n은 시간에 관한 인덱스, i는 검사체적에 관한 인덱스, Δt는 계산시간간격, Δx는 계산격자 간격, $\mathrm{F}_{i+1/2}^n$는 i번째 셀과 $i+1$번째 셀의 수치흐름률이다. 수치흐름률을 계산하는 방법은

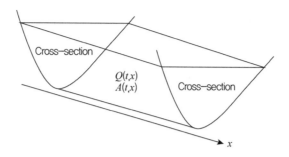

그림 2.9 1차원 하천 흐름 모델링

근사 Riemann해법을 적용한 upwind flux계열 방법과, FORCE flux, Lax-Friedrich flux, Lax-Wendroff flux 등의 Centred flux계열의 방법들이 있다. 일반적으로 근사 Riemann해법의 정확도가 Centred flux 보다 정확도가 높으며 본 과업의 지배방정식에 대해서도 근사 Riemann해법의 정확도가 높은 것으로 계산된다.

Riemann해법에서 수치흐름률은 셀경계면(cell-interface)에서 상태량 $U(Q, A)$이 다른 초깃값 문제를 해석하게 된다. 흐름률 계산 시에는 생성항을 무시하므로 셀 경계면에서 해석해야 하는 지배방정식은 식 (2.51)과 같으며, 전형적인 해의 모양은 그림 2.10과 같다.

$$\frac{\partial U}{\partial t} + \frac{\partial F}{\partial x} = 0 \tag{2.51}$$

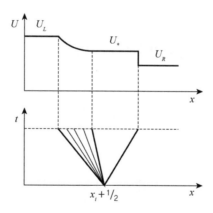

그림 2.10 셀 경계면상의 Riemann solution의 예

상태량 U_*는 셀경계면 좌우의 상태량 U_L, U_R 사이의 중간영역(intermediate region) 상태량으로 가정하고, 세 상태량의 영역은 두 파(wave)에 의해 구분되며 두 파는 rarefaction wave 또는 shock wave로 정의된다. (2.51) 식을 경계면상에서 Jacobian 행렬을 이용하여 표현하면 다음 식과 같다.

$$\frac{\partial U}{\partial t} + A \frac{\partial U}{\partial x} = 0, \quad A = \begin{pmatrix} 0 & 1 \\ c^2 - u^2 & 2u \end{pmatrix} \tag{2.52}$$

여기서, u는 평균유속, c는 파속도(celerity of gravity wave)로서 $\sqrt{gA/W}$로 정의되며 W는 수면폭이다. 행렬 A의 고유값(λ)과 고유벡터(K)는 다음과 같다.

$$\lambda_1 = u - c, \quad \lambda_2 = u + c$$
$$K_1^T = [1, u - c], K_2^T = [1, u + c] \tag{2.53}$$

따라서 행렬 A를 대각화하여 식 (2.52)를 변환하면 다음 식과 같은 Riemann invariants가 유도된다.

$$\frac{dA}{1} = \frac{dQ}{u - c} \quad \text{across} \quad \frac{dx}{dt} = u - c,$$
$$\frac{dA}{1} = \frac{dQ}{u + c} \quad \text{across} \quad \frac{dx}{dt} = u + c \tag{2.54}$$

위 식에 $dQ = udA + Adu$ 식을 대입하면 다음과 같은 식이 도출된다.

$$du \pm (c/A)dA = 0, \quad du \pm d\phi = 0 \quad \text{across} \quad \frac{dx}{dt} = u \pm c, \tag{2.55}$$

여기서 $\phi = \int (c/A)dA$는 단면에 대해 수치적으로 해석할 수 있다. 위 식을 좌측 파 $dx/dt = u - c$에 적용하면 다음과 같은 식이 유도된다.

$$u_L + \phi_L = u_* + \phi_*$$

$$(2.56)$$

동일한 방식으로 우측파에 적용하면 다음과 같은 식이 유도된다.

$$u_* - \phi_* = u_R - \phi_R$$

$$(2.57)$$

(2.56)~(2.57) 식을 연립하면 다음과 같은 중간영역에서의 상태량이 유도된다.

$$u_* = \frac{u_L + u_R}{2} + \frac{\phi_L - \phi_R}{2}, \quad \phi_* = \frac{\phi_L + \phi_R}{2} + \frac{u_L + u_R}{2}$$

$$(2.58)$$

셀 경계면에서의 해(상태량)는 좌우 파의 속도 등의 조건에 의해 수학적으로 결정되며 이는 다음과 같다.

① $S_L \geq 0$ and $S1_* < 0$ 이면 좌측파는 shock wave로, shock speed $C_s > 0$ 이면 해는 U_L 이며, 그렇지 않을 경우 해는 U_*

② $S_L \geq 0$ and $S1_* > 0$ 이면 좌측파의 성질에 관계없이 해는 U_L 로 정해짐

③ $S_L < 0$ and $S1_* > 0$ 이면 (3.7) 식과 $u_* = c_*$ 에 의해 해를 계산

④ $S1_* \leq 0$ and $S2_* \geq 0$ 이면 해는 U_*

⑤ $S2_* < 0$ and $S_R > 0$ 이면 해는 (3.8) 식과 $u_* = -c_*$ 에 의해 해를 계산

⑥ $S_R \leq 0$ and $S2_* > 0$ 이면 우측파는 shock wave로, shock speed $C_s < 0$ 이면 해는 U_R 이며, 그렇지 않을 경우 해는 U_*

⑦ $S_R \leq 0$ and $S2_* < 0$ 이면 우측파의 성질에 관계없이 해는 U_R 로 정해짐

여기서, $S_L = u_L - c_L$, $S1_* = u_* - c_*$, $S2_* = u_* + c_*$, $S_R = u_R + c_R$ 이다. 보다 상세한 앞의 해법의 유도는 Toro(2001), Guinot(2003)을 참고하기 바란다. 앞의 해법은 Exact Riemann 해법으로

알려져 있으며 경계면에서의 정확한 흐름률을 수학적으로 계산할 수 있으나 반복계산에 의한 수렴과정이 필요하여 수치모형에 적용되기에는 계산량이 과도해 이를 근사한 수치해법이 일반적으로 사용된다.

HLL(Harten, Lax and Van Leer)기법은 좌우 두 파를 shock wave로 가정하고 상태량 U_*가 중간영역에서 일정하다고 가정하여 Riemann 문제를 근사한다. HLL기법에 의해 계산되는 흐름률은 다음과 같다.

$$F_{HLL} = \begin{cases} F_L & \text{if } S_L > 0 \\ \dfrac{S_R F_L - S_L F_R + S_R S_L (U_R - U_L)}{S_R - S_L} & \text{if } S_L \leq 0 \leq S_R \\ F_R & \text{if } S_L < 0 \end{cases} \qquad (2.59)$$

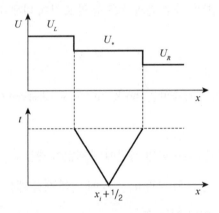

그림 2.11 HLL 해법 개념도

위 (2.56) 식의 해 중 첫 번째와 세 번째는 우측과 좌측으로 이동하는 사류(supercritical flow)의 해이며, 두 번째 해는 상류(subcritical flow)의 해에 해당한다. 따라서 셀경계면을 기준으로 좌우의 상태량에 따라 상류 및 사류가 고려되며 천이류(transcritical flow) 및 도수현상(hydraulic jump) 등 FDM 기반의 Priessmann의 4점 음해법으로는 계산할 수 없는 현상들의 계산이 가능하다.

좌우 파속도(wave speed) S_L, S_R는 다음 식으로 계산된다(Leon, 2007).

$$S_L = u_L - \Omega_L, \quad S_R = u_R + \Omega_R \tag{2.60}$$

여기서 $\Omega_K(K=L, R)$은 다음 식과 같다.

$$\Omega_K = \sqrt{(A_* h c_* - A_K h c_K)\frac{A_*}{A_K(A_* - A_K)}} \tag{2.61}$$

중간영역에서의 상태량 A_*을 결정하는 방법은 여러 가지가 있으나, Toro(2001)나 그 외 대부분의 최근 연구에서도 직사각형 단면에 대해서 유도한 식을 사용하고 있다.

Leon(2007)은 (2.52) 식과 같은 선형화된 지배방정식으로부터 일반 하천단면에 적용 가능한 식을 다음과 같이 유도하였다.

$$A_* = \frac{A_R + A_L}{2} + \frac{\overline{A}}{2\overline{c}(u_L - u_R)} \tag{2.62}$$

여기서 $\overline{A} = (A_R + A_L)/2$, $\overline{c} = (c_R + c_L)/2$이다.

연습문제

2.1 DAD 곡선에의 관계에 대하여 아는 대로 서술하여라.

2.2 어느 유역의 면적이 1.2 km²이고, 강우강도가 $I = \dfrac{5358}{t+37}$ mm/hr로 주어진다고 하자. 유역출구까지의

도달시간은 10분이고 첨두유출량을 측정하였을 때 22.8 m³/s였을 때, 유출계수를 구하여라.

2.3 수문학적 홍수추적과 수리학적 홍수추적 방법의 차이점에 대하여 서술하여라.

2.4 다음 중 단위도의 이론적 근거가 되는 가정이 아닌 것은?
① 강우의 시간적 균일성
② 유역의 비선형성
③ 유역특성의 시간적 불변성
④ 강우의 공간적 균등성

2.5 지속기간 2hr인 어느 단위도의 기저시간이 10hr이다. 강우강도가 각각 2.0, 3.0 및 5.0 cm/hr이고 강우지속 기간이 똑같이 모두 2hr인 3개의 유효강우가 연속해서 내릴 경우 이로 인한 직접유출수문곡선의 기저시간 얼마인가?

참고문헌

1) 이재수(2018), 수문학, 구미서관.

2) Green, W. Heber and Ampt, G. A., 1911. Studies on Soil Physics. The Journal of Agricultural Science, 4(1), doi:10.1017/S0021859600001441.

3) Horton, R.E.(1932), Drainage Basin Characteristics, Trans. American Geophysical Union, 13, pp. 350-161.

4) Ly, S., Charles, C., and Degré, A.(2011), Geostatistical interpolation of daily rainfall at catchment scale: the use of several variogram models in the Ourthe and Ambleve catchments, Belgium, Hydrol. Earth Syst. Sci., 15, pp. 2259-2274.

5) Monteith, J. L.(1980), The Development and Extension of Penman's Evaporation Formula. Application of Soil Physics, Edited by D. Hillel, Academic Press, New York, pp. 247-252.

6) Paraskevas, T., Dimisrios, R., Andreas, B.(2014), Use of artificial neural network for spatial rainfall analysis. Journal of Earth System Science, 123(3), pp. 457-465, https://doi.org/10.1007/s12040-014-0417-0.

7) Penman, H. L.(1948), Natural Evaporation from Open Water, Bare Soil and Grass, Proceedings of the Royal Society of London. Series A, Mathematical and Physical, 193(1032), pp. 120-146.

8) Sitterson, J., Knightes, C., Parmar, R., Wolfe, K., Muche, M., Avant, B.(2017), An Overview of Rainfall-Runoff Model Types, EPA report.

CHAPTER 03

하천조사

CHAPTER 03 하천조사

하천을 계획하거나 관리하기 위해서는 우선 하천조사를 수행해야 한다. 하천조사를 하기 위해서는 수문관측, 유역조사, 하도특성 조사, 하천환경 조사 등이 있다. 특히, 수문관측은 하천조사를 하기 위해서 가장 먼저 해야 한다. 수문관측은 지구상에 있어서, 물순환 과정으로 정량적으로 규명하기 위한 수단으로써, 그 관측항목은 여러 가지가 있다. 홍수피해를 사전에 방지하기 위해서는 강우유출 해석이나, 과거 수문자료를 이용한 통계적 해석에 의한 하천구조물의 설계 및 홍수예측 기술이 필요하며, 이를 위해서는 수문자료가 필요하다(건설교통부, 2004). 본 장에서는 강수량 관측, 하천 수위 및 유량관측, 유사량 조사, 하도조사 등에 관해서 기술한다.

3.1 강수량 조사

강수량은 일정한 시간 동안에 내린 수량(비, 우박, 서리, 눈 등)을 단위면적당의 깊이로 표시한 것을 말하며, 크게 강우량과 강설량(적설량을 강우량으로 환산한 우량)으로 나눈다.

일반적으로 한 시간당 우량을 강우강도라고 한다. 예를 들어 10분 우량의 강우강도가 60 mm/hr라면 실제의 우량은 10 mm이다. 강설 깊이 혹은 적설 깊이는 눈의 깊이로 표시하며, 강설량은 일반적으로 융해한 물의 높이로 나타낸다.

3.1.1 관측소의 배치

우량계로 측정하는 것은 어떤 특정 지점의 지점우량이다. 유역 전체에 대한 면적유량은 유역 내 또는 부근 여러 지점으로부터 추산된다. 따라서 강우량관측소는 평면적으로도 가능한 한 치우침이 없고 고도상으로도 유역의 강우 특성을 대표할 수 있는 지점에 설치한다. 풍향, 풍속 등이 특수한 값을 나타내는 장소나 부근에 건물 혹은 수목 등의 장애물이 있는 장소는 피한다. 또 우량계에 물이 흘러 들어가거나 부딪쳐서 튀는 물방울이 들어가지 않는 장소로 고정한다.

우량관측소는 조사대상지역을 강우 상황이 균일한 구역으로 분할하여 각 구역에 1개 관측소를 배치한다. 만일 균일한 강우상황을 나타내는 구역을 분할하기 어려울 때는 조사대상구역을 약 50 km²의 구역으로 분할하여 각 구역마다 1개 관측소를 설치한다. 단, 댐 유역이나 도시하천 등에서는 밀도를 높여 설치할 필요가 있다.

필요한 유량관측소 수는 관측목적에 따라 달라진다. 강우의 공간 분포를 자세히 조사하기 위해서는 강우관측망 밀도로써, 즉 3~5 km 사방에 1개소가 필요하다. 또한 이 경우 유역면적에 비례한 유량관측소 수가 필요하게 된다(표 3.1). 면적우량을 구하는 경우는 유역면적의 평방근정도에 비례한 관측소 수가 필요하다. 유출해석에 사용하는 경우는 더욱 시간적 평균화가 작용한다. 유역면적이 클수록 이 효과가 작용하므로 유출해석에는 큰 유역에서도 몇 개 지점 우량자료만 있으면 된다.

표 3.1 우량관측소 최소밀도 권고사항(WMO, 1994)

지형	관측소 최소밀도(km²/관측소)	
	비자기	자기
해안	900	9,000
산악	250	2,500
평야	575	5,750
구릉	575	5,750
도서	25	250
도시	–	10-20
극지/건조지역	10,000	100,000

3.1.2 관측방법

1) 우량계

보통 사용되고 있는 우량계는 보통 우량계와 전도형 자기우량계가 있다. 보통 우량계로는 직경 20 cm의 수수구를 통하여 들어오는 강우를 저수병에 모은 다음 그 양을 메스실린더로 직접 측정한다(그림 3.1(a)). 보통 우량계에 의한 관측은 오전 9시로 전 1일의 우량을 측정한다.

전도형 우량계는 수수구로부터 들어간 빗물(0.5~1.0 mm)이 수수컵에 고이면, 중력에 의해 기울어지면서 저수조로 배수되며, 이때 전도횟수를 전기신호로 바꾸어 우량을 기록하는 장치이다. 전도형 우량계기는 제작사별로 구조가 다르며, A type, B type, C type 등 3가지로 분리하여 구분한다(건설교통부, 2004). 전도형(A type)은 수수구와 우량계 장치가 분리형이며, 펜 기록 방식이다. 전도형(B type)은 수수구와 우량계 장치가 일체형이며, 펜 기록 방식이다. 전도형(C type)은 수수구와 우량계 장치가 일체형이며, Data Logger 기록 방식이다(그림 3.1(b)). 우량관측소에서는 전도형 C type이 가장 많이 설치되어 있다(건설교통부, 2004). 강우량 1~0.5 mm마다 전기신호를 발생하고, 내장된 A/D 변환기에 의해 디지털 신호로 출력되어 T/M에 직결되도록 한 우량계이다.

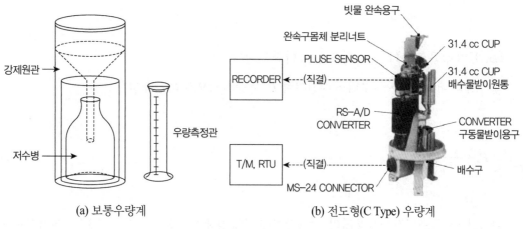

(a) 보통우량계   (b) 전도형(C Type) 우량계

그림 3.1 우량계의 구조(건설교통부, 2004)

2) 눈의 측정

강설 깊이를 측정하기 위해서는 중앙에 눈금이 새겨진 측정눈금(50 cm 정도)을 가진 설판을 이

용하고, 적설 깊이를 측정하기 위해서는 지면에 수직으로 세운 설척(1~5 m)을 이용한다. 자동관측에는 초음파를 이용한 적설계, 감마선량이 눈 속에서 감쇄하는 특성을 이용한 감마선형 적설계 등이 있다. 초음파를 이용한 적설계는 적설 깊이를 측정하는 데 사용하며, 감마선형 적설계는 적설량에 해당하는 강우량을 측정하는 데 유효하다.

강설량을 자동측정할 때는 저울형 또는 가열기를 부착한 우설량계를 사용하나 보온에 의한 증발의 문제 등이 있어 정확한 관측은 어렵다.

3) 강우레이더에 의한 관측

강우레이더는 강우량을 정확히 관측하여 신속하고 정확한 홍수예보를 발령하기 위한 것이며, 필요한 강우량을 정확히 측정하기 위해서 주로 내륙에 위치한 산 정상에 설치되어 운영한다.

강우레이더의 원리는 관측소 정상의 둥근 돔 내부 안테나에서 전파를 발사하여 비, 눈, 우박 등의 기상 목표물에 부딪혀 반사되어 돌아오기까지의 시간과 반사파의 강도로부터 강우강도와 그 위치를 구한다. 강우강도 R과 반사파의 강도 Z의 관계는 다음 식으로 나타낸다.

$$Z = BR^{\beta} \tag{3.1}$$

(B, β)의 값은 강우의 종류·강도 등에 따라 변한다.

대기 중의 어느 블록으로부터의 수신전력 $\overline{P_r}$은 근사적으로 다음과 같다.

$$\overline{P_r} = \frac{CBR^{\beta}}{r^2} \tag{3.2}$$

여기서 r은 목표체적까지의 거리, C는 장치에 의해 정해지는 정수이다. 그림 3.2는 레이더유량계가 포착한 강우역의 이동을 보여주고 있다.

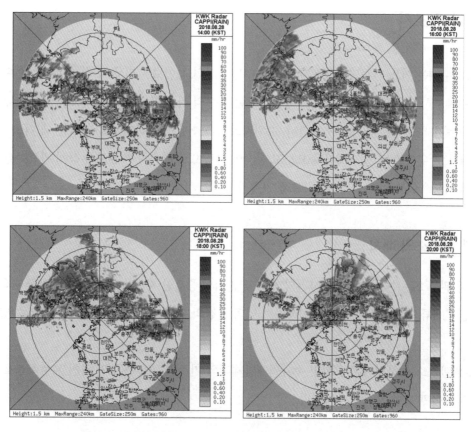

그림 3.2 관악산 강우레이더가 포착한 강우역의 이동(기상청, 2019)

우리나라 기상레이더는 최초로 1969년 기상청에서 서울 관악산에 아날로그형 S 밴드 기상레이더를 설치하여 운영하였으며, 이후 총 10대의 기상관측망을 운영하고 있다. 기상청은 강수량 산정 및 0~6시간까지의 강수량 예측자료를 생성하여 기상예보자료로 활용하고 있다. 국토교통부는 2001년에 임진강유역의 효율적인 강수량을 산정하기 위하여 강우레이더를 설치하여 운영 중이며, 전국에 7개소 이상에서 운영 중이다.

기상청에서 운영 중인 기상레이더는 고도 2,000 m 부근의 대기현상을 대상으로 비구름의 발달 및 이동, 태풍 등 전반적인 기상현상을 입체적으로 관측하여 지상예보 및 악기상 감시에 활용된다. 그러나 국토교통부에서 운영 중인 강우레이더는 지상 부근의 강우 상황을 대상으로 지표 강수에 가장 근접한 낮은 고도의 강우현상을 집중적으로 관측하여 짧은 시간 내에 발생하는 강우 상황을 상세하고 높은 정확도로 관측하고 대하천 및 돌발 홍수예보에 활용한다(우효섭 등, 2018).

3.2 수위조사

하천수위는 어느 기준면으로부터 측정한 수면까지의 높이로 나타낸다. 하천수위는 홍수 시에는 홍수예보하거나 홍수를 방지하고, 저수 시에는 용수의 취수량·취수위를 확보하며, 하천환경을 보전하는 데 사용하기 위하여 조사한다. 수위자료는 하천을 계획하거나 관리하는 데 기초자료로 활용된다. 수위자료는 그 자체가 중요하고 동시에 유량으로 변환하여 유량을 상시 관측하는 대신에 수위기록으로부터 유량의 연속자료를 얻을 수 있다.

3.2.1 관측소의 배치

수위관측소는 수계 전체에서 하천의 계획 및 관리상 중요한 지점에 배치한다. 적정한 관측망은 관련된 상하류의 관측소 관측값을 이용하여 임의 지점의 수위를 높은 정확도로 추정할 수 있어야 한다.

수위관측소는 하천기본계획 및 수자원개발계획의 기준점, 홍수예보와 하천 유출특성을 위해 다음과 같이 필요한 지점에 배치된다.

① 하천의 개발 및 관리, 하천구조물의 시공상 중요한 지점으로 영구관측이 필요한 지점
② 주요 지류, 파천의 합류 혹은 분류점 전후, 보 혹은 수문 등의 상하류 지점
③ 협곡부, 유수지, 호소, 저수지, 내수 및 하구 등의 수리상황을 알기 위하여 필요한 지점

관측소의 배치 지점이 결정되면 다음과 같은 수리학적 요건을 고려하여 구체적인 설치 장소를 선정한다.

① 정확한 수위자료가 얻어지는 장소: 흐름이 안정하며, 유량이 변화해도 유속분포나 흐름의 상태가 현저히 변하지 않은 장소이어야 한다. 또한 합류점의 직상류는 배수의 영향이 있으며, 흐름이 안정하지 않기 때문에 그들의 영향을 받지 않는 장소까지 거리를 두고 설치한다.
② 유지관리가 용이한 장소: 유로 및 여러 사항의 변동이 적어야 한다. 홍수 때마다 유수단면이

변하게 되면 수위 – 유량 관계가 일정하지 않고 관측자체를 계속할 수 없기 때문이다.

③ 안전한 장소로 홍수 시 관측에 지장이 없는 장소

④ 관측소 용지 확보가 가능한 장소

⑤ 수위관측소 설치 시에 중요한 사항은 가급적 정수위를 얻기 위해 노력하여야 하며, 일반적으로 채택된 수위계와 측정위치의 적용성 여부, 설치의 난이도 및 예산 확보 가능성 등을 감안하여 수위표의 구체적인 위치가 결정되는데, 이들 설치 위치 구조물에 따라 우물통 수위표, 교량부착형 수위표, 제방설치형 수위표로 분류한다.

3.2.2 관측방법

1) 수위표 영점표고

수위표 영점표고는 최대 갈수위 이하로 잡는다. 하상굴착계획이 있는 경우에는 그 영향을 고려해서 설치한다. 하상저하 등으로 (-) 값이 나오는 경우에는 (-) 값으로 읽거나, 새로 더 낮추어서 설치해야 한다. 이러한 착오를 없애기 위하여 수위관측소를 설치할 때는 영점표고를 1 m 정도 내려서 설치하는 것이 좋다.

수위계 영점표고는 원칙적으로 변경하지 않는 것으로 한다. 영점표고를 변경할 때는 나중에도 확실히 알 수 있도록 변경 깊이, 변경 연월일, 변경 사유, 변경 내역 등을 관측소 대장에 정확히 기입해두어야 한다. 그러나 일관성 있고 원활한 수위자료 관측과 수문분석을 위해서는 특별한 사유가 없는 한, 수위관측소의 영점표고는 변경하지 않는 것으로 한다.

2) 보통관측

보통관측은 관측자 자신이 수위표에 의해 수위를 읽어내는 방식으로 현재 가장 확실한 수위관측법으로 인정되고 있다. 수위표는 최소단위 1 cm의 눈금을 부착한 판을 하천 안에 세운 것이다. 양수판을 교각이나 직립호안에 부착하는 경우도 있다. 평상시의 관측은 원칙적으로 매일 오전 6시와 오후 6시로 두 번 수행하고 홍수 시는 매 정시에 실시한다.

3) 자기관측

자기관측은 기계를 이용해 수위를 측정하고 자동적으로 기록하는 방식이다(그림 3.3, 그림 3.4). 자기수위계의 옆에는 반드시 수위표를 설치하고 양자의 값이 다를 경우는 수위표를 기준으로서 자기수위계의 값을 수정한다.

자기수위계에는 측정원리에 의해 다음과 같은 종류가 있다.

① 부자를 이용하는 수위계
② 수압측정에 의한 수위계
③ 수위를 전기적으로 감지하는 수위계
④ 초음파를 이용하는 수위계

그림 3.3 T/M 수위표(충청북도 충주시 요도천 국원수위표)

부자식 수위계는 하천·호소의 물을 관측정으로 끌어들여 파(wave)를 제거하고 우물 안에 부자를 띄워 그 오르내림을 와이어에 의해 풀리의 회전으로 전달하여 기록장치의 펜을 움직이게 하는 것이다.

수압측정에 의한 수위계는 수압식 수위계, 기포식 수위계 등이 있다. 전자는 압력 검축기를 수중에 가라앉게 해서 정수압을 측정하고 후자는 수중으로 파이프를 뻗쳐 그 선단으로부터 미량의 공기를 방출하고 수압과 균형된 상태에 있는 공기압을 측정하여 각각 수심을 구한다.

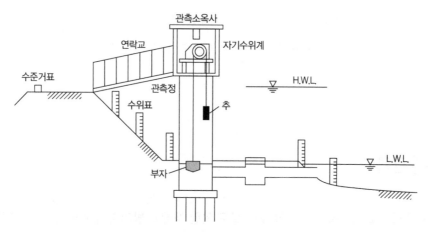

그림 3.4 부자식 수위계를 이용한 수위관측소의 설치 예

수위를 전기적으로 감지하는 수위계는 촉침식 수위계, 리드스위치식 수위계, 전기저항식, 전기 용량식 수위계 등이 있다. 촉침식은 전극을 연직관 내에서 와이어에 의해 늘어뜨려 그것이 수면에 닿은 것을 전기적으로 감지해 수위를 측정한다. 리드스위치식은 관내의 부자에 자석을 부착시켜 그 승강과 함께 관에 봉입한 리드스위치의 개폐에 의해 1 cm 단위로 수위를 측정한다.

초음파를 이용하는 수위계는 초음파 송수신기를 수면의 연직 상방향으로 설치하고 초음파가 수면과의 사이를 왕복하는 시간을 측정해 수면고를 구한다.

위에서 기술한 수위관측은 수리·수문자료를 영구적으로 얻기 위해 수행하는 정시관측이다. 한편 특정관측으로서는 홍수범람 시에 제내지의 침수심을 최고수위계로 측정하는 것이 그중 하나 이다. 최고 수위계는 간단한 것으로도 충분하므로 가능한 한 많이 설치하는 것이 중요하다.

3.2.3 자료정리

보통관측 또는 자기관측의 수위기록으로부터 시각수위, 일수위, 위황(位況, water level duration) 등의 도표를 작성한다. 일수위는 보통관측의 경우는 6시와 18시의 수위의 평균치, 자기관측의 경 우는 매 정시의 수위의 평균치로 한다. 유황(況流, flow regime)은 연간 일수위의 유황을 나타내는 것 이며 그 도표가 유황도, 유황표이다.

이 외에 하천 계획, 공사의 시공을 위해 다음 명칭의 수위가 이용되기 때문에 필요에 따라 관측 기록으로부터 이들의 수위를 구한다.

- 평균수위 – 어떤 기간 중의 관측수위의 평균치로 1개월, 1년, 수년간 등의 평균수위가 있다.
- 연평균최고수위, 연평균최저수위 – 매년의 최고수위, 최저수위를 몇 년간에 걸쳐 평균한 수위이다.

3.3 유량관측

물을 효율적으로 이용하고 홍수와 같이 물로 인한 재해를 방지하기 위해서는 '하천의 특정 횡단면을 단위시간에 통과하는 물의 체적'인 유량을 아는 것이 필수이다. 특히 유량자료는 수자원의 효율적인 계획과 관리, 오염총량제와 같은 수질관리, 수공구조물 설계, 홍수예보 업무 등 이수, 치수, 수질관리를 위한 가장 기본적이면서 중요한 자료이다.

하천유량의 활용성을 높이기 위해서는 실시간 자료, 장기간 축적된 자료 그리고 연속된 유량자료가 필요하다. 연속된 유량자료 생산을 위한 직접적인 방법에는 한정된 횟수의 측정유량과 동시간의 하천 수위와의 관계를 통해 수위 – 유량관계곡선식을 작성하여 이용하는 방법과 하천에 유속 또는 유량을 직접 측정할 수 있는 시설을 설치하여 실시간으로 유속 또는 유량을 측정하는 자동유량측정시설을 이용하는 방법 등이 있다. 간접적인 유량자료를 생산하는 방법에는 경사 – 면적방법, 플륨 등 구조물 등을 이용하는 방법이 있다.

유량관측은 그때의 유량을 아는 것을 목적으로 실시하는 경우와 수위 – 유량의 관계를 구하기 위해 장기적으로 실시하는 경우가 있다.

유량관측 지점에는 반드시 수위관측소를 같이 설치한다. 유량관측소를 배치하는 구체적 지점 및 설치 장소에 요구되는 조건은 앞에서 기술한 수위관측소의 설치조건과 일치하지만 이 외에 유량관측의 경우 사용하는 관측방법도 충분히 고려해서 적절한 설치장소를 정해야만 한다.

3.3.1 관측방법

하천 유량측정 방법 선택은 유량측정 자료의 정확도, 측정환경에 대한 적합성 및 측정 용이성, 측정장비 또는 방법별로 권장 측정범위 등을 고려해야 한다. 일반적인 하천 유량측정 방법은 다음과 같다.

① 유속계 및 부자 측정법
② 전자파를 이용한 측정법
③ (초)음파를 이용한 측정법
④ 자동측정 시설에 의한 측정법
⑤ 영상을 이용한 측정법
⑥ 경사 면적법
⑦ 화상광학방식을 이용한 측정법
⑧ 희석법
⑨ 웨어, 플룸 등 구조물을 이용한 측정법

국내에서는 유속계 및 부자 측정법, 전자파를 이용한 측정법, (초)음파를 이용한 측정법이 이용된다.

1) 유속계 측정법

유속계 측정법은 하천종단면을 그림 3.5와 같이 구분하고 각 구분단면마다 수심 및 평균유속을 측정해 유량을 구하고 각 부분 유량을 합계해서 그 횡단면의 유량으로 한다. 각 구분 단면의 평균유속은 연직측선상의 특정깊이에 있어서 유속을 유속계로 측정하여 다음 공식으로 구한다.

$$1점법: u_m = u_{0.6} \tag{3.3}$$

$$2점법: u_m = \frac{1}{2}(u_{0.2} + u_{0.8}) \tag{3.4}$$

$$3점법: u_m = \frac{1}{4}(u_{0.2} + 2u_{0.6} + u_{0.8}) \tag{3.5}$$

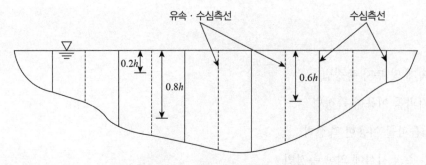

그림 3.5 유속계측법 - 유속측점과 수심측선

여기서, u_m는 평균유속, $u_{0.2}$, $u_{0.6}$, $u_{0.8}$는 수면으로부터 각각 수심의 0.2배, 0.6배, 0.8배 깊이에서 유속이다(그림 3.5).

홍수 시 유속이 너무 빠르거나 부유물질이 많아 정상적인 유속측정이 불가능할 경우에는 표면유속(V_s)을 측정하고 식 (3.6)을 이용하여 평균유속(V_m)을 구할 수 있다.

$$V_m = \alpha \times V_s \tag{3.6}$$

여기서, α는 표면유속을 평균유속으로 환산하기 위한 계수로서 일반적인 하천에서는 0.80~0.90의 값이 적용된다. 가장 정확한 방법은 해당 지점에서 실제 측정을 통하여 계수를 산정하여 적용하는 것이다.

측선에서의 측점은 수심이 0.60 m 미만인 경우에는 1점법, 0.6 m 이상 1.0 m 미만에서는 2점법, 1.0 m 이상은 3점법을 이용하도록 한다. 만약 2점법으로 측정을 실시하였을 경우 정상적으로 유속을 측정하였으나 각 측점에서의 유속이 $V_{0.2d} < V_{0.8d}$이거나 $V_{0.2d} \geq 2V_{0.8d}$가 되는 경우에는 비정상 유속분포를 보이는 경우이므로 표 3.2와 같이 $V_{0.6d}$를 추가 측정하여 3점법으로 실시하도록 한다(표 3.2).

표 3.2 수심 및 유속 측점 배치(이재수, 2012)

수심(m)	측점선택	측점위치	평균유속 산정식
0.6 미만	1점법	수면으로부터 $0.6d$	$V_m = V_{0.6d}$
0.6 이상 1.0 미만	2점법	수면으로부터 $0.2d, 0.8d$	$V_m = \frac{1}{2}(V_{0.2d} + V_{0.8d})$
1.0 이상 / 비정상유속분포	3점법	수면으로부터 $0.2d, 0.6d, 0.8d$	$V_m = \frac{1}{4}(V_{0.2d} + 2V_{0.6d} + V_{0.8d})$

2) 부자 측정법

부자를 이용한 유량측정은 홍수 시 유속이 빠르고 수심이 깊거나 부유물이 많아서 유속계에 의한 유량측정이 어려울 경우에 실시한다. 이 방법은 수면폭을 등간격으로 나누는 다수의 유속측정선을 설정하고 각 측정선에서 부자를 유하시켜 그 속도를 측정한다. 부자에 의한 유량측정을 위해서는 부자투하를 위한 단면과 최소 2개의 측정단면이 필요하다. 보조구간은 부자투하단면에서 제1측정단면까지의 구간이며, 이 구간 내에서 부자가 흘수(吃水)를 유지할 수 있도록 해야 한다. 측정구간은 제1측정단면에서 제2측정단면까지의 구간이다(그림 3.6, 표 3.3). 또한 하천특성에 따라 제3측정단면을 설정하여 측정구간을 추가할 수 있다.

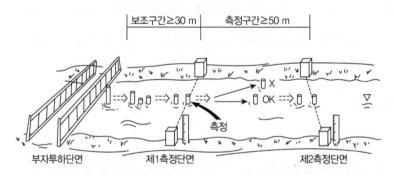

그림 3.6 부자를 이용한 유량측정구간 설정(건설교통부, 2004)

표 3.3 부자측정구간(유량조사사업단, 2017a)

구분		확보 거리
보조구간	부자 투하지점 ~ 제1측정단면	최소 30 m 이상
측정구간	제1측정단면 ~ 제2측정단면	① 최소 50 m 이상 또는 ② 최대유속(m/s)×20초

부자측정을 위한 횡단측선은 유심의 직각방향으로 설정하고 위치를 표시하기 위하여 기준점을 설치한다. 기준점은 가능한 하천 양안에 기왕의 최고수위 또는 계획홍수위보다 높은 지점에 설치하는 것을 원칙으로 한다.

각 관측구간에서의 구간거리는 유하시간이 짧을 경우 시간측정에 따른 오차가 커질 수 있고, 반대로 유하시간이 너무 길 경우에는 부자가 적절한 유선을 벗어나 측정의 정확도가 떨어질 수 있기 때문에 적절히 설정하여야 한다.

보조구간(부자투하지점~제1측정단면)의 거리는 투하된 부자가 안정적으로 위치하고 흘수가 유지될 수 있도록 최소 30 m 이상이 되도록 하며, 측정구간(제1측정단면~제2측정단면)의 거리는 원칙적으로 50 m 이상이 되도록 한다. 그리고 유속이 너무 빠르거나 느려서 측정의 어려움이 있을 경우에는 최대유속(m/s)×20초 정도의 유하거리를 확보할 수 있도록 하여야 한다.

3) 전자파표면유속계

전자파표면유속계에 의한 유량측정은 하천의 횡단방향에 대해 일정 간격으로 전자파표면유속계를 설치하고 물 표면에 전자파를 발사한 후, 물 표면에서 반사되는 전자파의 도플러 효과를 이용하여 표면유속을 측정하는 것이다.

운동하는 물체에 의하여 산란된 전자파의 주파수가 변하게 되는 현상을 도플러 효과라고 한다. 이때의 주파수의 변화량을 도플러 주파수라고 하며, 다음과 같이 표현할 수 있다.

$$f_d = \frac{2v}{\lambda}\cos\theta \tag{3.7}$$

여기서, f_d는 도플러 주파수이고, v는 물체의 속도, λ는 전파의 파장 그리고 θ는 물체의 속도 방향과 전파의 진행방향이 이루는 각으로 30~50° 사이의 각을 이용한다.

전자파표면유속계의 측정 모식도는 그림 3.7과 같다. 전자파표면유속계는 하천의 유량을 측정하기 위하여 필요한 물속 임의 지점의 유속을 알 수 없다는 큰 단점이 있으나, 물과 멀리 떨어져서 표면유속을 측정함으로써 매우 빠른 유속에 견딜 수 있도록 하는 지지 구조물이 필요하지 않으며, 측정자와 장비에 대한 안전성이 우수한 장점이 있다. 전자파표면유속계에 의한 측정은 홍수 측정을 기본으로 개발되었으며 저·평수기에 유량측정을 할 수 있는 기종도 개발되었다.

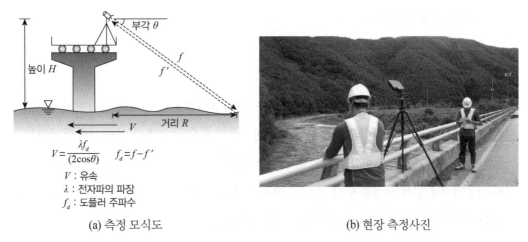

$$V = \frac{\lambda f_d}{(2\cos\theta)} \qquad f_d = f - f'$$

V : 유속
λ : 전자파의 파장
f_d : 도플러 주파수

(a) 측정 모식도   (b) 현장 측정사진

그림 3.7 전자파표면유속계를 이용한 유량측정(유량조사사업단, 2017a)

전자파표면유속계를 이용하여 유량을 산정하기 위해서는 먼저 유속을 정확하게 측정하여야 한다. 이를 위해서는 전자파표면유속계를 적용하는 지점의 상황을 고려하여 측정위치를 선택해야 한다.

① 교량에서 유속측정 시 상류측으로 전자파표면유속계를 설치하는 것을 원칙으로 한다. 하천이 교량을 통과하면서 교각에 의해 교란되기 때문에 흐름이 교란되기 이전의 구간에 대해 전자파를 발사하기 위하여 상류측으로 측정하기를 권장한다.

② 교량의 진동이 적은 교량을 선정한다. 다만, 대안 교량이 없고, 차량에 의해 많은 진동이 발생할 경우에 교각 근처에서 측정하되, 흐름의 교란 여부를 확인하고 수평각을 권장허용범위 내에서 조정한다.

③ 현장 특성상 상류측으로 표면유속측정이 불가능할 때는 하류측으로 기기를 설치하여 유속을 측정한다. 이때 교각에 의한 흐름에 교란이 있는 구간에서 유속이 측정되는 것을 피하기 위하여 수직각을 권장허용범위 내에서 조정한다.

④ 일정 구간 단면변화 및 유속의 변화가 크지 않고 식생 등의 장애물 영향을 최소화할 수 있는

단면을 선정한다.

⑤ 전자파표면유속계는 고압선 등에 의한 자기장의 영향을 받기 때문에 자기장의 영향이 없는 위치를 선정해야 한다.

4) ADCP를 이용한 유량측정

ADCP는 초음파 도플러 다층 유향 유속계로서 측정센서를 흐름에 직접 접하여 센서에서 발사된 초음파가 수중의 음파산란물체에 반사되는 반향음의 도플러 효과로 인한 주파수 변화를 분석하여 다층의 유속과 흐름방향을 측정할 수 있는 장비이다. 또한 ADCP는 하상추적 기능이 있고, 수심과 이동거리를 함께 측정할 수 있어서, 측정과 동시에 유량이 산정되는 장점을 가지고 있다.

ADCP를 이용하여 유량측정을 할 경우 USGS(Rantz 등, 1982)에서 제시하는 대부분의 조건이 ADCP 측정에도 동일하게 적용되며, 다음과 같은 사항을 고려하여 위치를 선정한다.

① 측정가능 영역이 넓은 지점

② 포물선, 사다리꼴형 혹은 직사각형의 단면이거나 단면의 형상이 상하류에 일정하게 지속되는 곳

② 측정가능 영역이 넓은 지점

③ 하상형태의 급격한 변화가 있거나 식생의 성장이 있는 지점은 피할 것

④ 유속이 0.15 m/s 이상 유속의 확보가 불가하여 저유속에서 측정해야 할 경우에는 횡측선법 등을 사용해야 하며, 보트 속도는 가능한 평균유속보다 느리게 작동해야 함

⑤ 측정단면의 양안 부근은 두 개 이상의 수심 셀을 측정할 수 있는 수심이 확보될 것

⑥ 솟아오르는 흐름이 있거나 대규모 와류가 발생하거나 난류가 심한 지점은 피할 것

⑦ 수중에 철선 및 파일이 존재하거나 트러스 교량과 같은 대규모 철 구조물이 위치하는 곳, 송전탑 등 자성이 강한 곳은 피할 것

⑧ DGPS(Differential Global Positioning System)를 사용할 경우, 다중 경로오차를 일으키는 간섭이 발생할 가능성이 높은 지점을 피해야 하며, GPS 위성의 신호를 방해하는 곳도 피해야 함

측정지점 선정 후 측정조건에 맞는 적용방법을 결정해야 한다. 측정방법 결정 시 측정지점의 수심이나 하폭과 같은 수리적 특성과 함께 보트의 접근을 위한 경사로나 하상 도로의 유무, 교량의 유무 등을 고려해야 한다. 또한 운영상 안전을 위해 지점 특성과 측정 시의 흐름 상황이 동시에 고려되어야 한다.

측정방법은 크게 이동측정법과 정지측정법으로 구분하며, 세부적인 방법들은 다음의 표 3.4와 같다.

표 3.4 측정방법별 측정조건(유량조사사업단, 2017a)

측정방법		측정조건
이동측정법	유인보트법	① 교량 등의 구조물을 이용할 수 없는 지점 ② 하폭이 넓어 횡측선 설치가 불가능한 지점 ③ 모터보트에 의한 횡단 측정의 경우 최저 속도가 빠르므로 유속이 적정 범위 이상인 지점(0.5 m/s) ④ 교량과 같은 구조물이 있더라도 하폭이 너무 넓어 횡단 측정에 많은 시간이 소요되는 지점 ⑤ 보트의 흘수나 엔진 잠김을 고려하여 수심이 최소 1 m를 넘는 지점 ⑥ 유량이 급격하게 증가하거나 홍수가 발생하여 측정에 위험이 따를 경우는 절대 불가
	무선보트법	① 교량 등의 구조물을 활용할 수 없는 지점 ② 하폭이 200~300 m 내외로 비교적 좁은 지점 ③ 유속이 빠르지 않은 지점 ④ 수심이 얕지 않고 사주가 없는 지점
	횡측선법	① 하폭이 200 m 이하로 횡측선 설치가 가능한 지점 ② 수심이 얕고 유속이 느린 지점(아주 느린 속도로 횡단이 가능) ③ 무선으로 데이터 전송을 해야 하므로 무선 통신에 방해가 없는 지점 ④ 직접 보트를 타고 정밀 측정을 할 경우 유선 연결을 위해 고무보트 등이 이용 가능한 지점
	교량이용법	① 흐름이 정체되거나 와류가 없는 지점 ② 유속이 너무 느려서 ADCP가 흐름방향으로 정렬되지 않는 경우도 가급적 피해야 함 ③ 교각의 후류를 피할 수 있는 지점 ④ 무선으로 데이터를 전송해야 하므로 무선 통신에 방해가 없는 지점 ⑤ 홍수 시에도 적용이 가능하나 하상 추적 상실 우려
	기타	줄끌기법, 도섭을 이용한 측정법
정지측정법		① 흐름이 정체되거나 와류가 형성되는 지점 기피 ② 사주 등으로 흐름 분리가 있는 지점 기피 ③ 홍수 시에도 적용 가능 ④ 무선으로 데이터 전송이 가능한 지점

5) 수위 – 유량관계 곡선

수위유량곡선은 어떤 하천 단면에 있어서 위에서 기술한 ①의 방법으로 관측한 유량 Q와 유량 관측 시의 수위 H의 관계를 하나의 곡선관계로 나타낸 것으로 $H-Q$ 곡선이라고도 한다(그림 3.8). 수위유량곡선이 결정되면 수위의 상시 관측으로 유량자료를 연속적으로 얻게 된다.

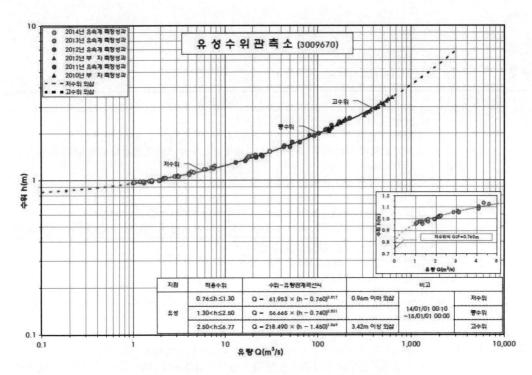

그림 3.8 수위유량곡선의 예(유량조사사업단, 2017a)

수위유량곡선의 식은 일반적으로 다음 식으로 나타낸다.

$$Q = a(H+b)^n \tag{3.8}$$

여기서, a, b, n은 정수로 Q, H의 관측자료를 이용해 최소자승법 등으로 값을 정한다. 종래는 $n = 2$로 한 다음 식이 이용되고 있다.

$$Q = a(H+b)^2 \qquad (3.9)$$

수위−유량의 관계는 홍수에 의한 하상변동이 있으면 변화하기 때문에 그 시기를 경계로 새로운 곡선식을 이용해야 한다. 따라서 앞에서 기술한 유량관측을 계속해서 실시해야 한다.

수위유량곡선법은 수위와 유량이 일대일 대응의 관계에 있다는 것을 전제로 하고 있다. 홍수는 일반적으로 유량의 시간적 변화가 완만하기 때문에 일대일 대응관계가 근사적으로 성립하지만, 시간적 변화가 빠른 홍수에서는 수위유량곡선은 루프를 그린다. 또한 감조역이나 합류에 의한 배수에 영향을 받는 구간에서는 수위−유량관계가 상당히 복잡하기 때문에 그와 같은 하천단면에서 유량을 측정할 때는 별도의 고려가 필요하다.

수위−유량곡선식에 의해 수위관측기록을 유량자료로 변화하고 시각유량, 일유량, 유황 등의 도표를 작성한다. 또, 유황곡선을 토대로 풍수량·평수량·저수량·갈수량을 구해둔다(그림 3.9). 홍수유량 수문곡선은 치수계획을 위한 기초자료로서 중요하므로 강수량과 함께 그 기록을 보존한다.

6) 하상계수와 유황계수

하천 내 어느 지점에서 동일한 연도의 최소 유량에 대한 최대 유량의 비율을 나타내는 하상계수는 어떤 지점에서의 유황을 정량적으로 나타낼 수 있으며, 하상계수는 다음과 같다.

$$하\,상\,계\,수 \;=\; \frac{Q_{\max}}{Q_{\min}} \qquad (3.10)$$

여기서, $Q_{\max}$ 는 최대 유량(m^3/s), $Q_{\min}$ 은 최소 유량(m^3/s)이다.

하상계수는 하천 유량의 안전도를 나타낸다.

유황계수는 연중 10일 이상 지속되는 유량을 연중 355일 이상 지속되는 유량으로 나눈 값이며, 다음과 같다.

$$유\,황\,계\,수 \;=\; \frac{Q_{10}}{Q_{355}} \qquad (3.11)$$

여기서, Q_{10}는 연중 10일 이상 지속되는 유량으로 홍수유량(m³/s)이고, Q_{355}는 연중 355일 지속되는 유량으로 갈수 유량(m³/s)이다.

유황계수도 하천 유량의 이수 및 치수목적으로 안정성을 나타내는 지표이며, 하상계수와 마찬가지로 값이 크면, 하천의 기능을 제대로 유지하는 데 한계가 있다는 것을 나타낸다.

7) 유황곡선

유역의 유출량을 평가하는 주요한 방법 중 하나로 유황곡선(Flow duration curve)이 있다. 유황곡선은 가로축에 시간(일수)을 취하고, 세로축에 하천의 어느 지점에 흐르는 일유량을 크기순으로 나열한 것이다. 어떤 지점의 유황곡선을 결정하는 방법은 다음과 같다.

① 1년 또는 그 이상의 기간 동안의 일유량 자료를 수집한다.

② 일유량 자료를 가장 큰 값부터 작은 값까지 내림차순으로 정렬한다. 즉, 가장 큰 값의 순위는 1이고 가장 작은 값의 순위는 N이 된다. 여기서 N은 자료의 총수, 즉 일수이다.

③ 어떤 일유량의 순위가 m일 때, 이 자료의 시간 백분율은 $\dfrac{m}{N} \times 100$이다.

④ 시간 백분율과 유량을 도시하면 그림 3.9와 같은 유황곡선을 얻을 수 있다. 이때 가로축은 365일을 100%로 나타낸다. 또, 세로축은 보통 유량(m³/s)으로 나타내지만, 유량의 범위가 매우 큰 경우는 세로축을 대수로 취하여 표시하기도 한다(그림 3.9).

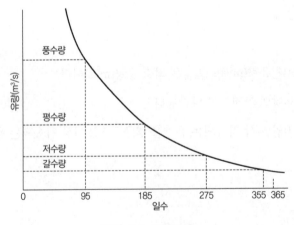

그림 3.9 유황곡선

유황곡선에는 1년 중 며칠이 이보다 작지 않은 유량이 흐르는가(1년 중 며칠 동안 이보다 큰 유량이 지속되는가)에 따라 풍수량(95일, 26.0%), 평수량(185일, 50.7%), 저수량(275일, 75.3%), 갈수량(355일, 97.3%)을 결정한다. 유황곡선은 이수계획수립에서 중요하며, 수력발전, 저수지 용량 결정 등 수자원 사업의 계획과 설계에 매우 유용하다.

3.4 유사량 조사

하천유사란 흐름에 의해 침식, 운반되어 강바닥이나 범람원 등에 퇴적된 토사를 말한다. 하천의 하상이 유수에 의해 침식·운반될 수 있는 비점착성 모래로 구성된 이동상 하천을 충적하천이라 한다. 따라서 하천바닥이 자갈로 덮인 산지하천이나 점토로 구성된 감조하천 등은 충적하천에서 제외된다.

유사의 크기는 미세한 점토입자부터 바위에 이르기까지 매우 다양하다. 유사의 광물구성은 주로 석영이 주종을 이루며 그 밖에 장석류 등으로 이루어져 있고, 그 비중은 대략 2.6~2.7 정도이다.

유사의 이송형태에 따라 크게 부유사와 소류사로 나눌 수 있다. 소류사는 모래와 자갈이 흐르는 물의 흐름방향에 대한 저항력에 의해 하상 부근을 이동하는 유사이며, 부유사는 흐르는 물의 난류에 의한 확산작용에 의하여 위의 방향으로 소용돌이쳐 올려서 유로 단면 안에서 흐르는 물과 함께 이동하는 유사이다. 유수의 소류작용에 의해 이송되는 소류사는 하상과 바로 접촉하며 구르거나 미끄러지며 이송되거나, 높이 뛰면서 이송되기도 한다. 하천에서 부유사량과 소류사량의 합이 그 하천 단면의 총유사량이 된다. 총유사량의 추정은 하천 유사연구의 기본과제로 하천유역 내의 수리구조물의 설계 및 유지관리, 하천개수 및 하도의 안정, 홍수터 관리, 저수지의 설계 및 운영 등 수자원개발 및 관리를 위한 하천 계획에 필요한 기본적 요소 중 하나이다.

유사를 하천의 수리량과의 관계를 고려하여 분류하면, 수류의 강도보다는 상류의 유사공급에 의해 부유 이송형태로 하천에 유입되는 세류사(Wash load)와 유사원이 무한대로 있고 단지 흐름의 세기에 의존하는 부유 및 소류 이송형태의 하상토 유사(Bed material load)로 나눌 수 있다. 보통 세류사는 입경 0.062 mm 미만의 실트와 점토를 말하며, 하상토 유사는 입경 0.062 mm 이상의 모래를 말한다.

3.4.1 부유사량 조사

부유사농도는 하천 횡단면의 횡방향과 수직 방향에 따라 상당히 다르게 나타난다. 일반적으로 부유사농도의 연직분포는 수면에서 최저이고 하상에서 가장 높다. 이를 개략적으로 나타내면 그림 3.10과 같다. 부유사농도는 유사의 입경에 따라서 그 형태가 다르다. 모래나 자갈 등 조립토사의 경우 유사농도의 수직분포는 깊이에 따라 현저히 달라지나, 점토나 이토 등 미립토사의 경우 수표면과 하상이 거의 균일하게 분포하며 농도의 연직 변화가 작다.

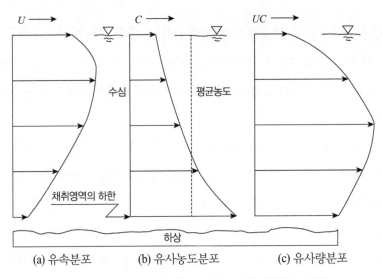

(a) 유속분포   (b) 유사농도분포   (c) 유사량분포

그림 3.10 유속과 부유사농도 부유사량의 연직분포 관계

유사의 흐름이 있는 하천에서 큰 입자들은 주로 하상 가까이에서 이송되고 작은 입자들은 상대적으로 수면 가까이에서 이송된다. 이러한 입자크기별 유사농도의 연직분포는 하천에 따라 다르고 한 하천단면에서도 연직선에 따라 다르다. 그림 3.11에서 보는 바와 같이, 한 하천단면에서 유사의 연직농도분포는 일반적으로 하상 근처에서 최대가 되고 수면 가까이 갈수록 지수함수적으로 감소한다.

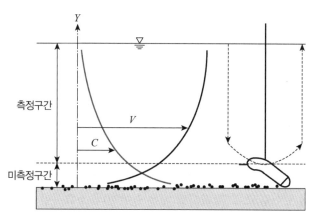

그림 3.11 유속(V) 및 유사농도(C)의 연직분포

부유사 채취 방법에는 수심적분, 점적분, 표면 유사채취 등이 있다. 수심적분 채취는 하천의 횡단면을 몇 개의 부분 단면으로 나누고 이 부분 단면을 대표하는 측선을 따라 채취기를 같은 이동속도로 하강 또는 상승시키면서 시료를 채취하는 방법이다. 부유사 채취 시 용기 안의 공기는 압축되어 공기 배출구에서는 정수압의 균형을 이루어 유입구에서 물의 유입속도와 주변 유속은 거의 같게 된다. 이상적인 채취기 이동상태는 수심적분 채취가 완전히 끝났을 때 시료가 용기의 2/3∼3/4 정도 찬 상태이다.

점적분 채취는 측선상 어느 한 점에서 일정 시간 동안 시료를 채취하는 방법이다. 이런 방법으로 채취한 시료를 분석하면 그 하천 단면에서 유사농도의 수평과 연직분포를 알 수 있다. 일반적으로 수평분포를 알기 위해서는 하폭에 따라 5∼20개의 측선이 적합하고, 연직분포를 알기 위해서는 수심에 따라 6∼10개의 측점이 적합하다.

한 측선에서 측점을 결정할 때는 하천의 수심과 부유사의 입경을 고려해야 한다. 즉 수심이 큰 경우에는 작은 경우보다 더 많은 측정을 하는 것이 좋다. 부유사의 입경이 큰 경우에는 농도분포가 위아래로 크게 변하므로 더 많은 측점이 필요하다. 점적분 채취는 측점의 수에 따라 다점법과 간편법으로 나눌 수 있다.

수면 유사채취는 복잡한 장비를 이용하지 않고 간단히 채취병에 줄을 묶고 병 안 또는 밖에 무거운 추를 매달아 하천에 던져 시료를 채취하는 것이다. 이 방법은 유속이 너무 커서 수심적분 또는 점적분 채취기를 이용한 시료채취가 불가능하거나, 부유물이 너무 많아 채취기나 권양선에 걸려서 정상적인 시료채취가 불가능한 경우, 또는 측정장비가 제대로 구비되어 있지 않은 경우에 대안으로 이용한다. 그러나 이렇게 측정한 자료를 가지고 단면 전체의 유사농도로 환산하기가 매우 어려우며, 또한 수면 시료에는 큰 사립자가 없으므로 조립질 유사의 농도를 알기 어렵다.

3.4.2 소류사량 조사

소류사는 유사 입자가 하상을 따라 전동(rolling), 활동(sliding) 혹은 도약(jumping)을 하며, 이송된다. 소류사량의 측정은 어렵고, 그 정확도도 매우 떨어진다. 소류사량을 결정하는 방법은 다음과 같이 세 가지가 있다(Hubbell and Sayer, 1964).

① 특수한 채취 장비를 이용한 직접 측정 방법
② 소류사를 추정할 수 있는 물리적 관계(공식이나 도표 등)를 이용한 추정법
③ 침식이나 퇴적과 같은 유사 현상의 측정 결과를 이용한 정성적인 측정법

그러나 직접 측정 장비는 매우 제한된 범위의 유사적, 수리적 조건하에서만 이용할 수 있고, 물리적 공식이나 도표를 이용하는 방법은 소류사량을 정확하게 추정하기에는 많은 한계가 있다.

소류사량은 시간적 및 공간적으로 매우 큰 변동을 한다. 하천 유수가 정상 상태로 흐르는 경우에도 소류사량은 변동을 하므로, 채취된 시료가 평균 소류사 농도를 적합하게 대표할 수 있도록 하는 것은 매우 어렵다.

소류사의 공간적 변동을 살펴보면, 정상상태의 하천에서 하상에 사구가 형성되었을 경우 소류사량은 사구의 골(trough)에서는 거의 0에 가깝고, 사구의 마루(crest)에서는 최대가 된다. 그런데 사구는 이동을 하므로, 소류사의 시간적 변동은 파형을 이루게 된다.

모래하천에서는 사구와 같은 하상형태가 생기고 이러한 하상형태는 느린 속도로 하류로 이동하기 때문에 하상형태의 움직임을 추적하여 소류사량을 간접적으로 추정할 수 있다. 하상토의 공극율 p, 사구의 이동속도 c_s, 사구높이 A_m 등을 이용하여 수식으로 표시하면 부피로 표시한 소류사량 q_{sb}는 다음과 같다(우효섭 등, 2015).

$$q_{sb} = (1-p)c_s \frac{A_m}{2} \qquad (3.12)$$

이 방법은 모래하천에서 음향 측심기 등을 이용하여 하상형태의 정확한 추적이 가능하면 상당히 신뢰할 만한 결과를 줄 수 있다.

정상유수의 하도 내 한 측선상에서 채취된 소류사량의 시간적 변동은 측정시간에 대한 사구의 이동속도, 미립토사 덩어리의 통과 여부 등에 의해 영향을 받는다. 따라서 채취시간이 사구의 변동주기의 수 배 이상이 되면 이런 변동은 적절하게 평준화시킬 수 있다.

소류사량을 측정함에 있어 대표시료를 채취하는 것은 중요한 문제로 이상적인 시료채취는 다음 조건을 만족해야 한다.

① 채취시간 동안 채취기에 의해 점유되는 하상의 구간에 있는 모든 소류사 입자들을 채취하여야 한다.
② 같은 시간 동안 그 구간을 지나지 않는 모든 입자들은 채취되지 않아야 한다.

현재 가장 널리 이용되는 소류사 채취기는 Helly-Smith 채취기이다. 이 채취기는 실제로 소류사만을 채취하는 것은 아니다. 따라서 Helly-Smith 채취기는 부유사의 일부도 채취하게 된다. 따라서 하천의 총유사량을 단순히 측정 부유사량과 측정 소류사량의 합으로 나타낼 수 있는 것은 아니다.

3.5 하도조사

3.5.1 목적과 의의

하도와 하상은 유량 및 토사 유출의 다소에 의해 변화하지만 하천수 취수의 용이성 및 홍수의 안전한 유하 등을 위해서 하도는 가능한 한 변화하지 않고 안정되어 있는 것이 바람직하다. 중·하류의 하도가 하상변동이 적은 안정하도이기 위해서는 상류 산지유역으로부터의 적정한 유출토사량, 유송토사량이 요구된다.

이러한 안전하도 등의 계획, 설계, 유지·관리에 필요한 기초자료를 얻기 위해 하도의 평면형상, 하상변동 및 생산토사·유송토사 등을 조사할 필요가 있다. 생산토사는 비바람에 의해 지표면의 포토가 침식되거나 산지붕괴 등에 의해 새로이 만들어져 하류로 이동하는 토사이다. 유출토사(유사 유출)는 유역의 생산토사가 흐름에 의해 생산지를 떠나 하류의 어느 한 지점을 통과하는 유사이다. 유송토사(유사)는 유로 내에서 흐름에 의해 소류나 부유의 형태로 이송되는 토사이다.

3.5.2 하상변동

하상변동은 하상면과 토사층이 유속이나 소류력에 의해 세굴, 운반, 퇴적되는데 그 과정이 시간적, 공간적으로 균일하지 않기 때문에 발생하는 것이며 그 실태를 파악하는 것은 간단하지 않다. 하상변동의 실태를 알기 위해서는 크게 나눠 경년적인 하상변동 조사와 홍수 시 하상변동 조사가 있다.

1) 경년적인 하상변동 조사

동일지점에 대해서 일정 기간을 두고 종횡단 측량조사를 실시하고 전후의 측정결과를 비교해 그 기간 내의 평균변동고 및 변동량을 구한다. 횡단측량자료가 충분하지 않은 경우에는 연평균 저수위나 연평균 수위를 경년적으로 비교함에 따라 수위관측점 부근의 하상변동을 추정할 수 있다. 그러나 이 방법은 연강우량의 영향을 받기 때문에 갈수년 등 저수량의 크기에 주의해야 한다. 측정지점의 수위－유량곡선을 경년적으로 알고 있다면 어떤 일정유량에 대응하는 수위를 구하고 그들을 경년적으로 비교함에 따라 하상고의 변화를 구할 수 있다.

2) 홍수 시 하상변동 조사

교각, 수제, 제방 및 수문 등의 하천 구조물의 주변에서는 홍수 중에 국소세굴이 발달한다. 또한 일반적으로 하도에서도 홍수 중에는 하상변동이 크다. 국소세굴은 홍수 후에 다시 메워지기 때문에 홍수 후의 관측으로는 홍수 중의 상황을 파악할 수 없다.

홍수 중의 하상변동을 측정하는 방법으로 음향측심기, 감마선 밀도계, 전기저항식 세굴계 등이 이용된다. 이 기기들은 관측의 자동화가 가능하다. 최대 세굴깊이만을 측정방법으로는 비교적 간단한 링법, 매설법 등이 있다. 이들 방법의 적용에 있어서는 그 조사 목적에 따라 선택하고 하천의 상황을 고려한 조사계획을 세우는 것이 중요하다.

인위적 요인에 의한 하상변동도 무시할 수 없는 경우가 있으며, 이 때문에 모래, 자갈의 채취 허가량 등을 조사하고 경년적으로 각 구간에서 모래 및 자갈의 채취량 및 하상저하량을 조사할 필요가 있다.

연습문제

3.1 수위관측소 설치 시에 주의해야 할 사항을 조사하시오.

3.2 어느 하천에서 다음 표와 같이 수심, 유속, 단면적을 측정하였을 때, 유출량을 구하시오.

단면	1	2	3	4	5	6	7
수심(m)	0.45	0.50	0.45	0.44	0.4	0.37	0.32
평균유속(m/s)	0.07	0.08	0.100	0.07	0.11	0.10	0.08
단면적(m²)	2.12	2.42	2.20	1.76	1.80	1.88	1.36

3.3 어느 하천에서 다음 표와 같이 수면에서 수심의 20% 및 80% 되는 지점에서 수심과 유속을 측정하였을 때, 유출량을 구하시오.

좌안에서 측선거리(m)		0	4	8	12	16	20	24	28	32
수심(m)		0.00	0.88	1.02	0.92	0.99	1.03	1.15	1.11	0.00
유속(m/s)	0.2 D	0.000	0.234	0.284	0.224	0.228	0.241	0.283	0.153	0.000
	0.8 D	0.000	0.238	0.251	0.281	0.315	0.321	0.296	0.198	0.000

3.4 하상계수와 유황계수는 유량의 이수 및 치수 목적으로 안정성을 나타내는 지표이다. 각 계수의 정의와 특성을 서술하시오.

3.5 하천에서 유사의 이동 특성에 따라 소류사와 부유사로 나뉘며, 그 특성을 설명하시오.

참고문헌

1) 건설교통부(2004), 수문관측매뉴얼.

2) 우효섭, 김원, 지운(2015), 하천수리학, 청문각.

3) 우효섭, 오규창, 류권규, 최성욱(2018), 하천공학, 청문각.

4) 유량조사사업단(2017a), 매뉴얼 유량 조사.

5) 유량조사사업단(2017b), 매뉴얼 유사량 조사.

6) 이재수(2012), 수자원공학, 구미서관.

7) Hubbell, D. W., and Sayre, W. W.(1964), Sand Transport Studies with Radioactive Tracers, J. of the Hydraulics Division, ASCE, Vol. 90, No. HY3.

8) Rantz, S.E., et al.(1982). Measurement and Computation of Streamflow: Volume 1. Measurement of Stage and Discharge. Water-Supply Paper 2175, U.S. Geological Survey.

9) WMO(1994), Guide to Hydrological Practices fifth Ed. World Meteological Organization Report No. 168.

10) 室田明(2000), 河川工學, 技報當出版.

CHAPTER 04

하천 흐름

CHAPTER 04 하천 흐름

하천의 흐름에 대하여 기본이 되는 수리학의 개념을 이해하기 위하여 이미 수리학에서 습득한 지식들 중 하천 흐름에 필요한 하천 흐름의 분류, 하천 흐름의 기본법칙, 하천의 정상등류, 하천의 정상부등류를 알아보기로 한다. 또한 이들 흐름을 측정할 수 있는 방법들을 알아보기로 한다.

4.1 하천의 정상등류

4.1.1 정상등류 특성

정상등류(steady uniform flow)는 수심이 공간적으로뿐만 아니라 시간적으로도 변하지 않는 흐름으로 개수로 내 흐름 중 가장 간단하면서도 실질적인 흐름이다. 한편 부정등류(unsteady uniform flow)는 흐름의 수심이 공간적으로는 변하지 않으나 시간적으로 변하는 흐름으로 이론적으로는 가능하나 자연계에서는 존재하지 않는 흐름이다. 따라서 등류라 하면 자연 정상등류를 의미하게 된다.

4.1.2 정상등류 형성 및 경험공식

1) 등류의 형성

개수로 내 등류는 수심이나 통수단면, 평균유속, 유량 등 흐름의 특성이 수로구간의 모든 단면에서 항상 동일한 흐름을 뜻하며 수로경사 및 에너지선의 경사가 동일하다.

경사개수로 내에서 중력에 의해 흐름이 형성되면 물에 작용하는 중력의 흐름방향성분에 저항하는 마찰력이 수로 바닥과 측벽에서 발생하게 되며 이 마찰이 물에 미치는 중력의 흐름방향성분과 같아질 때 비로소 등류가 형성된다. 수로의 다른 모든 조건이 일정할 때 흐름에 저항하는 마찰력의 크기는 흐름의 유속에 지배된다. 만약 그림 4.1에서와 같이 수로 유입부에서 흐름의 유속이 느리면 마찰력은 중력보다 작으므로 흐름은 가속되며 결국 마찰력과 중력이 동일하게 되어 등류가 형성되게 된다.

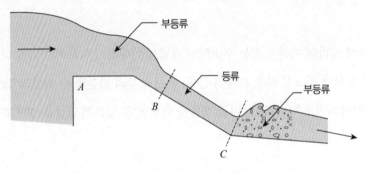

그림 4.1 등류와 부등류

2) 등류의 경험공식

(1) Chezy 공식

1775년에 Chezy가 제안한 것으로 그 후에 제안된 여러 등류공식의 근원이 된 공식이며 개수로 내 등류의 마찰력과 중력의 흐름방향성분이 같음을 이용하여 유도할 수 있다.

$$V = \sqrt{\frac{8g}{f}} \sqrt{RS_0} = C\sqrt{RS_0} \tag{4.1}$$

여기서 R는 동수반경, S_0는 등류경사

식 (4.1)은 등류에 대한 Chezy의 평균유속공식이며 C를 Chezy 계수라 하고 마찰손실계수 f와는 다음과 같은 관계를 가진다.

$$C = \sqrt{\frac{8g}{f}} \qquad\qquad (4.2)$$

Chezy의 평균유속계수 C는 수로바닥의 조도와 단면의 동수반경 및 흐름의 Reynolds 수의 함수로 알려져 있다.

(2) Manning 공식

아일랜드 기술자인 Manning은 당시의 여러 유량 측정자료와 각종 공식들을 조사하여 Chezy의 계수 C와 수로의 조도계수 n 간의 관계를 다음과 같이 수립하였다.

$$C = \frac{R^{1/6}}{n} \qquad\qquad (4.3)$$

여기서 n은 Manning의 조도계수라 하며, Manning의 조도계수(resistance coefficient)는 하며 수로의 표면 구성 물질에 따라 변하고 실험을 통해 값을 얻을 수가 있으며, 무차원 값이 아닌 $sec/m^{1/3}$의 단위를 가지고 있다. 수로의 종류 및 상태에 따른 n값은 표 4.1에 수록되어 있다. 식 (4.3)의 관계를 Chezy 공식 식 (4.1)에 대입하면 Manning의 평균유속공식은 다음과 같아진다.

$$V = \frac{1}{n} R^{2/3} S_0^{1/2} \qquad\qquad (4.4)$$

표 4.1 Manning의 조도계수 n(이재수, 2016)

하상표면	최량	양호	적절	불량
코팅되지 않은 주철관	0.012	0.013	0.014	0.015
코팅된 주철관	0.011	0.012 *	0.013 *	
상업용 단철관, black	0.012	0.013	0.014	0.015
상업용 단철관, 아연도금	0.013	0.014	0.015	0.017
매끈한 청동 및 유리관	0.009	0.010	0.011	0.013
매끈한 lockbar 및 용접된 OD관	0.010	0.011 *	0.013 *	
리벳트 강관	0.013	0.015 *	0.017 *	
유리모양의 하수관	0.010	0.013 *	0.015	0.017
일반적인 점토배수 토관	0.011	0.012 *	0.014 *	0.017
유약을 바른 벽돌	0.011	0.012	0.013 *	0.015
시멘트 반죽 내 벽돌, 벽돌 하수거	0.012	0.013	0.015 *	0.017
깨끗한 시멘트 표면	0.010	0.011	0.012	0.013
시멘트 반죽 표면	0.011	0.012	0.013 *	0.015
콘크리트 관	0.012	0.013	0.015 *	0.016
나무 통관	0.010	0.011	0.012	0.013
판자수로:				
평면	0.010	0.012 *	0.013	0.014
비평면	0.011	0.013 *	0.014	0.015
마디를 포함	0.012	0.015 *	0.016	
콘크리트 피복 수로	0.012	0.014 *	0.016 *	0.018
시멘트와 잡석 혼합 표면	0.017	0.020	0.025	0.030
건조한 잡석 표면	0.025	0.030	0.033	0.035
각진 돌 표면	0.013	0.014	0.015	0.017
반원형 금속 수로, 매끈함	0.011	0.012	0.013	0.015
반원형 금속 수로, 주름짐	0.0225	0.025	0.0275	0.030
수로 및 도랑:				
흙, 직선 및 균일	0.017	0.020	0.0225 *	0.025
암석, 매끈하고 균일	0.025	0.030	0.033 *	0.035
암석, 매끈하지 않고 비균일	0.035	0.040	0.045	
만곡된 완만한 수로	0.0225	0.025 *	0.0275	0.030
준설된 흙 하도	0.025	0.0275 *	0.030	0.033
암석하상의 수로, 흙 제방의 잡초	0.025	0.030	0.035 *	0.040
흙 하상, 잡석 측면	0.028	0.030 *	0.033 *	0.035
자연하도:				
(1) 깨끗하고, 직선제방, 만수, 갈라진 틈이나 깊은 웅덩이가 없음	0.025	0.0275	0.030	0.033
(2) (1)과 같지만 약간의 잡초와 암석포함	0.030	0.033	0.035	0.040
(3) 만곡, 약간의 웅덩이와 모래톱, 깨끗함	0.033	0.035	0.040	0.045
(4) (3)과 같지만 낮은 수위, 영향을 주지 않는 경사 및 단면	0.040	0.045	0.050	0.055
(5) (3)과 같지만 약간의 잡초와 암석포함	0.035	0.040	0.045	0.050
(6) (4)과 같지만 암석단면 포함	0.045	0.050	0.055	0.060
(7) 완만한 하천구간이지만 잡초와 깊은 웅덩이가 존재	0.050	0.060	0.070	0.080
(8) 잡초가 매우 많은 구간	0.075	0.100	0.125	0.150

※ 설계에 일반적으로 사용하는 값

4.1.3 정상등류 계산

등류의 계산은 등류공식과 흐름의 연속방정식을 사용하면 해결된다. 등류공식으로 Manning 식을 택하여 연속방정식에 대입하면

$$Q = AV = \frac{1}{n}AR^{2/3}S_0^{1/2} = KS_0^{1/2} \tag{4.5}$$

여기서 K는 통수능인자로 수심, 단면의 기하학적 특성 그리고 Manning의 조도 n값의 함수이며 다음과 같다.

$$K = \frac{1}{n}AR^{2/3} \tag{4.6}$$

식 (4.5)를 변경하면

$$AR^{2/3} = \frac{nQ}{S_0^{1/2}} \tag{4.7}$$

여기서 왼쪽항을 단면인자라 한다. 따라서 유량 Q, 조도 n, 경사 S_0가 주어지면 시행착오법으로 등류수심을 결정할 수가 있다.

등류유량은 등류수심 h_n과 수로의 제원, 수로경사 S_0 및 조도 n이 주어지게 되면 수로의 단면적 A와 동수반경 R_h를 구한 후 식 (4.5)를 이용하여 간단히 계산할 수 있다.

등류의 수심은 유량 Q와 수로의 제원, 수로경사 S_0 및 조도 n이 주어지게 되면 식 (4.7)을 이용하여 시행착오법으로 계산할 수 있다.

등류수로의 경사는 유량 Q와 등류수심 h_n, 수로의 제원 및 조도 n이 주어지게 되면 식 (4.5)를 이용하여 계산할 수 있다.

수심 2 m, 폭 4 m인 콘크리트 직사각형 수로의 유량은? (단 조도계수 n=0.012, 경사 S=0.0009임)

풀이

$$Q = AV = A \times \frac{1}{n} R^{2/3} S^{1/2} = 2 \times 4 \times \frac{1}{0.012} \times \left(\frac{4 \times 2}{4 + 2 \times 2} \right)^{2/3} \times 0.0009^{1/2} = 20 \text{ m}^3/\text{sec}$$

4.1.4 최적수로단면

최적수로단면은 수로의 경사 및 조도가 주어질 때 주어진 유량이 흐르기 위한 최소의 흐름 단면을 가진 수로단면을 의미하며, 개수로를 설계할 때 가장 경제적인 단면이라고 할 수 있다. Manning 공식으로부터

$$\frac{Q}{A} = \frac{R^{2/3} S_0^{1/2}}{n} \tag{4.8}$$

식 (4.8)로부터 주어진 유량에 대한 최소의 흐름 단면은 경사 및 조도가 주어지면 동수반경 R이 최대가 될 경우임을 알 수 있고, 동수반경은 $R = A/P$이므로 결국 윤변 P가 최소가 될 때 최대가 된다. $R = A/P$를 식 (4.8)에 적용하고 단면적에 관해 정리하면

$$A = \left(\frac{nQ}{S_0^{1/2}} \right)^{3/5} P^{2/5} \tag{4.9}$$

식 (4.9)로부터 윤변 P가 최소가 될 때 흐름 단면적 A가 최소가 됨을 알 수 있으며, 윤변이 최소가 되는 단면은 반원형단면이다.

윤변 P는 수로 단면 형상에 따라 변하게 되며 위와 같은 조건을 적용하면 직사각형, 사다리꼴, 삼각형, 원형 등과 같은 단면이 일정 구간 동안 변하지 않고 유지되는 대상단면에 대한 최적수로단

면을 설계할 수가 있다. 주어진 수로 경사에 대한 최적수로단면을 결정하면 유량의 함수인 등류수심과 단면적을 구할 수가 있다.

표 4.2 최적수로단면 제원

단면구분	단면형상	최적조건	등류수심(h_n)	단면적(A)
사다리꼴		$\alpha = 60°$ $b = \dfrac{2}{\sqrt{3}} h_n$	$0.968 \left[\dfrac{Q_n}{S_0^{1/2}} \right]^{3/8}$	$1.622 \left[\dfrac{Q_n}{S_0^{1/2}} \right]^{3/4}$
사각형		$b = 2h_n$	$0.917 \left[\dfrac{Q_n}{S_0^{1/2}} \right]^{3/8}$	$1.682 \left[\dfrac{Q_n}{S_0^{1/2}} \right]^{3/4}$
삼각형		$\alpha = 45°$	$1.297 \left[\dfrac{Q_n}{S_0^{1/2}} \right]^{3/8}$	$1.682 \left[\dfrac{Q_n}{S_0^{1/2}} \right]^{3/4}$
광폭 사각형		−	$1.00 \left[\dfrac{(Q/b)n}{S_0^{1/2}} \right]^{3/8}$	−
원형		$D = 2h_n$	$1.00 \left[\dfrac{Q_n}{S_0^{1/2}} \right]^{3/8}$	$1.583 \left[\dfrac{Q_n}{S_0^{1/2}} \right]^{3/4}$

4.1.5 폐합관거 내 개수로 흐름

우수 및 하수의 배제를 위한 폐합관거는 항상 자유표면을 가지는 개수로로 설계되므로 등류공식이 적용될 수 있다. 우수거나 하수거로 사용되는 콘크리트 관은 제작이 용이하고 취급하기가 쉬우므로 표준크기 1,500 mm 직경까지 여러 가지 크기로 제작 판매되고 있으며 조도계수 n값으로는 0.012~0.014가 사용되고 있다. 이들 관거의 단면은 통상 원형이며 관내의 수심에 따른 유량과 평균유속의 변화를 살펴봄으로써 수리특성을 이해할 수 있다.

그림 4.2와 같이 직경 D인 원형단면수로(암거) 내에 수심 h로 물이 흐를 때 수면과 단면의 중심이 이루는 각을 θ(radian)이라 하면

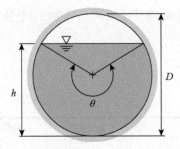

그림 4.2 관거 내 등류 흐름

$$A = \frac{D^2}{8}(\theta - \sin\theta) \tag{4.10}$$

$$P = \frac{D}{2}\theta \tag{4.11}$$

따라서 동수반경은

$$R_h = \frac{A}{P} = \frac{D}{4}\left(\frac{\theta - \sin\theta}{\theta}\right) \tag{4.12}$$

Manning의 공식을 이용하여 유량을 나타내면

$$Q = K\frac{D^{8/3}}{8 \times 4^{2/3}}\left[\frac{(\theta - \sin\theta)^{5/3}}{\theta^{2/3}}\right] \tag{4.13}$$

여기서 $K = S_0^{1/2}/n$으로 수로 경사 및 조도가 주어지면 일정하다. 관거 내에 물이 가득 차서 흐를 경우의 유량 Q_F는 $\theta = 2\pi$를 적용하여 다음과 같이 나타낼 수 있다.

$$Q_F = \frac{KD^{8/3}\theta}{8 \times 4^{2/3}} \tag{4.14}$$

따라서 관거 내 물이 가득 차서 흐를 경우에 대한 부분적으로 차서 흐르는 유량의 비는 다음과 같다.

$$\frac{Q}{Q_F} = \frac{1}{2\pi}\left[\frac{(\theta - \sin\theta)^{5/3}}{\theta^{2/3}}\right] \tag{4.15}$$

관거가 가득 차서 흐를 때 유량이 최대가 되지 않는다. 최대의 유량이 흐르는 조건을 구하기 위해 식 (4.13)을 θ에 관해 미분하여 0으로 놓으면 $\theta = 5.28\text{rad}$일 때, 즉 $\theta = 303°$일 때 최대유량 Q_{max}가 발생하게 된다. 이 조건을 식 (4.15)에 적용하면

$$\frac{Q_{max}}{Q_F} = 1.076 \tag{4.16}$$

이때의 관 직경 D에 대한 수심 h의 비는 다음과 같다.

$$\frac{h}{D} = 0.938 \tag{4.17}$$

동일한 방법으로 물이 가득차서 흐를 때의 유속 V_F에 대한 부분적으로 차서 흐를 때의 유량 V의 비는 다음과 같다.

$$\frac{V}{V_F} = \left(\frac{\theta - \sin\theta}{\theta}\right)^{2/3} \tag{4.18}$$

따라서 최대유속이 발생하는 조건은 $\theta = 4.38\text{rad}$일 때, 즉 $\theta = 257°$일 경우로 다음과 같다.

$$\frac{V_{max}}{V_F} = 1.14 \quad \text{그리고} \quad \frac{h}{D} = 0.81$$

이와 같은 수심비 h/D에 대한 유량비 Q/Q_F 및 유속비 V/V_F를 나타내는 수리특성곡선이 그

림 4.3과 같다.

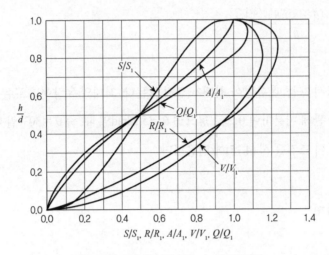

그림 4.3 원형단면에 대한 수리특성곡선

예제 4-2

사각형 단면 개수로의 수리학적으로 유리한 단면에서 수로의 수심이 3 m였다면 이 수로의 경심은?

풀이

$$B = 2h = 2 \times 3 = 6 \text{ m}$$

$$R = \frac{A}{P} = \frac{Bh}{B + 2 \times 3} = \frac{6 \times 3}{6 + 2 \times 3} = 1.5 \text{ m}$$

4.2 하천의 정상부등류

시간에 따라 한 단면에서의 흐름의 특성이 변하지 않는 정상부등류(혹은 정상변화류라고도 함)는 수심이 공간적으로 점차적인 변화를 일으키는 점변류(G.V.F, Gradually Varied Flow)와 급격한 변화를 일으키는 급변류(R.V.F, Rapidly Varied Flow)로 나누어진다. 급변류는 국부적인 현상으로 흐름의 짧은 구간에서 일어나며 도수(hydraulic jump)라든지 수리강하(hydraulic drop)가 속한다.

4.2.1 에너지 해석

1) 비에너지의 정의

개수로 내 흐름의 비에너지(specific energy)란 수로 바닥을 기준으로 하여 측정한 단위무게의 물이 가지는 흐름의 에너지라 정의할 수 있으며 부등류 이론의 기초가 된다.

그림 4.4는 수로 및 수면경사를 가정하여 그린 수로이며 단면 ⓐ-ⓐ에서 수로 바닥 지점에서의 압력수두는 $h\cos^2\theta$임을 알 수 있고 정의에 따라 비에너지 E는 다음과 같이 표시될 수 있다.

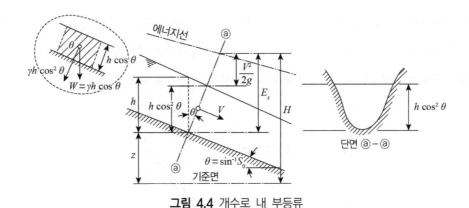

그림 4.4 개수로 내 부등류

$$E = h\cos^2\theta + \frac{V^2}{2g} \tag{4.19}$$

대부분의 경우 개수로의 바닥 경사각 θ는 대단히 작으므로 $\cos\theta \doteqdot 1$의 가정이 성립되므로 식 (4.19)는 다음과 같아진다.

$$E = h + \frac{V^2}{2g} \tag{4.20}$$

여기서 h와 V는 각각 단면 ⓐ-ⓐ에서의 수심과 평균유속이다.

그림 4.4의 단면 ⓐ-ⓐ에 있어서의 물의 단위무게당 전 에너지는 다음과 같이 전수두(total head)로 표시할 수 있다.

$$H = z + h + \frac{V^2}{2g} \tag{4.21}$$

여기서 z는 어떤 기준면으로부터 단면 ⓐ-ⓐ에 있어서의 수로 바닥까지의 위치수두이다.

2) 비에너지의 변화

주어진 수로단면과 유량에 대해 수심과 비에너지 간의 관계곡선을 그리면 그림 4.5와 같은 비에너지곡선(specific energy curve)을 얻을 수가 있다. 수로단면에 흐르는 유량 Q를 일정하게 유지하고 수로의 조도와 경사 혹은 상하류의 흐름 조건 등을 변경시켜 흐름의 수심을 변화시키면 식 (4.20)으로 표시되는 비에너지는 $h \rightarrow \infty$일 때 $E \rightarrow \infty$이고, $h \rightarrow 0$일 때 $E \rightarrow \infty$가 된다.

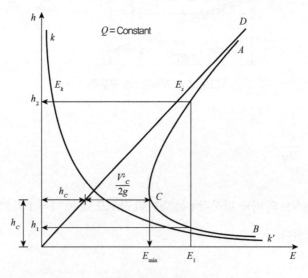

그림 4.5 비에너지곡선

비에너지곡선으로부터 동일한 비에너지를 가지며 흐를 수 있는 수심은 한계수심보다 큰 수심 (h_2)과 작은 수심(h_1)의 2개가 존재함을 알 수가 있다. 이 두 가지의 수심을 물리적인 의미로 해석하면 얕은 수심이 가지고 있는 비에너지는 운동에너지가 주를 이루고 깊은 수심이 가지고 있는 비에너지는 위치에너지가 주를 이루고 있다.

비에너지곡선에서 비에너지가 점점 감소하다 최소가 되면 이에 상응하는 수심은 오직 한 가지만 존재하게 되는데 이러한 경우의 흐름을 한계류(critical flow)라 하며, 비에너지곡선의 실선의 점 C에서 최소에 해당하는 수심을 한계수심 h_c(critical depth)라 하고 이때의 평균유속을 한계유속 V_c (critical velocity)라 한다. 한계류는 일정한 유량에 대해 비에너지가 최소가 되는 흐름이라 할 수 있다. 수심이 한계수심보다 낮게 흐르는 흐름을 사류(supercritical flow), 높게 흐르는 흐름을 상류 (subcritical flow)라 한다.

3) 한계수심의 계산

유량 Q가 일정할 때 흐름의 수심이 한계수심이 되기 위한 조건을 구하기 위해 식 (4.20)에 $V = Q/A$를 대입하면

$$E = h + \frac{Q^2}{2gA^2} \tag{4.22}$$

한계수심은 비에너지가 최소일 때($dE/dh = 0$일 때) 발생하므로

$$\frac{dE}{dh} = 1 - \frac{Q^2}{gA^3}\frac{dA}{dh} \tag{4.23}$$

$dA/dh = T$(수면폭)이므로

$$\frac{dE}{dh} = 1 - \frac{Q^2 T}{gA^3} = 1 - \frac{V^2}{g\left(\dfrac{A}{T}\right)} = 1 - \frac{V^2}{gD} \tag{4.24}$$

식 (4.24)에서 $D = A/T$는 흐름 단면의 수리평균심(hydraulic mean depth)이라 부르며, $dE/dh = 0$ 으로 놓으면

$$\frac{Q^2 T}{gA^3} = \frac{V^2}{gD} = 1 \tag{4.25}$$

식 (4.25)의 조건은 비에너지가 최소가 되기 위한 조건이며 따라서 한계수심이 발생할 조건이기도 하며 한계수심에 상응하는 한계유속 V_c와 수리평균심을 D_c를 사용하면

$$\frac{Q^2 T_c}{gA_c^3} = \frac{V_c^2}{gD_c} = F^2 = 1 \tag{4.26}$$

여기서 $F = V/\sqrt{gD}$는 Froude 수로서 흐름의 중력에 대한 관성력의 비, 혹은 흐름의 평균유속에 대한 표면의 전파속도의 비로 풀이된다.

식 (4.26)은 $F = 1$일 때의 수심을 한계수심이라 하고 이때 비에너지는 최소가 됨을 표시하며 이 흐름상태를 한계류라 한다.

한편, 흐름의 수심이 한계수심보다 작으면$(D < D_c)$ $\sqrt{gD} < \sqrt{gD_c}$ 이므로 $F > 1$임을 알 수 있고 이 흐름상태를 사류라 부르며 수심이 한계수심보다 크면$(D > D_c)$ $\sqrt{gD} > \sqrt{gD_c}$ 이므로 $F < 1$ 이 되고 이 흐름상태를 상류라 한다.

수면폭과 수심 간의 관계가 간단한 관계식으로 표시될 수 있을 경우는 식 (4.26)에 의해 한계수심을 구할 수 있다. 수면폭이 T인 구형단면수로를 생각하면 $A = Th$ 이므로

$$\frac{Q^2 T_c}{gA_c^3} = \frac{Q^2 T_c}{g T_c^3 h_c^3} = \frac{q^2}{gh_c^3} = 1 \tag{4.27}$$

여기서 $q = Q/T$는 수로의 단위폭당 유량이다. 따라서 한계수심

$$h_c = \sqrt[3]{\frac{q^2}{g}} \tag{4.28}$$

식 (4.28)에서 $q = \sqrt{gh_c^3}$ 이므로 한계유속은

$$V_c = \frac{q}{h_c} = \sqrt{gh_c} \tag{4.29}$$

또한 유량이 일정할 때 한계수심에서 비에너지는 최소가 되며 그 크기는

$$E_{\min} = h_c + \frac{V_c^2}{2g} = \frac{3}{2}h_c \tag{4.30}$$

식 (4.30)을 다시 쓰면

$$h_c = \frac{2}{3}E_{\min} \tag{4.31}$$

예제 4-3

폭이 10 m인 구형 수로에 유속 3 m/sec로 30 m³/sec의 물이 흐른다. 이때 비에너지와 한계수심은 각각 얼마인가?

풀이

$$h_c = \left(\frac{\alpha Q^2}{gb^2}\right)^{1/3} = \left(\frac{1 \times 30^2}{9.8 \times 10^2}\right) = 0.972 \text{ m}, \quad H_2 = \frac{3}{2}h_c = \frac{3}{2} \times 0.972 = 1.458 \text{ m}$$

4.2.2 운동량 해석

개수로 내의 흐름을 해석하는 데 운동량 방정식이 중요한 역할을 한다. 운동량 방정식을 연속

방정식 및 에너지 방정식과 연계하여 적용하면 도수(hydraulic jump)와 같은 급변류를 해석하는 데 도움이 된다.

1) 비력

그림 4.6과 같이 비교적 짧은 구간에 흐름이 변하는 급변류에 대해 운동량 방정식을 적용해보기로 하자. 변화지점의 상류 및 하류에서 등류가 형성되고 수로바닥에서의 마찰은 무시한다고 가정한다. 검사체적에 대해 물의 흐름방향으로 운동량 방정식을 적용하면

$$\sum P = P_1 - P_2 = \rho Q(V_2 - V_1) \tag{4.32}$$

$F = \gamma h_G A$를 적용하면

$$P_1 = \gamma h_{G1} A_1, \; P_2 = \gamma h_{G2} A_2 \tag{4.33}$$

여기서 h_{G1}, h_{G2}는 수면으로부터 단면 ①, ②의 도심까지의 수심이다.

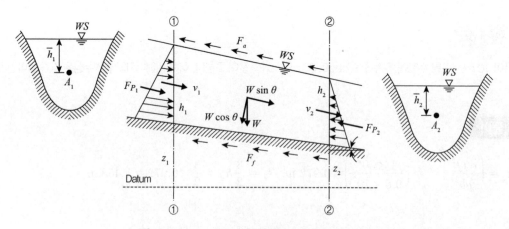

그림 4.6 개수로의 운동량방정식 유도를 위해 정의

식 (4.33)을 식 (4.32)에 대입하면

$$\gamma h_{G1}A_1 + \rho Q V_1 = \gamma h_{G2}A_2 + \rho Q V_2 \tag{4.34}$$

식 (4.34)의 좌우변은 각각 정수압항과 동수압항의 합으로 표시되어 있다. 양변을 각각 γ로 나누고 $V_1 = Q/A_1$ 및 $V_2 = Q/A_2$를 대입하면

$$h_{G1}A_1 + \frac{Q^2}{gA_1} = h_{G2}A_2 + \frac{Q^2}{gA_2} \tag{4.35}$$

따라서 식 (4.35)의 양변은 물의 단위무게당 정수압항과 동수압(운동량)항으로 구성되어 있으며 단면 ①, ②에서의 값이 동일함을 나타내고 있다.

$$M = h_G A + \frac{Q^2}{gA} = \text{Constant} \tag{4.36}$$

식 (4.36)의 M을 비력(specific force)이라 하며 흐름의 모든 단면에서의 일정함을 표시하고 있다.

유량이 일정할 경우 비력과 수심과의 관계는 그림 4.7과 같다. 동일한 비력의 크기에 대해 두 개의 수심이 존재하며, 두 수심을 공액수심(conjugate depth)이라 한다.

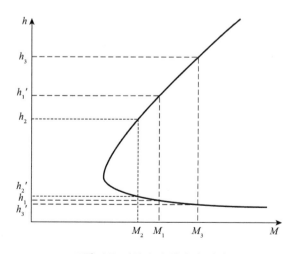

그림 4.7 비력과 수심과의 관계

수심이 3 m, 하폭이 20 m, 유속이 4 m/s인 직사각형단면 개수로에서 비력은? (단, 운동량보정계수는 1.1)

풀이

$$M = 1.1 \times \frac{Q}{g} V + h_G A = 1.1 \times \frac{3 \times 20 \times 4}{9.8} \times 4 + \frac{3}{2} \times 3 \times 20 = 197.8 \text{ m}^3$$

2) 도수

도수(hydraulic jump)란 흐름이 사류에서 상류로 바뀔 때 수면이 튀는 현상으로 많은 에너지손 실을 동반하는 특성을 지니고 있다. 따라서 수문이나 여수로를 통해 큰 에너지를 지닌 유출수가 하류 하천으로 방류될 때 인위적으로 도수를 발생시켜 에너지를 감소시키기도 한다. 도수 전후에 대한 각종 수리적 특성을 분석하기 위해서는 에너지 방정식 또는 운동량 방정식을 이용할 수 있는데 도수에 의한 에너지손실 크기를 모르는 경우 운동량 방정식(momentum principle)을 적용해야 한다.

직사각형 수로($B \times h$)에서의 공액수심관계를 유도해보자. 도수 전후의 비력은 같으므로

$$\left(\frac{h_1^2}{2} \right) + \frac{q^2}{g \cdot h_1} = \left(\frac{h_2^2}{2} \right) + \frac{q^2}{g \cdot h_2} \tag{4.37}$$

식 (4.37)을 h에 대하여 정리하면

$$h_2^2 + h_1 h_2 - \frac{2q^2}{gh_1} = 0 \tag{4.38}$$

근의 공식에 의해 식 (4.38)의 해는 $h_2 = \dfrac{h_1}{2}\left(-1 + \sqrt{1 + \dfrac{8q^2}{gh_1^3}} \right)$이고 $\dfrac{q^2}{g \cdot h_1^3} = Fr_1^2$이므로

$$h_2 = \frac{h_1}{2}\left(-1 + \sqrt{1 + 8Fr_1^2}\right) \tag{4.39}$$

또는

$$\frac{h_2}{h_1} = \frac{1}{2}\left(-1 + \sqrt{1 + 8Fr_1^2}\right) \tag{4.40}$$

즉, 도수 전의 수리적 특성(Fr_1, h_1)을 알면 도수 후 수심을 산정할 수 있다.

도수현상인 경우 h_1이 h_2보다 작으므로 이러한 조건은 식 (4.40)으로부터 Fr_1이 1보다 커야 한다. 즉 도수가 발생하려면 상류부가 사류로 흘러야 함을 알 수 있다.

그림 4.8은 도수와 관련하여 비에너지곡선 및 비력곡선을 함께 나타내어 비교하고 있다. 도수 전의 수심 h_1에 대응하는 비에너지는 E_1이고 이때의 비력은 M_1이다. 비력은 모든 단면에서 동일하므로 도수가 발생한 후의 수심은 비력이 M_1에 해당하는 공액수심인 h_2가 된다. 수심 h_2에 해당하는 비에너지를 보면 E_2로 도수 전의 수심 h_1에 해당하는 비에너지 E_1보다 ΔE만큼 감소하였다. 이는 도수로 인해 발생한 에너지손실 때문이다.

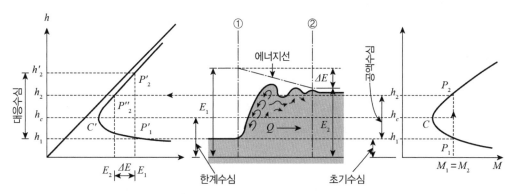

그림 4.8 도수와 비에너지 및 비력관계

도수발생 전후의 단면에서 비력은 동일하지만, 도수로 인한 에너지 손실 ΔE가 발생하므로 비에너지는 같지 않다. 따라서 도수로 인한 에너지손실 $\Delta E = E_1 - E_2$는 다음과 같이 구할 수가 있다.

$$\therefore \ \Delta E = \frac{(h_2 - h_1)^2}{4h_1h_2} \tag{4.41}$$

3) 도수형상

도수는 사류로부터 상류로 흐름이 바뀔 때 나타나는 현상이므로 Froude 수는 항상 1보다 크다. Froude 수가 커질수록 난류현상은 점점 더 강하게 나타나며 도수에 의한 에너지손실도 점점 더 커진다. 그러나 표 4.3과 같이 Froude 수의 범위에 따라 도수의 형상은 다르게 나타난다. 특히 진동 도수는 흐름 자체가 안정적이지 못할 뿐만 아니라 진동에 의해 하상 또는 수공구조물의 안정성에도 부정적인 영향을 미치므로 이 범위의 도수현상은 가급적 피하도록 수공구조물을 설계하는 것이 바람직하다. 하구 근처에서는 높은 조위에 의해 도수가 상류(upstream)로 전파되는 현상이 나타나기도 하는데 이러한 현상을 조석단파(surge 또는 tidal bore)라 한다.

표 4.3 도수형상(손광익, 2013)

도수 종류	F_{r1}	에너지 감세범위(%)	특징	형상
파상도수 (undular)	1.0~1.7	< 5	파상적 표면파	
약도수 (weak)	1.7~2.5	5~15	완만한 수위상승	
진동도수 (oscillating)	2.5~4.5	15~45	불안정 상태	
정상도수 (steady)	4.5~9.0	45~70	이상적 도수	
강도수 (strong)	> 9.0	70~85	간헐적이며 일렁임	

예제 4-5

폭 6 m인 직사각형 단면 수로의 경사가 0.0025이며 11 m³/s의 유량이 흐르고 있다. 흐름의 어느 단면에서의 유속이 6 m/s였다. 이 단면에서 도수가 발행한다면 공액수심은 얼마인가?

풀이

$$h_2 = \frac{h_1}{2}\left(-1 + \sqrt{1 + 8F_1^2}\right)$$

$$Q = A\,V, \;\; 11 = 6 \times h \times 6 = 0.306\,\mathrm{m}$$

$$h_2 = \frac{0.306}{2}\left(-1 + \sqrt{1 + 8\left(\frac{6}{\sqrt{9.8 \times 0.306}}\right)^2}\right) = 1.35\,\mathrm{m}$$

4.2.3 점변류 해석

개수로 흐름에서 수로를 따라 수심이 동일하지가 않고 변하게 된다. 점변류는 비교적 긴 구간에서 점진적으로 수심이 변하는 흐름이다.

급변류인 경우 짧은 구간에서 흐름상태가 바뀌며 와류로 인해 에너지 손실이 발생하게 되므로 마찰로 인한 손실은 무시하였지만 점변류는 에너지 손실이 주로 마찰로 인해 발생하기 때문에 마찰손실을 고려하여야 한다. 점변류는 수심과 유속이 급격하게 변하지 않고 점진적으로 변하는 정상부등류로, 수표면이 완만하게 연결되는 것으로 간주한다. 따라서 수로를 따라 흐름방향에 대한 수심의 변화율을 구할 수 있으며 이러한 해석을 통해 수로의 변화에 따른 수면곡선을 예측할 수가 있다.

1) 점변류의 기본방정식

점변류는 유선이 거의 직선에 가까워 유선 직각방향으로의 관성력은 무시할 수 있을 만큼 작아 수심에 따른 압력이 정수압과 같다고 가정할 수 있는 부등류이다. 즉, 곡률반경 r이 큰 경우 원심 방향의 관성력은 무시할 수 있어 피에조미터 수두는 일정하다고 가정하여도 괜찮은 흐름을 점변류로 분류한다.

식 (4.42)는 점변류 수면의 기울기를 기술하는 일반식으로 적분을 통해 거리에 따른 수심을 산정할 수 있다.

$$\frac{dy}{dx} = \frac{S_0 - S_f}{1 - F_r^2} \tag{4.42}$$

여기서 S_0는 하상의 기울기 또는 등류의 에너지선 기울기며 S_f는 한계등류의 발생에 필요한 경사이다.

2) 점변류 수면형의 분류

점변류의 수면곡선형의 특성과 경계조건 등을 고려하여 5개 수로경사별로 13가지 수면곡선형을 분류하고 자연계에서 실제 발생하는 예를 살펴보기로 한다. 하상의 기울기는 등류수심과 한계수심의 크기에 따라 완경사(Mild slope), 한계경사(Critical slope), 급경사(Steep slope), 수평경사(Horizontal slope), 역경사(Adverse slope)로 분류된다. 또한 실제수심과 등류수심 그리고 한계수심과의 상대적 크기에 따라 다시 1, 2, 3 형태로 분류된다.

1 수면형태: h가 제일 큰 경우
2 수면형태: h가 중간인 경우
3 수면형태: h가 제일 작은 경우

수면의 기울기$\left(\dfrac{dy}{dx}\right)$는 식 (4.42)의 분자의 부호와 분모의 부호를 산정하여 (+)값인지 (−)값인지를 결정하게 된다. 분자의 경우 수심에 따른 S_f와 S_0의 상대크기로, 분모의 경우 Froude 수를 이용하여 결정한다. 예를 들어, 수로의 장애물 등에 의해 등류보다 수심이 증가하는 곳에서는 유속이 감소하여 $h > h_0$가 되며 이 경우 Manning의 공식($S_f = f(V^2)$)으로부터 $S_f < S_0$가 되므로 분자는 (+)가 된다. 또한 흐름이 상류인 경우 $F_r < 1$이므로 분모는 (+)이 되어 $\dfrac{dy}{dx}$는 양(+)의 값을 나타내게 된다.

표 4.4 수면곡선의 분류

경사종류	수심	경사분류	특징	F_r 수	수면곡선 분류	흐름상태	수면경사
$S_0 < S_c$	$h > h_n > h_c$	완경사 (M)	등류로 흐를 경우 상류가 발생하는 경사	$F_r < 1$	M1	상류	+
	$h_n > h > h_c$			$F_r < 1$	M2	상류	−
	$h_n > h_c > h$			$F_r > 1$	M3	사류	+
$S_0 = S_c$	$h > h_c = h_n$	한계경사 (C)	등류로 흐를 경우 $F_r = 1$이 되는 경사	$F_r < 1$	C1	상류	+
	$h_c = h_n$			$F_r = 1$	C2	등류	○
	$h < h_c = h_n$			$F_r > 1$	C3	사류	+
$S_0 > S_c$	$h > h_c > h_n$	급경사 (S)	등류로 흐를 경우 사류가 발생하는 경사	$F_r < 1$	S1	상류	+
	$h_c > h > h_n$			$F_r > 1$	S2	사류	−
	$h_c > h_n > h$			$F_r > 1$	S3	사류	+
$S_0 = 0$	$h > h_c$	수평경사 (H)	수평인 경사	$F_r < 1$	H2	상류	−
	$h < h_c$			$F_r > 1$	H3	사류	+
$S_0 < 0$	$h > h_c$	역경사 (A)	수로 바닥이 높아지는 경우	$F_r < 1$	A2	상류	−
	$h < h_c$			$F_r > 1$	A3	사류	+

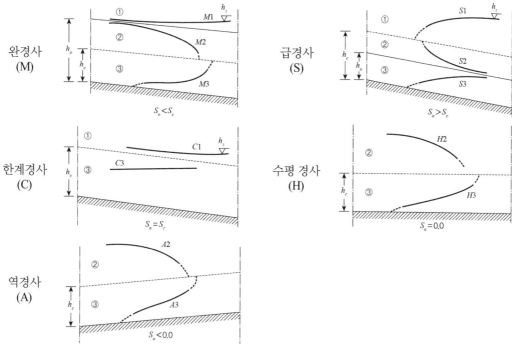

그림 4.9 개수로의 수면형

4.2.4 점변류의 수면곡선 계산

점변류 기본식 식 (4.42)의 해를 구하는 방법은 축차법(method of succesive approximation), 직접 적분법(method of direct integration)과 도상 적분법(method of graphical integration) 등 세 가지 방법으로 크게 나눌 수 있다.

축차계산법은 점변류의 수면곡선을 구하고자 하는 구간을 여러 개의 소구간으로 나누어 지배 단면에서부터 시작하여 다른 쪽 끝까지 축차적으로 계산하는 방법이다. 축차법은 다시 직접축차 법(direct step method)과 표준축차법(standard step method or Euler method)으로 분류된다. 직접축차 법은 수심 h가 나타나는 종단거리 x를 산정하는 기법이며 표준축차법은 종단거리 x를 알고 있는 경우 수심 h를 산정하는 기법이다.

1) 직접축차법

직접축차법은 주로 단면이 수로를 따라 변하지 않는 수로에 적용하는 간단한 방법이다.

그림 4.10과 같이 Δx의 짧은 수로 구간에서의 에너지 관계를 생각해 보자. 두 단면 ①과 ②에서 의 총 에너지수두를 나타내면 다음과 같다.

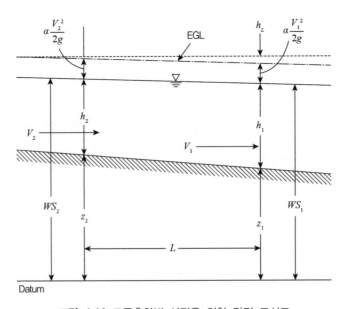

그림 4.10 표준축차법 설명을 위한 단면 모식도

$$S_0 \Delta x + h_1 + \frac{V_1^2}{2g} = h_2 + \frac{V_2^2}{2g} + S_f \Delta x + h_e \tag{4.43}$$

여기서 h는 각 단면에서의 수심, V는 유속이며, S_0는 수로의 경사, S_f는 에너지선의 경사이다. 다른 항에 비해 와류손실 h_e는 작으므로 생략하고 Δx에 관해 정리하면

$$\Delta x = \frac{E_2 - E_1}{S_0 - S_f} = \frac{\Delta E}{S_0 - S_f} \tag{4.44}$$

여기서 E는 흐름의 비에너지로 다음과 같다.

$$E = h + \frac{V^2}{2g} \tag{4.45}$$

에너지선의 경사 S_f를 Manning의 공식을 이용하여 나타내면 직사각형단면 수로인 경우

$$S_f = \frac{n^2 V^2}{R_h^{4/3}} = \frac{n^2 q^2}{h^{10/3}} \tag{4.46}$$

에너지선의 경사는 계산 구간 Δx에 적용할 때 다음과 같이 두 단면에서의 값을 평균하여 적용한다.

$$S_f = \frac{1}{2}(S_{f1} + S_{f2}) \tag{4.47}$$

따라서 직접축차법은 기지의 통제단면 수심으로부터 시작하여 인접한 지점의 가정수심이 발생하는 지점까지의 거리 Δx를 식 (4.44)를 이용하여 축차적으로 계산하게 된다.

2) 표준축차법

표준축차법은 자연하천과 같이 비대상수로에 적용할 수 있는 방법으로 이 경우 실제 하천 계산 지점에서의 횡단면 자료가 필요하다. 수면곡선계산은 수리학적 특성이 결정된 단면 간에 축차적으로 수행하게 된다. 시작 단면에서 거리가 주어진 인접 단면에서의 수심을 시행착오법으로 결정한다.

두 단면에서의 총 에너지를 나타내면

$$Z_1 + \frac{V_1^2}{2g} = Z_2 + \frac{V_2^2}{2g} + h_f + h_e \tag{4.48}$$

$\overline{S_f}$ 는 두 단면에서 산정한 에너지선의 경사의 평균값이다.

와류손실 h_e 를 마찰손실의 일부로 간주하면 마찰손실 h_f 계산 시 Manning의 조도가 이에 상응하여 증가하는 것으로 고려가 되므로 와류손실을 무시하기로 한다. 두 단면에서의 총 수두는

$$H_1 = Z_1 + \frac{V_1^2}{2g} \tag{4.49}$$

$$H_2 = Z_2 + \frac{V_2^2}{2g} \tag{4.50}$$

식 (4.48)은 식 (4.49)로 나타낼 수 있으며 이를 이용하여 수면곡선을 계산하게 된다.

$$H_1 = H_2 + \overline{S_f} \Delta x \tag{4.51}$$

시작단면에서의 수면표고 Z_2 가 주어지므로 식 (4.50)에 의해 H_2 를 계산하고, Δx 만큼 떨어져 있는 단면에서의 Z_1 을 가정하여 H_1 을 식 (4.49)에 의해 계산한 후, 두 단면 간의 마찰손실수두를 계산하여 식 (4.51)의 관계가 성립하는지 판단한다. 만일 성립하지 않으면 Z_1 을 다시 가정하여 반복하고, 성립하면 가정한 Z_1 이 원하는 수면표고가 된다.

예제 4-6

배수에 대하여 설명하여라.

풀이

배수곡선은 상류의 흐름에서 장애물로 인한 수위상승이 상류방향으로 전파되는 것을 말한다.

연습문제

4.1 수면 경사 1/1000인 구형단면 수로에 유량 30 m³/sec를 흐르게 할 때 수리상 유리한 단면을 결정하면? (단, Manning 공식을 쓰고, $n = 0.025$이다. 또 구형은 폭 B, 수심은 h이다.)

4.2 개수로에 일정한 유량의 물이 흐를 때 비에너지가 3 m이면 이때의 한계수심은?

4.3 단면이 일정하지 않는 개수로 부등류에 대한 수면형을 결정하는 방법에 대하여 설명하시오.

4.4 개수로에서 도수가 일어나기 전후에서의 수심이 각각 1.5 m, 9.24 m였다. 이 도수로 인한 수두손실은?

4.5 폭이 50 m인 구형수로의 도수 전 수위 $h_1 = 3$ m, 유량 2,000 m³/sec일 때 대응수심은?

참고문헌

1) 김경호(2010), 수리학, 한티미디어.

2) 김주한 등(2016), 통계학 입문, 정익사.

3) 손광익(2013), 수리학, 동화기술.

4) 송재우(2012), 수리학, 구미서관.

5) 심명필 등(2008), 수리학, 동화기술.

6) 심명필(2015), 수리학, 동화기술.

7) 안수한(2017), 수리학, 동명사.

8) 우효섭, 김원, 지운(2015), 하천수리학, 청문각(교문사).

9) 윤용남(2014), 수리학, 청문각(교문사).

10) 윤태훈(2005), 수리학, 형설출판사.

11) 이문옥, 허재영, 최한기, 김기흥, 윤종성(2010), 수리학, 형설출판사.

12) 이수식 등(2002), 수리학, 동학.

13) 이원환(2017), 수리학, 문운당.

14) 이재수(2016), 수리학, 구미서관.

15) 이재수(2018), 수문학, 구미서관.

16) 이종형(2017), 수리학, 구미서관.

17) 전병호(2013), 수리학, 구미서관.

18) Clayton T. Crowe, Donald F. Elger, Barbara C. Williams, John A. Roberson(2009), Engineering Fluid Mechanics, WILEY

CHAPTER 05

유사와 하상변동

CHAPTER 05 유사와 하상변동

흐름에 의하여 하상(河床)을 구성하는 모래나 자갈이 이동할 때 움직이는 형식은 소류(掃流)와 부유(浮流)로 구별하여 나눈다. 소류사는 모래나 자갈이 유수의 직접적인 저항을 받아 수로바닥 위를 구르거나 미끄러지고 바닥면을 뛰면서 이동하는 유사이고 부유사(浮流砂)는 흐름의 교란에 의한 확산작용 때문에 하천단면을 부유하여 이송되는 유사이다.

유사는 하상의 모래나 자갈보다 작은 세립사가 유송되는 미세부유사, 즉 세류사(wash load)와 하상을 구성하는 모래나 자갈이 이송되는 소류사(bed material)로 나누어진다. 세류사는 상류 유역에서 하천으로 공급된 토사가 수리조건과 무관하게 그대로 하류로 흘러 내려간다. 소류사는 하천변화에 관여한다.

유사의 유송, 퇴적 등의 현상은 수리 조건의 지배를 받지만 토사자체의 성질에도 관계된다. 유사의 특성으로는 입자 개개의 특성과 집단적인 특성을 생각할 수 있다. 개개 입자의 특성으로는 입자의 크기, 형상 및 비중 등이 있으며, 집단적인 특정으로는 입도분포곡선을 생각할 수 있다. 유사에 관한 이론에 있어서 입자의 형상은 고려하지 않고 입자의 크기와 비중을 고려하며 집단적인 특성으로는 입도분포곡선에 있어 적당한 대표치를 사용하게 된다.

유사의 입도분석결과는 보통 그림 5.1과 같은 입도누가곡선(cumulative-curve)으로 표시된다. 그림 5.1에서 d는 입자의 지름 또는 체구멍의 크기이고 p는 체를 통과한 토사 중량의 전체 시료의 중량에 대한 누가백분율이다. 입도누가곡선에는 반대수지와 대수확률지가 있다. 입경은 일반적으로 mm 단위로 표시하고 있다. 입도누가곡선으로부터 다음과 같은 통계적 특성치를 구할 수 있다.

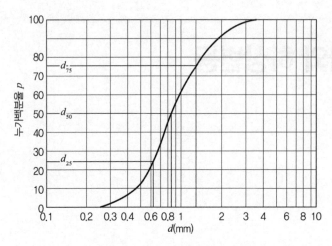

그림 5.1 토사의 입도분포곡선

1) 중앙입경, d_{50}(median diameter)

누가백분율 $p = 50\%$에 대응하는 입경이다. 이후, 누가백분율 $p\%$에 대응하는 입경을 d_p로 표시한다.

2) 평균입경, d_m(mean diameter)

$$d_m = \frac{\displaystyle\sum_{p=0}^{100} d \cdot \Delta p}{\displaystyle\sum_{p=0}^{100} \Delta p} \tag{5.1}$$

여기서, Δp는 입경 d가 차지하는 백분율이다.

3) 유효입경, d_{10}(dffective diameter)

$p = 10\%$에 대응하는 입경이다. 입도분포의 모양을 표시하는 요소로서 다음과 같은 것이 제안되어 있다.

① 평균비: M(uniformity modulus)

$$M = \frac{\displaystyle\sum_{p=0}^{50} d \cdot \Delta p}{\displaystyle\sum_{p=50}^{100} d \cdot \Delta p} \tag{5.2}$$

② 균등계수: C_u(uniformity coefficient)

$$C_u = \frac{d_{60}}{d_{10}} \tag{5.3}$$

③ 체분석계수: S_0(sorting coefficient)

$$S_0 = \sqrt{\frac{d_{75}}{d_{25}}} \tag{5.4}$$

④ 곡률계수: C_g(curvature coefficient)

$$C_g = \frac{(d_{30})^2}{(d_{10})(d_{60})} \tag{5.5}$$

누가곡선의 곡률 형태를 표시한 것이며, 입도계수라고도 한다.

⑤ 표준편차: σ_ϕ(standard deviation)

$$\sigma_\phi = \sqrt{\frac{d_{84}}{d_{16}}} \tag{5.6}$$

5.1 유사의 침강속도

토사의 침강속도(fall velocity, settling velocity)에 관계하는 요소는 입경, 비중, 물의 동점성계수, 중력가속도, 사립자 형상, 측벽의 영향, 사립자 상호 간의 간섭효과, 침강수역의 흐트러짐 등이 있다. 개개 토사입자의 침강속도는 부유사 문제를 해석하는 데 중요한 요소이다.

정지된 흐름 중에서 구의 형상을 갖는 개체의 침강에 관한 운동방정식은 작은 Reynolds 수 범위에서 Stokes의 법칙이 적용되며, 다음과 같다.

$$M \cdot \frac{dw}{dt} = (M-m)g - \frac{1}{2}m\frac{dw}{dt} - 3\pi d\mu \cdot w \tag{5.7}$$

여기서, $M = \frac{\pi}{6}d^3\sigma$, $m = \frac{1}{6}\pi d^3 \cdot \rho$, ρ: 물의 밀도, σ: 개체의 밀도, d: 구상개체의 지름, w: 개체의 침강속도, μ: 점성계수, g: 중력가속도, t: 시간이다.

위 식의 제2항은 구체가 가속도를 가지면서 생기는 저항력이고 제3항은 점성항이다. 식 (5.7)을 $t=0$일 때 $w=0$인 조건에서 적분하면 다음과 같은 특성해가 얻어진다.

$$\frac{w}{w_0} = 1 - e^{-gt} \tag{5.8}$$

여기서

$$w_0 = \frac{gd^2}{18\nu}\left(\frac{\sigma}{\rho} - 1\right) \tag{5.9}$$

$$\xi = \frac{36\nu}{d^2} / \left(\frac{2\sigma}{\rho} + 1\right) \tag{5.10}$$

ν: 동점성계수$\left(\nu = \frac{\mu}{\rho}\right)$이다. 식 (5.9)의 w_0는 종말침강속도(terminal velocity) 또는 한계침강속

도이고, 일반적으로 침강속도라고 하는 것은 w_0를 말한다.

한편 유체저항이 속도(이 경우는 침강속도)의 제곱에 비례한다고 가정한 경우에, 운동방정식에서 저항계수를 C_D라 하면, 다음과 같다.

$$M\frac{dw}{dt} = (M-m)g - \frac{1}{2}m\frac{dw}{dt} - \frac{1}{8}\pi d^2 \rho C_D w^2 \tag{5.11}$$

이것을 앞에서와 같이 $t = 0$일 때 $w = 0$인 조건으로 적분하면 다음과 같은 특수해가 얻어진다.

$$\frac{w}{w_0} = \tanh(\eta t) \tag{5.12}$$

여기서

$$w_0 = \left\{ \frac{4}{3}\left(\frac{\sigma}{\rho} - 1\right)\frac{gd}{C_D} \right\}^{1/2} \tag{5.13}$$

$$\eta = \left(\frac{\sigma}{\rho} - 1\right) \Big/ \left(\frac{\sigma}{\rho} + \frac{1}{2}\right) w_0 \tag{5.14}$$

식 (5.8) 및 식 (5.12)에서 알 수 있는 바와 같이, 종말침강속도에 달하는 것은 이론상 무한대의 시간을 필요로 하지만 실용적인 측면에서는 w/w_0의 값이 1에 가까운 값이 되는 때의 시간을 생각하면 된다. 이 시간은 ξ 및 η의 값이 작을수록, 즉 w_0의 값이 클수록 크게 된다. 지금 $d = 0.01\,\mathrm{cm}$, $\nu = 0.01\,\mathrm{cm^2/sec}$, $\sigma/\rho = 2.65$의 경우에 있어서 $w/w_0 = 0.99$가 되는 t의 값을 구한 결과는 약 $0.008\,\mathrm{sec}$가 되어 매우 작은 값이 된다. 이 결과로부터 미세입자는 단시간에 종말속도에 도달하는 것을 알 수 있다.

w가 w_0일 때는 $\frac{dw}{dt} = 0$이므로 식 (5.7)로부터

$$\frac{\pi d^3}{6}(\sigma - \rho)g = 3\pi\mu dw_0 \tag{5.15}$$

가 되어 Stokes의 식, 즉 식 (5.9)가 얻어진다. 이 법칙이 성립하는 것은 다음 식으로 정의되는 Reynolds 수가 0.1 이하일 때이다.

$$R_e = \frac{w_0 d}{\nu} \tag{5.16}$$

한편 식 (5.11)에서는 $\frac{dw}{dt} = 0$ 일 때 $w = w_0$ 라 하면

$$\frac{\pi d^3}{6}(\sigma - \rho)g = \frac{1}{8}\pi d^2 \rho C_D w_0^2 \tag{5.17}$$

가 되어 식 (5.18)이 얻어진다.

$$w_0 = \left\{ \frac{4}{3 C_D}\left(\frac{\sigma}{\rho} - 1 \right)gd \right\}^{1/2} \tag{5.18}$$

이 식은 Reynolds 수의 전체 영역에서 성립한다. 그러나 저항계수 C_D가 $R_e > 0.1$ 의 영역에서는 이론적(해석적)으로 표현되지 않으므로 많은 실험식이 제안되어 있다.

Rubey는 $C_D = \frac{24}{R_e} + 2\,(R_e < 500)$을 써서 다음과 같은 침강속도식을 제안하였다.

$$\frac{w_0}{\sqrt{sgd}} = \sqrt{\frac{2}{3} + \frac{36\nu^2}{sgd^2}} - \sqrt{\frac{36\nu^2}{sgd^3}} \tag{5.19}$$

여기서, $s = \dfrac{\sigma}{\rho} - 1$(입자의 수중비중)이다.

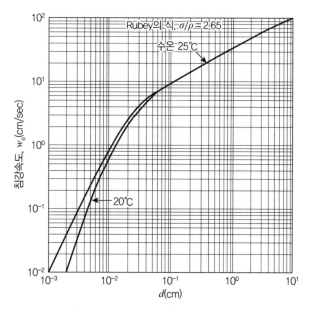

그림 5.2 침강속도와 입도의 관계

5.2 한계소류력

하상경사가 i인 개수로와 하천에 물이 등류상태로 흐를 때, 동수반경(수리평균심)을 R이라고 하면, 윤변에 평균하여 작용하는 전단응력은 다음과 같이 된다.

$$\tau_0 = \rho g R i = w R i \tag{5.20}$$

여기서 ρ는 물의 밀도이고, g는 중력가속도이다.

전단응력이 수체에 대하여 흐름과 반대방향으로 작용하고 흐름은 각 변에 대하여 단위면적당 τ_0의 힘을 흐름방향으로 작용한다(그림 5.3). 따라서 바닥면이 점착성이 전혀 없는 모래 입자로 구성되어 있는 경우에, 이

힘은 사립자를 이송하려고 하므로 유사에서는 앞의 식, 즉 τ_0 를 소류력(tractive force)이라 한다. 또 실험에 의하면 주어진 하상 사립자에 대하여 소류력이 어떤 한계값을 넘으면 사립자의 이동이 시작되며, 이 한계값을 한계소류력 τ_c 라 한다. 또 τ_c 를 마찰속도 $u*_c = \sqrt{\dfrac{\tau_c}{\rho}}$ 로 나타내며 한계마찰속도(critical shear velocity)라고 한다.

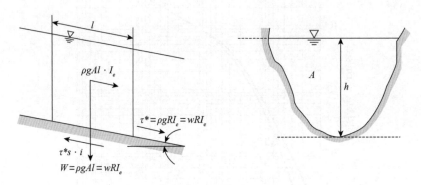

그림 5.3 소류력 모식도

식 (5.20)은 부등류(점변류)에 있어서 하상경사 i 대신에 에너지경사 I_e 를 사용하면 근사적으로 성립한다. 즉,

$$\tau_0 = \rho g R I_e = w R I_e \tag{5.21}$$

여기서, $I_e = -\dfrac{d}{dx}\left(\dfrac{v^2}{2g} + H\right)$ 이다. H는 기준면으로부터 측정한 높이, 즉 수위($H = h + z$)이다. 폭이 넓은 직사각형 수로인 경우에 $R \fallingdotseq h$이므로, 다음과 같다.

$$\tau_0 = \rho g h I_e = w h I_e \tag{5.22}$$

마찰속도 $u*$ 를 써서 소류력을 나타내면 다음과 같다.

$$\tau_0 = w R I_e = \rho g R I_e = \rho u*^2 \tag{5.23}$$

5.2.1 한계소류력 이론

한계소류력과 사립자의 관계를 알아보기 위하여 사립자를 지름 d, 밀도 σ인 구로 근사시켜 균일한 입경의 경사면 위로 물이 흐르는 경우를 생각하면 그림 5.4와 같다.

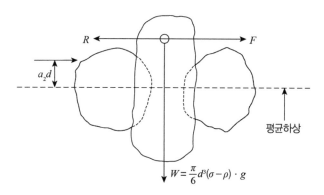

그림 5.4 사립자에 작용하는 힘

하상에 정지하고 있는 1개의 사립자에는 흐름방향으로 **유체력**이 다음과 같이 작용한다.

$$F = C_D A \frac{\rho u_b^2}{2} = C_D \alpha_1 \frac{\pi d^2}{4} \cdot \frac{\rho u_b^2}{2} = \Phi_1 \left(\alpha_1, \frac{u_* d}{\nu} \right) \rho u_b^2 d^2 \tag{5.24}$$

여기서, u_b는 사립에 부딪치는 대표속도, C_D는 저항계수이며, R_e수의 함수이다.

그러나 흐름의 반대 방향으로 **사립자의 저항력**(수중중력×마찰계수)이 작용하며, 다음과 같다.

$$R = \mu \frac{\pi}{6} d^3 (\sigma - \rho) g \tag{5.25}$$

여기서 μ는 정지마찰계수로 보통 모래의 경우 $\mu \fallingdotseq 1$이다.

이때, $F > R$일 때는 모래가 이동하고 $F < R$일 때는 정지상태를 유지하므로 한계소류력의 조건은 $F = R$로 주어진다.

유체력의 식 (5.24)에서 대표유속 u_b는 바닥면으로부터 사립자의 지름 d에 비례하는 $y = \alpha_2 d$ 에서의 유속이다. 그러므로 유속분포식으로 대수분포식을 이용하면 조도의 크기 k는 균일사로 이루어진 하상인 경우, 입경 d와 같고 u_b는 다음과 같다.

$$u_b = u_* \left[A\left(\frac{u_* d}{\nu}\right) + 5.75 \log \frac{\alpha_2 d}{d} \right] = u_* \left[A\left(\frac{u_* d}{\nu}\right) + 5.75 \log \alpha_2 \right]$$
$$= u_* \Phi_2 \left(\alpha_2, \frac{u_* d}{\nu} \right)$$

(5.26)

식 (5.26)을 식 (5.24)에 대입하면 다음과 같다.

$$F = \Phi_1 \left(\alpha_1, \frac{u_* d}{\nu} \right) \rho u_*^2 \left\{ \Phi_2 \left(\alpha_2, \frac{u_* d}{\nu} \right) \right\}^2 \cdot d^2$$
$$\therefore F = \tau_0 d^2 \Phi_3 \left(\alpha_1, \alpha_2, \frac{u_* d}{\nu} \right)$$

(5.27)

$\frac{\pi}{6} d^3 = \alpha_3 d^3$ 을 식 (5.25)에 대입하면

$$R = \mu \alpha_3 (\sigma - \rho) g d^3 = \alpha_4 (\sigma - \rho) g d^3$$

(5.28)

한계소류력을 τ_c, 한계마찰속도를 u_{*c}라 하면

$$u_{*c} = \sqrt{\frac{\tau_c}{\rho}}$$

(5.29)

사립자의 이동한계는 $F = R$로 주어지므로 이때의 유체력을 F_c라 하면 식 (5.27)은

$$F_c = \tau_c d^2 \Phi_3 (\alpha_1, \alpha_2, u_{*c} d / \nu) \tag{5.30}$$

가 된다. 식 (5.28)은 식 (5.30)으로부터

$$\tau_c d^2 \Phi_3 (\alpha_1, \alpha_2, u_{*c} d / \nu) = \alpha_4 (\sigma - \rho) g d^3 \tag{5.31}$$

$$\frac{\tau_c \cdot d^2}{(\sigma - \rho) g d^3} = \frac{\alpha_4}{\Phi_3 \left(\alpha_1, \alpha_2, \dfrac{u_* d}{\nu} \right)} = \Phi_4 \left(\alpha_1, \alpha_2, \alpha_4, \frac{u_{*c} d}{\nu} \right) = \Phi \left(\frac{u_{*c} d}{\nu} \right) \tag{5.32}$$

식 (5.32)의 좌변을 수중비중 $s = \dfrac{\sigma}{\rho} - 1$ 를 써서 변형하면

$$\frac{\tau_c}{(\sigma - \rho) g d} = \frac{\dfrac{\tau_c}{\rho}}{\left(\dfrac{\sigma}{\rho} - 1 \right) g d} = \frac{u_{*c}^2}{\left(\dfrac{\sigma}{\rho} - 1 \right) g d} = \frac{u_{*c}^2}{s g d} \tag{5.33}$$

이 되므로 식 (5.32)는

$$\frac{u_{*c}^2}{s g d} = \Phi \left(\frac{u_{*c} \cdot d}{\nu} \right) \tag{5.34}$$

식 (5.34)는 Shields의 무차원 한계소류력식이다.

여기서, $\Phi \left(\dfrac{u_{*c} \cdot d}{\nu} \right)$ 는 사립자에 대한 Reynolds 수의 함수이다. Iwagaki(1956)는 기존의 실험을 정리하여 그림 5.5와 같이 나타내었다. 실험결과는 많이 흩어져 있지만 $u_{*c}^2 / s g d$ 값은 $u_{*c} d / \nu = $ 10~30에서 극소값을 가리키며 $u_{*c} d / \nu$ 값이 커지면 일정한 값이 된다. 또 전체적인 평균치는 $\dfrac{u_*^2}{s g d} \fallingdotseq 0.05$ 정도이다.

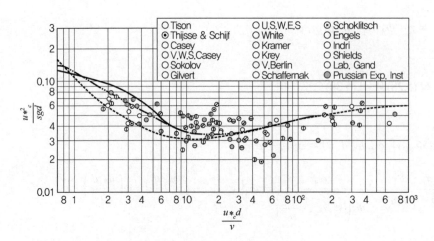

그림 5.5 u_*^2/sgd $u_{*c}d/\nu$와의 관계

앞에서 설명한 바와 같이 하상의 사립자에 작용하는 유체력 F와 저항력 R과의 비는 R_e 수에 의한 변화가 적으므로, 다음과 같다.

$$\frac{F}{R} \propto \frac{u_*^2}{sgd} = \tau_*$$

(5.35)

여기서, τ_*는 소류력의 무차원표시이다. 무차원 소류력 τ_*는 유사량 이론에서 중요한 매개변수이다.

Iwagaki(1956)는 한계소류력에 대하여 이론적으로 해석하고, 실용적으로 사용하기 위하여 다음과 같은 식을 제시하였다. 여기서, d는 cm이고, u_{*c}는 cm/s이다. R_d는 입경 Reynolds 수이다.

$$0.3030 \leq d \quad ; \quad u_{*c}^2 = 80.9d$$

$$0.1180 \leq d \leq 0.3030 \quad ; \quad u_{*c}^2 = 134.6d^{31/22}$$

$$0.0565 \leq d \leq 0.1180 \quad ; \quad u_{*c}^2 = 55.0d$$

$$0.0065 \leq d \leq 0.0565 \quad ; \quad u_{*c}^2 = 8.41d^{11/32}$$

$$d \leq 0.0565 \quad ; \quad u_{*c}^2 = 226d$$

$$150 \leq R_d \qquad ; \qquad \tau_{*c} = 0.05$$

$$30 \leq R_d \leq 150 \qquad ; \qquad \tau_{*c} = 0.01505 R_d^{6/25}$$

$$10 \leq R_d \leq 30 \qquad ; \qquad \tau_{*c} = 0.034$$

$$0.8 \leq R_d \leq 10 \qquad ; \qquad \tau_{*c} = 0.1235 R_d^{-14/25}$$

$$R_d \leq 0.8 \qquad ; \qquad \tau_{*c} = 0.14$$

5.3 소류사

소류사에 관한 연구는 Du Boys(1879)가 선구적으로 연구하였으며, 그 후에 많은 실험적, 이론적 연구가 수행되어 약 30개에 달하는 유사량식이 제안되어 있다. 이들 연구의 결과로 유사량식을 표시하는 매개변수는 상당히 분명하게 밝혀졌다. 그러나 앞에서 서술한 바와 같이 흐름의 변동에 따라 하상형태가 변화하여 이동상 흐름의 저항도 크게 변화하기 때문에, 하상형태를 고려한 유사량 계산식은 아직 명확하게 확립되어 있지 않다. 최근에 이와 같은 하상형태의 변화에 의한 저항의 변화를 고려하기 위해서 유효마찰속도($u_{*e} = \sqrt{gR'I}$)나 유효소류력 개념을 도입하고 있으나, 그 방법은 제안된 식마다 다르다. 따라서 유사량식에 의한 계산결과도 크게 다르게 된다.

대부분의 소류사량식은 균일사를 사용한 실험결과나 균일사로 취급하여 계산한 식이 도입되어 있기 때문에 혼합사로 구성되어 있는 실제 하천에 적용하는 것은 특별한 주의가 필요하다. 이런 점을 생각하면 균일사에 가까운 모래하천에 대한 계산식을 적용할 때, 하상재료의 혼합특성은 별 문제가 되지 않으나 흐름 조건에 의해서 하상형태가 크게 변화하는 것을 고려할 필요가 있다. 한편 혼합사로 구성된 하천에서는 하상재료의 혼합특성이 크게 영향을 주므로 주의해야 한다. 이 관점으로부터 실제 계산에서는 입경별 한계소류력을 생각하여 입경별로 유사량을 계산할 필요가 있다.

1) Meyer Peter-Müller 식(1948)

Meyer Peter-Müller는 광범위한 수리조건과 하상재료($1 < h < 120$ cm, $0.004 < I < 0.02$, $1.25 < s < 4$, $0.4 < d < 30$ mm)에 대한 실험 자료를 정리하여 다음 식을 제안하였다.

$$\Phi_B = 8\big(\tau_{*_e} - 0.047\big)^{3/2} \tag{5.36}$$

여기서

$$\tau_{*_e} = \frac{u_{*_e}{}^2}{sgd}, \, u_{*_e} = \left(\frac{n_b}{n}\right)^{3/4} \cdot u_* \tag{5.37}$$

$$\tau_{*_c} = 0.047, \, n_b = 0.0192 \, d_{90}{}^{1/6}, \, d_{90}; \, \text{cm 단위이다.}$$

n_b: 사립저항을 나타내는 조도계수

n: 흐름 전체의 Manning의 조도계수

2) Einstein 식(1950)

소류사 이동현상을 확률과정(stochastic process)으로 고려한 유사의 거동을 최초로 연구한 것은 1937년에 Einstein이 수행하였다. 개개의 소류사 운동을 'Rest Period와 Step Length'의 2개의 구성요소로 나누어 생각하였으며, 이 개념은 그 후에 Einstein의 소류사 함수의 연구 결과로 얻어진다. 사립자의 이동확률을 나타내는 'Pick up Rate(평균 Rest Period의 역수)'을 추정함에 있어서, Einstein은 양력의 변동을 생각하여 그것이 사립자 중량을 넘는 확률을 무차원 이동확률 P_0로 나타내었다. 확률과정 모델(모형)로부터 얻어지는 평형 평탄하상에서 유사량식은 다음과 같다.

$$q_B = \big(1 - \lambda_0\big)\alpha_2 d \cdot \overline{u_s} = C_1 P_s \Lambda d \tag{5.38}$$

여기서, λ_0: 모래의 공극률, $\alpha_2 d$: 소류사의 이동층 두께, P_s: Pick up rate, Λ: 평균 Step-Length, $C_1 = \big(1 - \lambda_0\big)\alpha_2$, $\overline{u_s}$: 사립군의 평균이동속도, $\overline{u_s}$: Rest Period가 지수분포에 따른다고 하면 $\overline{u_s} = P_s \Lambda$로 주어진다. 일반적인 유사모델에서는 다음과 같이 나타낼 수 있다.

$$q_B = A_2 d^3 \overline{N_B} \overline{u_s} = \frac{A_2}{A_1} d C_A \overline{u_s} \tag{5.39}$$

여기서, A_2d^3: 사력입자 1개의 체적(구형일 때 $A_2 = \dfrac{\pi}{6}$), $\overline{N_B}$: 단위면적상을 이동하는 평균사립자의 수, $\overline{C_A}$: 소류사의 평균면적밀도($\overline{C_A} = A_1d^2\overline{N_B}$), A_1: 사립자의 형상계수, A_2/A_1의 값은 입자를 구형으로 볼 때 $\dfrac{A_2}{A_1} = \dfrac{2}{3}$ 이다. Lugue와 Beck는 소류사량과 사립 농도를 실측하여 다음 식을 제안하였다.

$$\overline{C_A} = 0.93\left(\tau_* - \tau_{*_c}\right)^{3/2} / \left(\tau_*^{1/2} - 0.7\tau_{*_c}^{1/2}\right) \tag{5.40}$$

특히 $0.01 \leq \left(\tau_* - \tau_{*_c}\right) \leq 0.1$의 범위에서는 다음과 같다.

$$\overline{C_A} = 1.4\left(\tau_* - \tau_{*_c}\right) \tag{5.41}$$

Einstein 이론에서 기본 가정은 다음과 같다.

① 하상 위에 있는 사립자가 이동을 하기 시작하는 것은 사립자에 작용하는 순간적인 양력이 사립중량보다 크게 될 때이다.
② 사립자가 이동하기 시작한 후, 다시 하상 위에 떨어진 때까지의 평균거리 l은 입경 d의 100배로 한다. 이 관계는 흐름의 상태, 유사량, 하상재료의 구성에는 무관하다고 한다.
③ 이동하는 모래 층의 두께는 입경의 2배로 하고 상당조도 k_s 는 $k_s = d_{65}$로 한다.
④ 이동하는 중의 모래 입자에 의한 하상면의 교란은 무시한다. 따라서 도약(saltation)에 의한 입자의 운동은 무시한다.

단위폭의 하상 위를 단위시간에 소류 형식으로 이동하는 유사량(용적)을 q_B, 어느 입경범위의 입경 d_i의 입자가 q_B 중에 점유하는 비율을 i_B라 하면, i_Bq_B는 어느 입경범위의 입경 d_i의 입자가 단위시간에 단위폭을 통과하는 용적을 표시하게 된다. 특정한 단면에 대해서 q_B를 생각하면 그 단면을 통과하는 입자에 대해서는 어느 정도의 거리를 이동하여 왔는가를 알 수 없다. 그래서 그 단면의 하류에 대해서 생각하면 $0 \sim L_s$ 의 범위에 퇴적할 것이라 생각한다. 앞에서 서술한 가정 ②로부터 l을 $l = A_2 d_i$라 놓으면 퇴적하는 면적은 '단위폭×$A_L d_i$'가 된다. 입자 1개의 체적을 $A_2 d_i^3$으로 표시하면 하상 위의 단위면적 단위시간당의 퇴적된 입자수는 다음과 같다.

$$\frac{i_B q_B}{A_L d_i A_2 d_i^3} = \frac{i_B q_B}{A_2 A_L d_i^4} \tag{5.42}$$

입경 d_i의 입자가 단위시간에 하상으로부터 침식되는 사립자 수는 하상면의 단위면적 내에 사립자수 N_b의 단위시간에 1개의 입자가 움직이는 확률 P_s에 비례한다. 입경 d_i의 입자가 하상재료 중에 점유하는 비율을 i_b라 하면 단위면적 내의 입경 d_i의 입자수는 $i_b / A_1 d_i^2$이다. 단위시간에 단위면적으로부터 침식되는 입자수는 $i_b P_s / A_1 d_i^2$이다. 여기서, A_1은 상수이다.

평형상태에서 단위면적 단위시간당의 퇴적되는 입자수와 침식되는 입자수가 같을 것이므로, 다음 식이 성립한다.

$$\frac{i_B q_B}{A_2 A_L d_i^4} = \frac{i_b P_s}{A_1 d_i^2} \tag{5.43}$$

여기서 P_s는 $[T^{-1}]$의 차원을 가지므로 1개의 사립자를 같은 크기로 치환하는 데 필요로 하는 시간(exchange time)을 t_e이라 하고 P_s를 $P_s t_e = P_0$로 한 절대확률 P_0를 치환한다. Einstein은 t_e를 실험적으로 결정하는 방법이 없다고 하고 입경 d_i와 같은 크기의 거리를 침강하는 데 필요한 시간(d_i / w_0)에 비례한다고 가정하였다.

$$t_e = A_3 \frac{d_i}{w_0} = A_3 \left(\frac{d_i}{sg} \right)^{1/2} \left(\because t_e = \frac{d_i}{w_0} \propto \frac{d_i}{\sqrt{\left(\frac{4}{3 C_D} \right) s g d_i}} \propto \sqrt{\frac{d_i}{sg}} \right) \tag{5.44}$$

여기서, w_0: 입경 d_i의 침강속도, A_3: 비례상수, $s = \dfrac{\sigma}{\rho} - 1$, $P_s = \dfrac{P_0}{t_e}$ 이므로 단위시간 단위면적당 침식되는 입자의 수는 다음과 같다.

$$\frac{i_b P_s}{A_1 d_i{}^2} = \frac{i_b \dfrac{P_o}{A_3 \left(\dfrac{d_i}{sg}\right)^{1/2}}}{A_1 d_i{}^2} = \frac{i_b P_0}{A_1 A_3 d_i{}^2} \sqrt{\frac{sg}{d_i}} \tag{5.45}$$

이 식을 (5.43)에 대입하면

$$\frac{i_B q_B}{A_2 A_L d_i{}^4} = \frac{i_b P_0}{A_1 A_3 d_i{}^2} \sqrt{\frac{sg}{d_i}} \tag{5.46}$$

이 되어 소류사방정식(bed load equation)이 얻어진다.

사립자가 이동하는 확률을 P_0라 하면 $(1 - P_0)$는 이동하지 않는 확률이다. 즉 사립자가 λd_i만큼 이동한 후 하상에 자리를 잡고 안착하여 퇴적되는 확률은 $(1 - P_0)$이고 λd_i만큼 이동한 후 하상에 자리를 잡지 않고 이동을 계속하는 확률은 P_0인데, 자리를 잡지 않은(낙착하지 않는) 사립자 중에서 $2\lambda d_i$까지 이동하여 자리를 잡고 안착하는 확률은 $P_0(1 - P_0)$이다. $2\lambda d_i$까지 이동해도 안착하지 않는 확률은 $P_0{}^2$이다. 이 중 $3\lambda d_i$까지 이동하여 안착하는 확률은 $P_0{}^3(1 - P_0)$이다. 이런 식으로 계속하면 이동, 안착하는 평균거리(평균이동거리) l은 다음과 같다.

$$l = A_L d_i = \sum_{n=0}^{\infty} (1 - P_0) P_0{}^n (1 + n) \lambda d_i = \frac{\lambda d_i}{1 - P_0} \tag{5.47}$$

식 (5.46)을 유도할 때 l이 d에 비례한다고 하였으나 그 대신 식 (5.47)의 $A_L = \dfrac{\lambda}{1 - P_0}$을 사용하여 P_0에 관해서 정리하면 다음과 같다.

$$\frac{i_B q_B}{A_2 \dfrac{\lambda}{1-P_0} d_i{}^4} = \frac{i_b P_0}{A_1 A_2 d_i{}^2} \sqrt{\frac{sg}{d_i}}$$

$$\tag{5.48}$$

$$\therefore \ \frac{P_0}{1-P_0} = \left(\frac{A_1 A_3}{A_2 \lambda}\right)\left(\frac{i_B}{i_b}\right)\frac{q_B}{s g d_i{}^3}$$

$$\frac{q_B}{\sqrt{s g d^3}} = \varPhi_B, \ \left(\frac{A_1 A_3}{A_2 \lambda}\right) = A_* \text{라 놓으면}$$

$$\frac{P_0}{1-P_0} = A_* \left(\frac{i_B}{i_b}\right) \cdot \varPhi_B = A_* \varPhi_{B*}$$

$$\tag{5.49}$$

여기서, $\varPhi_{B*} = \left(\dfrac{i_B}{i_b}\right)\varPhi_B$ 이고 A_* 의 값은 실험결과로부터 $A_* = 43.5$ 이다. Einstein은 $\varPhi_B$ 를 '소류사

운반 강도(소류사량의 강도)(intensity of bed load transport)'라 한다.

다음에는 사립자가 운동을 일으키게 하는 확률 P_0 를 산정한다. 이 P_0 는 사립자에 작용하는 양

력 L 이 사립자의 수중중량 W 보다 크게 되는 확률, 즉 $\dfrac{W}{L} < 1$ 이 되는 확률을 의미한다.

L 과 W 는

$$L = C_L \frac{1}{2}\rho\, u_b{}^2 A_1 d^2$$

$$\tag{5.50}$$

$$W = (\sigma - \rho) g A_2 d^3$$

이다. 여기서, C_L 은 Einstein과 El-Samni(1949)에 의하면 $C_L = 0.178$ 이고 균일사의 u_b 는 이론하상

면으로부터 $0.35d$ 의 높이에서 측정한 유속이다. 혼합사의 경우는 u_b 는 이론하상면으로부터

$0.35X$ 의 높이에서 측정한 유속으로 한다. 이때의 X 는

$$\Delta_*/\delta > 1.80 \text{일 때 } X = 0.77\Delta_*$$

$$\Delta_*/\delta < 1.80 \text{일 때 } X = 1.39\delta \tag{5.51}$$

으로 주어진다. 여기서 $\Delta_* = k_s/x = d_{65}/x$, δ: 층류저층의 두께 $\left(\delta = \dfrac{11.6\nu}{u_*} \right)$, x는 보정계수이고,

그림 5.6과 같이 d_{65}/δ의 값에 따라 변화한다.

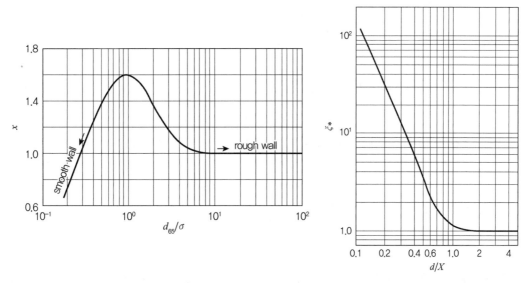

그림 5.6 보정계수 x　　　　　　　**그림 5.7** 차폐계수 ξ_*

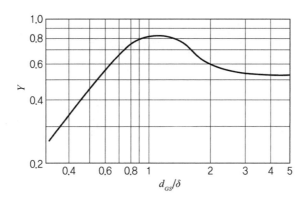

그림 5.8 양력보정계수 Y

$X > d$와 같은 미세한 입자는 굵은 입자에 의해 차폐되기 때문에 차폐계수 ξ_*를 써서 보정한다. ξ_*는 그림 5.7과 같이 d/X의 함수이다. 다시 혼합입경의 경우에 양력계수의 변화를 보정하기 위하여 양력보정계수 Y를 도입한다. 그림 5.8과 같이 Y는 k_s/δ의 함수이다. 균일입경인 경우는 $Y=1$로 한다. u_b를 대수분포식을 써서 나타내면 다음과 같다.

$$u_b = u_* 5.75 \log(y/y_0) = u_* 5.75 \log(10.6X/\Delta_*) \tag{5.52}$$

따라서

$$u_b{}^2 = gR'I\left[5.75\log(10.6X/\Delta_*)\right]^2 \tag{5.53}$$

이고 어느 순간에 있어서의 양력 L은 다음과 같다.

$$L = 0.178\rho A_1 d^2 \frac{1}{2} gR'I\left[5.75\log\left(\frac{10.6X}{\Delta_*}\right)\right]^2 [1+\eta'] \tag{5.54}$$

여기서, η'는 시간에 따라 변화하는 계수이고 양 또는 음의 값을 취한다. 따라서 $L > 0$이므로 절댓값을 취할 필요가 있다. 식 (5.50)의 W와 식 (5.54)로부터

$$1 > \frac{W}{L} = \left(\frac{1}{1+\eta'}\right)\left(\frac{sd}{R'I}\right)\left(\frac{0.34A_2}{A_1}\right)\left[\frac{1}{\log(10.6X/\Delta_*)}\right]^2 \tag{5.55}$$

이 되므로 $\Psi = \dfrac{sd}{R'I} = \dfrac{sgd}{gR'I} = \dfrac{sgd}{u_*{}^2} = \dfrac{1}{\tau_{*e}}$, $B_1 = 0.34\left(\dfrac{A_2}{A_1}\right)$, $B_x = \log(10.6X/\Delta_*)$라 놓으면, 다음과 같다.

$$|1+\eta'| > B_1 \Psi \beta_x{}^{-2} \tag{5.56}$$

여기서, Ψ는 흐름의 강도(flow intensity)라고 하며, 무차원 양이다.

보정계수 ξ_*, Y를 도입하면 다음과 같다.

$$|1+\eta'| > \xi_* YB'\Psi\beta_x^{-2} \tag{5.57}$$

여기서, $B' = B_1/\beta^2$, $\beta = \log(10.6)$이며, 이것을 다음과 같이 나타낼 수 있다.

$$\frac{\beta}{\beta_*} = \frac{\log(10.6)}{\log(10.6X/\Delta_*)} \tag{5.58}$$

균일사 입경에서 $x = 1$ 일 때는 $(\beta/\beta_*) = 1$, $Y = 1$, $\xi_* = 1$ 이 된다. 식 (5.56)의 양변을 η' 의 표준편차 η_0 로 나누고 $\eta' = \eta_0\eta_*$ 를 도입하여 다시 양변을 제곱하여 $B_* = B'/\eta_0$ 라 놓으면, 다음 식과 같다.

$$\left(\frac{1}{\eta_0} + \eta_*\right)^2 > \xi_*{}^2 Y^2 B_*{}^2 \Psi^2 \left(\frac{\beta}{\beta_*}\right)^4 = B_*{}^2 \Psi_*{}^2 \tag{5.59}$$

여기서 Ψ_* 는 다음과 같이 나타낼 수 있다.

$$\Psi_* = \xi_* Y(\beta/\beta_*)^2 \Psi \tag{5.60}$$

사립자의 이동한계는 $[(1/\eta_0) + \eta_*]^2 = [B_*\Psi_*]^2$ 이므로

$$[\eta_*]_{\lim} = \pm B_*\Psi_* - (1/\eta_0) \tag{5.61}$$

로 놓을 수 있다. η_* 에 대한 확률은 정규오차분포법칙을 따르므로 사립자가 운동을 일으킬 확률 P_0

는 다음과 같다.

$$P_0 = 1 - \frac{1}{\sqrt{\pi}} \int_{\eta_{*2}}^{\eta_{*1}} e^{-t^2} dt \qquad (5.62)$$

여기서, $\eta_{*1} = B_*\Psi_* - (1/\eta_0)$, $\eta_{*2} = -B_*\Psi_* - (1/\eta_0)$, t: 적분변수

【참고】 $L = W$가 되면 사립이 이동하지 않는다. 즉 η_*가 $\left(B_*\Psi_* - \dfrac{1}{\eta_0}\right) \sim \left(-B_*\Psi_* - \dfrac{1}{\eta_0}\right)$의 범위에 있으면 이동하지 않는다. 이동할 확률은 1-(이동하지 않을 확률)이므로 사립이 이동하려면 다음과 같이 된다.

$$P_0 = (1 - \text{이동하지 않는 확률}) = 1 - \frac{1}{\sqrt{\pi}} \int_{\left(-B_*\Psi_* - \frac{1}{\eta_0}\right)}^{\left(B_*\Psi_* - \frac{1}{\eta_0}\right)} e^{-t^2} dt$$

식 (5.62)와 식 (5.49)로부터

$$P_0 = 1 - \frac{1}{\sqrt{\pi}} \int_{\eta_{*2}}^{\eta_{*1}} e^{-t^2} dt = \frac{A_*\Phi_{B*}}{1 + A_*\Phi_{B*}} \qquad (5.63)$$

여기서, η_{*1}와 η_{*2} 중의 η_0는 El Samni에 의하면 $\dfrac{1}{\eta_0} = 2.0$이고 A_*와 B_*는 실험결과로부터 $A_* = 43.5$, $B_* = 0.143$으로 정하고 있다.

식 (5.63)에 위의 함수를 대입하여 다시 쓰면, 다음과 같다.

$$P_0 = 1 - \frac{1}{\sqrt{\pi}} \int_{-0.143\Psi_* - 2}^{0.143\Psi_* - 2} e^{-t^2} dt = \frac{43.5\Phi_{B*}}{1 + 43.5\Phi_{B*}} \qquad (5.64)$$

그림 5.9는 Φ_{B*}와 Ψ_*의 관계를 도시한 것이다. 일반적으로 Einstein의 소류사함수라고 한다. Einstein의 소류사함수에 의한 소류사량은 식 (5.49)로부터 다음과 같이 주어진다.

$$i_B q_B = \Phi_{B*} i_b \sqrt{sg d_i^{\ 3}} \; ; q_B = \sum i_B q_B \tag{5.65}$$

Φ_{B*}값은 그림 5.9로부터 구한다. 또 Einstein은 u_*로는 $u_{*e}^{\ 2} = gR'I$의 유효마찰속도를 사용할 것을 제안하였다. R'는 다음 식으로 결정한다.

$$\frac{u_m}{\sqrt{gR'I}} = 5.75 \log \left(\frac{12.27 R' x}{d_{65}} \right) \tag{5.66}$$

그림 5.9에 도시한 $\Phi_{B*} \sim \Psi_*$곡선은 다음의 근사식으로 표시할 수 있다.

$$\Phi_{B*} = 9.2 \left(\frac{1}{\Psi_*} - 0.03 \right)^5 \Psi_*^{\ 3.85} \tag{5.67}$$

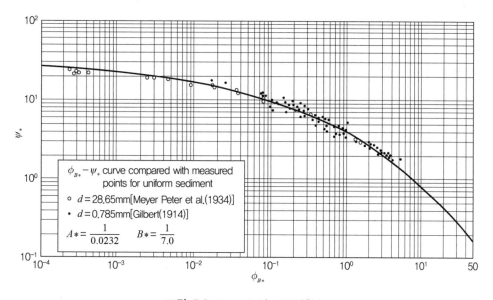

그림 5.9 Einstein의 소류사함수

Chang(1980)은 사립자 하상의 소류사 함수를 다음 식과 같이 제안하였다.

$$\Phi_B = 6.62\left(\frac{1}{\Psi} - 0.03\right)^5 \Psi^{3.9} \tag{5.68}$$

한편 Chien(1954)은 Meyer Peter-Müller의 식을 다음과 같이 표시하였다.

$$\Phi_{B*} = 8\left(\frac{1}{\Psi_*} - 0.047\right)^{3/2} \tag{5.69}$$

이 식은 $\Psi_* > 0.6$의 영역에서 Einstein의 소류사함수와 거의 일치함을 밝혔다.

예제 5-1

하상이 균일한 입경 $d = 0.012$ mm의 모래로 구성된 하천에 $Q = 320$ m³/sec의 유량이 평균수심 $h = 1.52$ m로 흐르고 있다. 소류사량을 구하라. 단, 하폭은 $B = 120$ m, 수면경사 $I = 8.2 \times 10^{-4}$이다.

풀이

Step 1) 유사의 성질

$$sgd = 1.65 \times 9.80 \times 1.012 \times 10^{-3} = 1.65 \times 10^{-2}\,\text{m}^3/\text{sec} \cdot \text{m}$$

$$\sqrt{sgd^3} = \sqrt{1.65 \times 9.80 \times (0.1012 \times 10^{-2})^3} = 1.31 \times 10^{-4}\,\text{m}^2/\text{sec}^2$$

Step 2) 흐름 계산

$$u_m = \frac{Q}{A} = \frac{Q}{B \cdot h} = \frac{320}{120 \times 1.52} = 1.75\,\text{m/sec}$$

$$u_* = \sqrt{gRI} = \sqrt{9.80 \times 1.52 \times 8.2 \times 10^{-4}} = 0.1105\,\text{m/sec}$$

유속계수

$$\phi = \frac{u_m}{u_*} = \frac{1.75}{0.1105} = 15.9$$

$$\tau_* = \frac{u_*^{\,2}}{sgd} = \frac{(0.1105)^2}{1.65 \times 10^{-2}} = 0.740$$

u_{*c}는 Iwagaki(1956) 공식을 써서 구한다.

$$u_{*c}^{\,2} = 55.0d = 55.0 \times 0.1012 = 5.61\,\text{cm}^2/\text{sec}^2 = 5.61 \times 10^{-4}\,\text{m}^2/\text{sec}^2$$

$$\therefore \tau_{*c} = \frac{u_{*c}^{\,2}}{sgd} = \frac{5.61 \times 10^{-4}}{1.65 \times 10^{-2}} = 0.034$$

Step 3) 소류사량 계산

Einstein 식;

$$\frac{u_m}{\sqrt{gR'I}} = 5.75\log\left(12.27xR'/d_{65}\right)$$

$$\therefore \frac{3.39}{\sqrt{R'}} = 4.08 + \log x + \log R'$$

$x = 1$로 하고 시산법으로 R'를 구하면

$$R' = 0.738\,\text{m}$$

$$u_{*e}^{\,2} = gR'I = 9.8 \times 0.738 \times 0.82 \times 10^{-3} = 5.93 \times 10^{-3}\,\text{m}^2/\text{sec}^2$$

$$d/\delta = 6.72\ (\nu = 1.007 \times 10^{-6}\,\text{m}^2/\text{sec})$$

$$\sqrt{gR'I} = \sqrt{5.93 \times 10^{-3}} = 7.7 \times 10^{-2}\,\text{m/sec}$$

$$\therefore u_{*e}^{\,2} = 5.93 \times 10^{-3}\,\text{m}^2/\text{sec},\ d/\delta = 6.72$$ 에 대한 x를 구하면 $x \fallingdotseq 1$

$$\Psi_* = \Psi_e = \frac{sgd}{gR'I} = \frac{sd}{R'I} = \frac{1.65 \times 0.1012 \times 10^{-2}}{0.738 \times 0.82 \times 10^{-3}} = 2.759 \fallingdotseq 2.76$$

$\Psi_* = \Psi_e = 2.76$에 대한 $\Phi_{B*} = \Phi_B$를 그림 5.9에서 읽으면

$$\Phi_B = \Phi_{B*} = 1.93$$

$$\therefore q_B = 1.93\sqrt{sgd^3} = 1.93 \times 1.31 \times 10^{-4} = 2.53 \times 10^{-4}\,\text{m}^2/\text{sec}$$

$$\therefore Q = Bq_B = 120 \times 2.53 \times 10^{-4} = 3.04 \times 10^{-2}\,\text{m}^3/\text{sec}$$

$\Phi_{B*} = \Phi_B$를 식 (5.67)로 계산하면 다음과 같다.

$$\Phi_{B*} = 9.2\left(\frac{1}{\Psi_*} - 0.03\right)^5 \cdot \Psi_*{}^{3.85} = 9.2\left(\frac{1}{2.76} - 0.03\right)^5 \times 2.76^{3.85} = 1.858$$

$$\therefore q_B = 1.858 \times \sqrt{sgd^3} = 1.858 \times 1.31 \times 10^{-4} = 2.43 \times 10^{-4}\,\mathrm{m^2/sec}$$

$$\therefore Q = Bq_B = 120 \times 2.43 \times 10^{-4} = 2.92 \times 10^{-2}\,\mathrm{m^3/sec}$$

거의 일치한다.

5.4 부유사량

정상 2차원등류에 관한 단위시간 단위폭당 부유사량 q_s는 다음 식과 같다.

$$q_s = \int_a^h C(z)u(z)dz \tag{5.70}$$

여기서, h: 수심, $u(z)$: 하상면상 z점에 있어서의 시간평균유속 $C(z)$: 하상면상 z점에서 있어서의 농도, a: 농도의 기준점(하상면에서의 높이)이다.

부유사의 농도분포는 a를 취하는 방법에 따라 다소 달라진다. 일반적으로는 Einstein이 제시한 $a = 2d$나 수심의 5%, 즉 $a = 0.05h$가 적용되고 있다(그림 5.10).

식 (5.70)의 q_s식은 $u(z)$에 어떤 유속분포식을, $C(z)$에 어떤 농도분포식을 사용하는가에 따라 그 형식이 달라진다. 뒤에서 서술하는 바와 같이 실제로는 $q_s = qC_aP_{*i}$의 형식이 된다. 여기서 q는 단위폭당 유량, C_a는 $z = a$에서 농도이며, 이를 기준점 농도라고 한다. P_{*i}: 수치적분항이 있으며 $u(z)$와 $C(z)$의 함수형에 따라 다른 값을 갖는다.

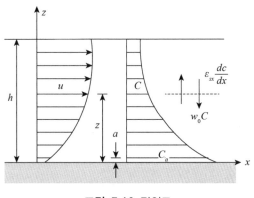

그림 5.10 정의도

맑은 물의 흐름과 부유사 흐름을 비교하여 부유사 흐름의 특징을 정리하면 다음과 같다.

① 맑은 물에서 Karman 상수는 $\kappa = 0.4$이나 흐름에 부유사가 포함되면, 0.4보다 작아진다(부유사에 의한 κ의 감소).

② 맑은 물에 부유사가 포함되면 속도경사 $\left(\dfrac{du}{dz}\right)$가 증가하고 유속도 증가한다(유속경사의 증가).

③ 맑은 물에 부유사가 포함되면 마찰저항이 감소한다(마찰저항의 감소).

④ 맑은 물에 부유사가 포함되면 난류구조가 변화하고 혼합길이(mixing length)나 흐트러짐의 스케일(scale of turbulance)이 감소한다(난류구조의 변화).

⑤ $d < 0.1$ mm와 같은 부유사 입자의 침강속도는 수온변화에 따라 변화하므로 부유사량은 수온변화의 영향을 받는다. 수온이 낮아지면 부유사량은 증가한다(수온변화의 영향).

5.4.1 부유사의 농도분포식

농도분포를 유도하는 방법은 확산모델, 에너지 모델, 확률과정모델의 세 가지 방법이 있으나, 여기서 주로 확산모델을 취급하기로 한다.

흐름방향으로 x축, 횡방향으로 y축, 연직 수면방향으로 z축을 취하면 부유사의 농도 C를 나타내는 3차원 확산방정식은 다음과 같다.

$$\frac{\partial C}{\partial t} + u \frac{\partial C}{\partial x} + v \frac{\partial C}{\partial y} + w \frac{\partial C}{\partial z}$$
$$= \frac{\partial}{\partial x}\left(\varepsilon_{sx} \frac{\partial C}{\partial x}\right) + \frac{\partial}{\partial y}\left(\varepsilon_{sy} \frac{\partial C}{\partial y}\right) + \frac{\partial}{\partial z}\left(\varepsilon_{sz} \frac{\partial C}{\partial z}\right) + w_0 \frac{\partial C}{\partial z} \tag{5.71}$$

여기서, t: 시간, u, v, w: x, y, z 방향의 평균속도분포, $\varepsilon_{sx}, \varepsilon_{sy}, \varepsilon_{sz}$: x, y, z 방향의 확산계수, w_0: 사립자의 침강속도이다.

균일한 수로에서 흐름이 등류일 때 $v = 0$, $w = 0$이고 부유사 흐름도 평형상태에 있다고 하면 $\frac{\partial C}{\partial x} = 0$, $\frac{\partial C}{\partial y} = 0$이므로 식 (5.71)은 다음과 같다.

$$\frac{\partial}{\partial z}\left(\varepsilon_{sz} \frac{\partial C}{\partial z}\right) + w_0 \frac{\partial C}{\partial z} = 0 \tag{5.72}$$

식 (5.72)를 적분하여 적분상수를 k_1이라 하면, 다음과 같다.

$$\varepsilon_{sz} \frac{\partial C}{\partial z} + w_0 C = k_1 \tag{5.73}$$

이 식의 제1항은 확산에 의하여 아래에서 부유하여 위로 이송되는 모래의 양이고, 제2항은 위에서 아래로 침강해서 이송되는 모래의 양이다. 평형상태에서 두 합은 0이다. 수면을 통해서 수면 밖으로는 농도의 수송이 없으므로 수면에서 경계조건은, 다음과 같다.

$$-\left(\varepsilon_{sz} \frac{\partial C}{\partial z} + w_0 C\right)_{z=h} = 0 \tag{5.74}$$

따라서 $k_1 = 0$이라 놓으면, 다음 식이 얻어진다.

$$\varepsilon_{sz}\frac{\partial C}{\partial z}+w_0 C = 0 \tag{5.75}$$

식 (5.75)를 적분하여 바닥 저면에서 a 의 높이의 농도, 즉 기준점 농도(reference concentration)를 C_a 라 하면 농도분포식은 다음과 같이 된다.

$$\frac{C}{C_a}=\exp\left\{-\int_a^z\left(\frac{w_0}{\varepsilon_{sz}}\right)dz\right\} \tag{5.76}$$

이 식에서 ε_{sz} 의 식이 주어지면 적분하여 농도분포식이 얻어진다.

Rouse(1937)는 확산계수 ε_{sz} 가 와동점성계수와 같다고 가정하여 ε_{sz} 의 식을 도출하였다. 하상면에서 수면까지의 전단력의 분포는 다음과 같다.

$$\tau = \tau_0\left(1-\frac{z}{h}\right) \tag{5.77}$$

난류에서 전단응력은 $\tau = \rho(v+\varepsilon)\dfrac{du}{dz}$ 로 나타낸다. 일반적으로 $\varepsilon \gg \nu$ 이고 분자의 점성은 무시되므로 ε 을 ε_{sz} 라 하면, 다음과 같다.

$$\varepsilon_{sz}=\left(\frac{\tau}{\rho}\right)\Big/\left(\frac{du}{dz}\right)=u_*^2\left(1-\frac{z}{h}\right)\Big/\left(\frac{du}{dz}\right) \tag{5.78}$$

대수유속분포식 $\dfrac{u}{u_*}=A+\dfrac{1}{\kappa}\ln\left(\dfrac{z}{k_s}\right)$ 를 z 로 미분하면, 다음과 같다.

$$\frac{du}{dz}=\frac{u_*}{\kappa z} \tag{5.79}$$

여기서, κ : Karman 상수이다.

식 (5.78)에 식 (5.77)과 식 (5.79)를 대입하면, 다음 식이 유도된다.

$$\varepsilon_{sz} = u_* \kappa z \left(1 - \frac{z}{h}\right) \tag{5.80}$$

식 (5.80)을 식 (5.75)에 대입하면, 다음과 같다.

$$
\begin{aligned}
\frac{C}{C_a} &= \exp\left\{-\frac{w_0}{\kappa u_*} \int_a^z \frac{dz}{z(1 - z/h)}\right\} = \exp\left\{\frac{w_0}{\kappa u_*} \int_a^z \frac{-h\,dz}{z(h-z)}\right\} \\
&= \exp\left\{\frac{w_0}{\kappa u_*} \int_a^z \frac{-\dfrac{1}{z^2}dz}{\dfrac{h-z}{z}}\right\} = \exp\left\{\frac{w_0}{\kappa u_*} \int_a^z \frac{d\left(\dfrac{h-z}{z}\right)}{\left(\dfrac{h-z}{z}\right)}\right\} \\
&= \exp\left\{\frac{w_0}{\kappa u_*} \left[\ln\left(\frac{h-z}{z}\right)\right]_a^z\right\} = \exp\left\{\frac{w_0}{\kappa u_*} \left[\ln\left(\frac{h-z}{z}\right) \cdot \left(\frac{a}{h-a}\right)\right]\right\}
\end{aligned}
\tag{5.81}
$$

$Z = \dfrac{w_0}{\kappa u_*}$ 라 놓으면 다음과 같은 농도분포식이 얻어진다.

$$\frac{C}{C_a} = \left[\left(\frac{h-z}{z}\right) \cdot \left(\frac{a}{h-a}\right)\right]^z \tag{5.82}$$

식 (5.82)는 Rouse의 농도분포식이라 불린다. Vanoni의 실험결과와 식 (5.82)를 비교하여 도시하면, 그림 5.11과 같다.

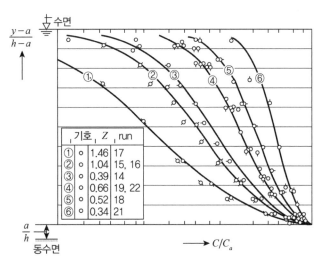

그림 5.11 Vanoni 의 실험결과와 식 (5.82)와의 비교

이 그림에서 알 수 있는 바와 같이 Rouse 분포는 대부분의 흐름에 적합하다. Rouse 농도분포식은 $\varepsilon_{sz} = \varepsilon$로 하여 유도된 것이므로 이론값 $Z = w_0/(xu_*)$와 실험값 $Z_1 = \dfrac{w_0}{\beta x u_*}$ 사이에 차이가 생기는 것은 당연하다. Z와 Z_1과의 관계를 표시하면 그림 5.12와 같고 평균적으로 Z_1은 Z보다 작고 $\beta = \varepsilon_{sz}/\varepsilon \fallingdotseq 1.2$ 정도이다.

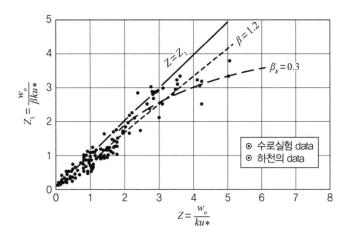

그림 5.12 Z와 Z_1의 관계

Einstein과 Chien(1955)은 ① $\varepsilon_{sz} = \varepsilon$, ② 혼합거리 l은 지수분포에 따른다. ③ 농도분포의 고차항을 고려하여, ④ 상방 및 하방의 변동속도는 같으며 정규분포에 따른다고 가정하여 Z_1과 Z에 관한 다음 식을 구하였다.

$$\frac{Z_1}{Z} = 1 / \left[e^{-\left(L_1^2 Z^2 / \pi \right)} + \frac{2 L_1 Z}{\sqrt{2\pi}} \int_0^{\sqrt{2/\pi}\, L_1 Z} e^{-x^2/2} dx \right] \tag{5.83}$$

여기서, $L_1 = \ln(1 + \beta_k)$, $x = \ln z$ 가장 적합한 곡선으로 $\beta_k = 0.3$의 경우가 그림 5.12에 도시되어 있다.

ε_{sz}를 z에 무관계한 일정한 값으로 보면 식 (5.82)에 있어서 $\varepsilon_{sz} = \varepsilon_s$으로 하여 다음과 같은 지수분포의 근사식이 얻어진다.

$$\frac{C}{C_a} = \exp\left[-\frac{w_0(z-a)}{\epsilon_s} \right] \tag{5.84}$$

5.4.2 부유사량의 계산식(Einstein, 1950)

Einstein은 농도분포로서 Rouse식(식 (5.70))을 사용하고 유속분포로는

$$\frac{u}{u_*} = 5.75 \log_{10}(30.2 xz / d_{65}) \tag{5.85}$$

의 대수법칙을 사용하였다. 이들 식을 식 (5.70)에 대입하여 정리하면 다음과 같다.

$$q_s = \int_a^h C_a \left[\left(\frac{h-z}{z} \right) \left(\frac{a}{h-a} \right) \right]^z \cdot 5.75 \log \left(\frac{30.2 xz}{d_{65}} \right) dz$$
$$= 5.75 \, C_a h u_* \left[\frac{y_a}{1-y_a} \right] \left\{ \log \frac{30.2 hx}{d_{65}} \int_{y_a}^1 \left[\frac{1-z}{z} \right]^z dz + 0.434 \int_{y_a}^1 \left[\frac{1-z}{z} \right] \ln z \, dz \right\} \tag{5.86}$$

이 식으로부터 부유사량은 다음과 같다.

$$q_s = 11.6u_* C_a a(P_1 I_1 + I_2) \tag{5.87}$$

여기서,

$$P_1 = 2.30 \log_{10}(30.2hx/d_{65}) \tag{5.88}$$

이다.

$\phi = \dfrac{u_m}{u_*}$, $a = hy_a$를 사용하면 다음 식과 같이 변형된다.

$$q_s = qC_a P_{*1} \tag{5.89}$$

여기서

$$
\begin{aligned}
P_{*1} &= (11.6y_a/\varphi)(P_i I_1 + I_2) \\
I_1 &= 0.216\frac{y_a^{Z-1}}{(1-y_a)^Z}\int_{y_a}^1 \left[\frac{1-z}{z}\right]^Z dz \\
I_2 &= 0.216\frac{y_a^{Z-1}}{(1-y_a)^Z}\int_{y_a}^1 \left[\frac{1-z}{z}\right]^Z \ln z\, dz
\end{aligned}
\tag{5.90}
$$

여기서 x는 그림 5.6에서 구한다. I_1과 I_2는 Z 및 $y_a = a/h$의 함수이고 그림 5.13과 그림 5.14에 도시한 것과 같다. Einstein은 C_a로서 $a = 2d$인 높이의 농도를 사용해야 한다고 하였다. 식 (5.91)을 Φ_s로 정리하면

$$\Phi_s = C_a \left(\frac{h}{d}\right) \tau_*^{1/2} \varphi P_{*1}$$

$$\Phi_s = C_a \left(\frac{h}{d}\right) \tau_*^{1/2} \varphi P_{*0}$$

(5.91)

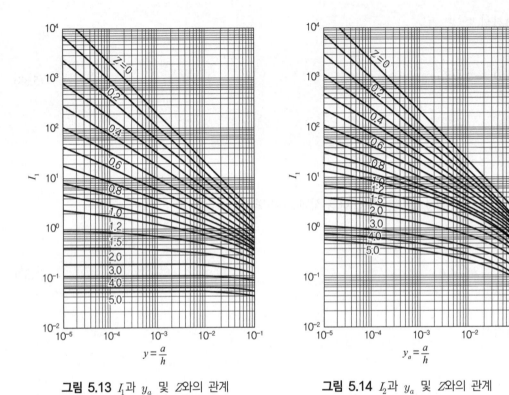

그림 5.13 I_1과 y_a 및 Z와의 관계   **그림 5.14** I_2과 y_a 및 Z와의 관계

5.4.3 기준점 농도(Einstein, 1950)

앞에서 서술한 부유사량에 관한 각 계산식의 P_{*0}, P_{*1}, P_{*2}, P_{*3}는 근사적으로 거의 같은 값을 갖는다. 따라서 기준점농도를 주는 방법에 따라 결과가 달라진다.

Einstein은 소류사의 평균이동속도를 $\overline{u_s}$ 라 하고 이동층의 두께를 $a = 2d$로 가정하여 이동층 내의 평균농도를 다음과 같이 정의하였다.

$$C_a = \frac{i_B q_B}{a u_s} \ (\because \ C_a(a \times 1) \cdot \overline{u_s} = i_B \cdot q_B) \tag{5.92}$$

$\overline{u_s}$는 알 수 없는 미지값이므로, $\overline{u_s} = \beta u_*$로 가정하여, 다음 식이 유도되었다.

$$C_a = \frac{i_B q_B}{a \beta u_*} \tag{5.93}$$

Einstein은 β로서 $\beta = 11.6$의 값을 사용하였다.

5.5 총유사량

단위시간 단위폭당의 총유사량 q_r는 세류사(wash load)를 제외한 소류사량 q_B와 부유사량 q_s와의 합이다. q_B와 q_s 중 어느 하나가 중량당일 때는 $q_{BW} = w_s q_B$, $q_{sw} = w_s q_s$에 의해서 체적단위 혹은 중량단위로 통일시킬 필요가 있다. 더욱 공기 중에 있어서의 사력자의 단위중량을 $w_s = 2,650\,\mathrm{kg/m^3}$으로 하면 된다. 총유사량 Q_T를 구하는 형식에는 세 가지가 있다.

① 균일사일 때

$$q_T = q_B + q_s; \ Q_T = B q_T \tag{5.94}$$

② 입경별 계산일 때

$$i_T q_T = i_B q_B; \ Q_T = B \sum i_T q_T \tag{5.95}$$

③ Φ_T에 의한 입경별 계산일 때

$$\Phi_{Ti} = \Phi_{Bi} + \Phi_{si}; \ Q_T = B \sum \Phi_{ti} i_b \sqrt{s g d_i^3} \tag{5.96}$$

여기서, Q_T: 총유사량, B: 유로폭

i_T: 주어진 입경범위의 모래가 총이송량이 점유하는 비율

$i_T q_T$, $i_B q_B$, $i_s q_s$ 는 각각 $i_T q_T = \Phi_{Ti} i_b \sqrt{sg d_i^3}$, $i_B q_B = \Phi_{Bi} i_b \sqrt{sg d_i^3}$, $i_s q_s = \Phi_{si} i_b \sqrt{sg d_i^3}$ 이다.

1) Einstein의 식(1950)

식 (5.87)의 C_a에 식 (5.93)을 대입하면

$$i_s q_s = i_B q_B (P_1 I_1 + I_2)$$ (5.97)

가 된다. 식 (5.87)을 식 (5.95)에 대입하면

$$i_T q_T = i_B q_B (P_1 I_1 + I_2 + 1)$$ (5.98)

2) 수정 Einstein법(1956)

Schroeder와 Hembree(1955)는 부유사가 많은 미국의 5개 하천에 있어서의 실측결과를 해석하여 실측치와 계산치가 일치하도록 Einstein법을 다음과 같이 수정하였다.

① $\Psi_* \sim \Phi_{B*}$ 관계에 있어서 형식적으로 Ψ_* 대신에 다음 식으로 계산되는 값을 사용한다.

$$d \geq 2.5 d_{35} \text{ 일 때 } \Psi_m = 0.4 \frac{sd}{(RI)_m}$$

$$d \leq 2.5 d_{35} \text{ 일 때 } \Psi_m = sd / (RI)_m$$ (5.99)

이 Ψ_m를 Ψ_{B*}로 하여 그림 5.9에서 Φ_{B*}를 구한다.

② 실측치에 맞추기 위해서 Φ_{B*}를 2로 나누어

$$i_B q_B = i_b \sqrt{sgd_i^3} \left(\frac{\Phi_{B*}}{2} \right) \tag{5.100}$$

로 한다. 식 (5.99)의 $(RI)_m$ 은

$$\frac{u_m}{\sqrt{(gRI)_m}} = 5.75 \log(12.27 hx/d_{65}) \tag{5.101}$$

에서 구한다. 총유사량은 식 (5.98)에 식 (5.100)에서 얻어진 $i_B q_B$ 를 대입하여 계산한다. 더욱 I_1 과 I_2 를 구할 때의 Z 에는 실측치로부터 결정한 수치로 사용한다. 다른 계산법은 Einstein 법과 동일하다.

3) Laursen의 식(1958)

Laursen은 난류의 혼합작용을 현저히 표시하는 매개변수로서 u_*/w_0 을 취하여 다시 하상경계 면의 전단응력으로는 Manning-Stricker의 식을 이용하여 다음의 실험식을 제안하였다. 사용한 실험 데이터의 입경은 $d < 0.2$ mm이다. 세류사는 포함되어 있지 않다.

$$\overline{C_w} = 0.01 \left(\frac{d}{h} \right)^{7/6} \left(\frac{\tau_{*e}}{\tau_{*c}} - 1 \right) F\left(\frac{u_*}{w_0} \right) \tag{5.102}$$

여기서 $\overline{C_w}$ 는 평균중량농도(무차원)이다. 이 식 중의 τ_{*e} 는 다음 식의 u_{*e}^2 를 써서 구한다 $\left(\tau_{*e} = \dfrac{u_{*e}^2}{sgd} \right)$.

$$u_{*e}^2 = \frac{\tau_0{}'}{\rho} = \left(\frac{u_m}{7.66} \right)^2 \left(\frac{d}{h} \right)^{1/3} \tag{5.103}$$

단위폭당의 총유사량 q_{TW}(중량)은

$$q_{TW} = \overline{C_w} q \cdot w \tag{5.104}$$

에 의해서 계산한다. $F(u_*/w_0)$은 그림 5.15에서 구한다. 이 그림을 작성할 때 중량농도 $\overline{C_w}$는 %로 표시하여 자료를 처리하고 그린 것이므로, 식 (5.102)에 계수 0.01이 곱해졌다.

총유사량(중량단위)을 Q_{Tw}라 하면 Q_{Tw}는

$$Q_{Tw} = Bq_{Tw} = \overline{C_w}Bqw = \overline{C_w}Qw \qquad (5.105)$$

여기서, $q_{Tw} = q_Tw_s$로 하고 다시 $u/u_* = \varphi$, $\Phi_T = \dfrac{q_T}{\sqrt{sgd^3}}$ 이라 하면 Φ_T에 의한 표현식은 다음 식과 같이 된다.

$$\Phi_T = \frac{0.01\varphi}{(1+s)}\left(\frac{d}{h}\right)^{1/6}\tau_*^{1/2}\left(\frac{\tau_{*e}}{\tau_{*c}} - 1\right)F\left(\frac{u_*}{w_0}\right) \qquad (5.106)$$

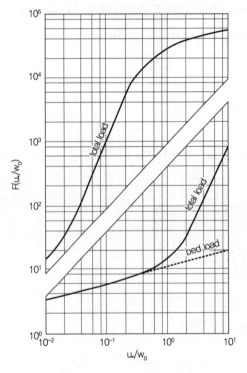

그림 5.15 $F(u_*/w_0)$의 그림

예제 5-2

그림 10.16과 같은 입도분포를 가진 하상재료로 구성되어 있는 하천에 Q = 515.5 m³/sec(최대유량)이 흐르고 있다.

1) 하상토의 평균 입경을 구하시오.

2) 160 m³/sec, 140 m³/sec, 120 m³/sec, 100 m³/sec, 80 m³/sec, 60 m³/sec, 40 m³/sec, 20 m³/sec, 10 m³/sec의 유량에 대한 유사량을 구하라. 단, 단면은 사각형으로 하고 하천폭 B = 100 m, I = 0.0008, $s = \dfrac{\sigma}{\rho} - 1$, $\nu = 1.0 \times 10^{-6}$ m/sec(20.3℃)로 한다.

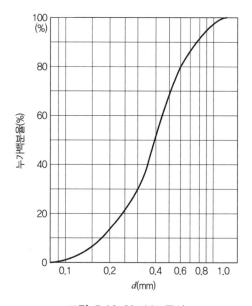

그림 5.16 입도분포곡선

표 5.1 하상재료의 구성

입경범위(mm) ①	d_i(mm) ②	i_b(%) ③	w_0(cm/sec) ④	d_i/d_m ⑤
$d > 1.00$	—	2	—	—
$1.00 > d > 0.06$	0.775	17	8.40	1.79
$0.60 > d > 0.45$	0.520	21	6.42	1.20
$0.45 > d > 0.30$	0.367	30	4.86	0.85
$0.30 > d > 0.10$	0.173	29	2.07	0.40
$0.10 > d$	—	1	—	—

1) 하상재료의 구성

하상재료의 구성은 표 5.1과 같다.

■ 표 5.1의 계산순서와 설명

① 입도분포의 범위를 적당히 구분

② 주어진 입경범위의 기하평균($d_i = \sqrt{a \times b}$ 단, $a > d > b$)

③ 주어진 입경범위의 모래가 하상에 차지하는 비율(%)

④ 입경 d_i에 대한 침강속도(그림 5.2 또는 식 (5.19)), 평균입경 d_m의 계산에는 $\Delta p = 5\%$로 구분하여 그 부분의 중앙입경 d를 구해서 식 (5.1)을 적용하였다.

$(\sum \Delta p \cdot d = 43.27)$

$$d_m = \frac{\displaystyle\sum_{p=0}^{100} d\Delta p}{\displaystyle\sum_{p=0}^{100} \Delta p} = \frac{43.27}{100} \fallingdotseq 0.44 \ (\text{mm})$$

2) 수리학적 기본량 계산

이동상 저항법칙으로 Einstein-Barbarossa의 법칙을 적용한다. $u_m/u*''$의 계산은 다음 식을 적용한다.

$$\frac{u_m}{u*''} = F(\Psi_{35}) = 18\Psi_{35}^{-2} + 21.5\Psi_{35}^{-0.4}$$

여기서

$$\Psi_{35} = \frac{s d_{35}}{R'I}, \quad s = \frac{\sigma}{\rho} - 1$$

R'는 다음 식으로 구한다.

$$\frac{u_m}{u_*'} = \frac{u_m}{\sqrt{gR'I}} = 5.75\log_{10}\left(\frac{12.2R'x}{d_{65}}\right)$$

- **■ 표 5.2의 계산순서와 설명**

  ① $Q = 515.5 \text{ m}^3/\text{sec}$ 이하에서 R'를 20 cm마다 구분(최소의 R'을 10 cm로 함)

  ② $u_*' = \sqrt{gR'I}$ 를 적용함

  ③ $\delta = 11.6\nu/u_{**}'$; $d_{65} = 0.048 \text{ cm}$를 적용함

  ④ 그림 5.6에서 구함

  ⑤ 식 (5.66) 또는는 $\dfrac{u_m}{u_*'} = \dfrac{u_m}{\sqrt{gR'I}} = 5.75\log_{10}\left(\dfrac{12.2R'x}{d_{65}}\right)$를 적용함

  ⑥ $\varPsi_{35} = \dfrac{s\,d_{35}}{R'I}$, $s = \dfrac{\sigma}{\rho} - 1$ 를 적용함

  ⑦ $\dfrac{u_m}{u_*''} = F(\varPsi_{35}) = 18\varPsi_{35}^{-2} + 21.5\varPsi_{35}^{-0.4}$를 적용함

표 5.2 수리학적 기본량의 계산

R' (cm) ①	u_*' (cm/sec) ②	$\dfrac{d_{65}}{\delta}$ ③	x ④	U (cm/sec) ⑤	$\varPsi_{35}$ ⑥	$\dfrac{U}{u_*''}$ ⑦	u_*'' ⑧	R'' (cm) ⑨	R (cm) ⑩	u_* (cm/sec) ⑪	h (cm) ⑫	A (cm²) ⑬	Q (m³/sec) ⑭	하상형태 ⑮
160	11.2	4.63	1.06	298.8	0.43	129.7	2.30	6.8	166.8	11.44	172.5	172.5	515.5	trans, autidunes
140	10.5	4.34	1.08	276.5	0.49	104.8	2.64	8.9	148.9	10.80	153.4	153.4	424.3	trans.
120	9.7	4.01	1.10	252.7	0.57	82.9	3.05	11.8	131.8	10.17	135.4	135.4	342.2	dunes
100	8.7	3.66	1.12	227.0	0.68	63.9	3.55	16.1	116.1	9.54	118.8	118.8	269.8	dunes
80	7.9	3.28	1.15	199.2	0.85	47.8	4.17	22.1	102.1	8.95	104.3	104.3	207.7	dunes
60	6.9	2.84	1.22	168.6	1.13	34.4	4.90	30.6	90.6	8.43	92.2	92.2	155.5	dunes
40	5.6	2.32	1.30	132.8	1.70	23.6	5.63	40.4	80.4	7.94	81.7	81.7	108.6	dunes
20	4.0	1.64	1.48	88.4	3.40	14.7	6.00	45.9	65.9	7.19	66.8	66.8	59.0	dunes
10	2.8	1.16	1.60	58.2	6.81	10.4	5.61	40.1	50.1	6.27	50.6	50.6	29.5	dunes

연습문제

5.1 지름이 0.4 mm인 사립자가 물속에서 침강할 때, Rubey의 공식을 적용하여 침강속도를 구하여라. (단, 수온은 20℃이고, 동점성계수(ν)는 0.01 cm^2/s이다.)

5.2 하폭이 상대적으로 넓고, 하상경사가 0.001이고, 하상토의 평균입경이 4.0 mm인 하천이 있다. 이 수로에서 하상토가 이동하기 시작할 때, 한계수심을 구하여라.

5.3 어느 하천에서 하상토의 체분석자료가 다음과 같다. 이때, 평균입경, 균등계수, 기평균, 표준편차를 구하시오.

체크기(mm)	4.75	2.38	2.00	0.85	0.425	0.25	0.106	0.075
체에 남은 중량(g)	21.8	98.1	49.5	344.4	310.4	101.1	65.1	3.9

5.4 하폭이 300 m이고, 하상경사가 1/3,000이며, 하상토의 평균입경이 0.8 mm인 하천에서 유량이 12,5000 m^3/s로 흐르고 있다. 이때, 평균 수심이 11.5 m이고, 유사의 수중비중은 1.65일 때, 1) 무차원 소류력을 구하고, 하상토가 이동하는지를 판별해라. 2) 이때, Einstein 공식과 MPM(1948) 공식을 적용하여 소류량을 구하여라. 3) Laursen 공식(1958)을 적용하여 총유사량을 구하여라.

참고문헌

1) Colby, B. R., and C. H. Hembree(1955). "Computation of Total Sediment Discharge, Niobrara River near Cody, Nebraska," U.S. Geological Survey, Water-Supply Paper 1357.

2) DuBoys, M. P.(1879). "Le Rhone et les Rivieres a Lit affouillable," Annales de Ponts et Chausses, sec. 5. Vol. 18, pp. 141-195.

3) Einstein, H. A. and Chien, N.(1955). "Second approximation to the solution of the suspended-load theory", Research Report no. 3, University of California Institute of Engineering Research, Berkeley.

4) Einstein, H. A.(1950). "The Bed-Load Funciton for Sediment Transportation in Open Channel Flows," U.S. Department of Agriculture, Soil Conservation Service, Technical Bulletion no. 1026.

5) Einstein, H.A. and El-Samni, E.S.(1949). "Hydrodynamics forces on a rough wall", Rev. Modern Physics, 21, 3.

6) Iwagaki, Y.(1956). "Hydrodynamical study on critical tractive force (I)", Transactions of JSCE, No. 41, pp. 1-21, (In Japanese)

7) Meyer-Peter, E., and R. Műller(1948). "Formula for Bed-Load Transport," Proceedings of International Association for Hydraulic Research, 2nd metting Stockholm.

8) Rouse, H.(1937). "Modern Conceptions of the Mechanics of Turbulence," Transactions of the ASCE, Vol. 102.

9) Schroeder, K.B. and Hambree, C. H.(1955). "Application of the modified Einstein procedure for computation of total sediment load", Trans. AGU, Vol. 37, pp. 197-212.

10) Vanoni, V. A.(1946). "Transportation of Suspended Sediment by Water," Transactions of the ASCE, Vol. 111, pp. 67-133.

11) 河村三郎(2005). 土砂水理學 1, 森化出版株式會社.

CHAPTER 06

하천지형

CHAPTER 06 하천지형

하천은 미세지형에서부터 델타 하구에 이르기까지 다양한 지형학적 연속체로 구성되어 있으며, 흐름과 유사의 이송에 의하여 끊임없이 변화하면서 사회적, 생태학적으로 다양한 기능을 수행하고 있다. 하천을 이해하고 관리하거나 복원하기 위하여 고려해야 할 하천의 지형학적 구조에 대하여 소개하고자 한다.

6.1 하천의 규모

6.1.1 하천의 시간적·공간적 규모

하천의 지형학적 변화 과정은 난류의 속도와 같은 아주 짧은 순간부터 지형변화와 같은 수백만 년까지 아주 광범위한 시간에 걸쳐 발생한다. 마찬가지로, 공간적 규모는 하상토의 공극 사이에서 흐르는 미세한 흐름에서부터 지구 규모의 물순환에 이르기까지 매우 광범위하게 넓다.

충적하천의 변화 과정과 경향을 이해하기 위해서는 그 특성을 시간적·공간적 계층 규모(hierarchy of scales)로 파악한다. 왜냐하면, 충적하천의 변화 과정은 공간적·시간적 규모로 서로 연계되어 있기 때문이다. 작은 규모의 현상은 작은 규모의 변화 과정이 서로 연관되어 있으며, 큰 규모의 현상은 큰 규모의 변화 과정이 서로 연관되어 있다. 또한 작은 규모의 변화 과정은 큰 규모에 영향을 받으며 연관되어 있다.

다양한 규모로 연관된 변화 과정은 계층구조로 분류된다. 특히, 하천과 하천 서식처의 계층적 분류를 위하여 계층적 접근법이 유용하다. 이 기본 틀에서 하천과 유역 환경은 지형학적 특성과 사상(event) 범주 안에서 분류되며, 하천(stream), 세그먼트(segment), 구간(reach), 여울-웅덩이(pool-riffle) 그리고 미소서식처(microhabitat)로 구분할 수 있다(그림 6.1).

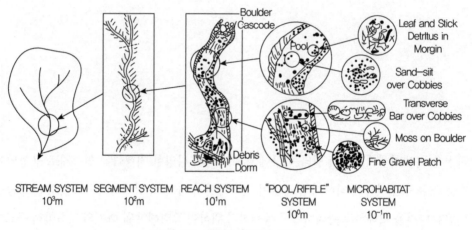

그림 6.1 하천의 계층적 구조

1) 하천유역 규모

전체 하천유역은 생산구역(production zone), 전달구역(transfer zone), 퇴적구역(deposition zone)으로 구분할 수 있다(그림 6.2). 생산구역(production zone)은 유역의 최상류 구역으로, 물과 유사가 생산되는 곳이다. 그리고 이 구역에서는 주로 침식이 발생한다. 이 구역에서는 하상 및 유역의

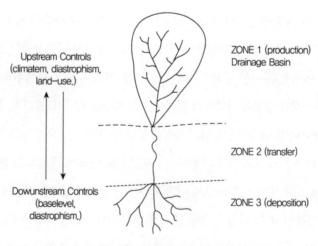

그림 6.2 충적하천의 시스템

경사가 매우 급하다. 배수유역의 하류에서는 전달구역(transfer zone)이 있으며, 유사의 유입과 유출이 균형을 이루지만, 동적변화가 지속적으로 이루어지고 있다. 퇴적구역(deposition zone)은 주로 유사가 퇴적되는 구역이다. 최하단부에서는 삼각주가 형성되며, 하도가 다양하게 분열과 합류가 이루어진다.

최상의 계층구조에서는 하천의 발달 과정과 형태의 공간적·시간적 규모가 매우 크다. 공간적으로 수백에서 수만 km에 이르고, 시간적으로는 수천에서 수만 년에 이른다. 현재 하천의 변화 과정은 고대 시대의 환경 변화에 의하여 시작되었으며, 지질 구조적인 이동, 기후변화 및 해수위 변화는 그 변화 과정의 중요한 물리적인 특성이다. 이를 분류하는 중요한 지표는 유역의 종방향 경사, 형상 및 하천의 배수망 구조이다.

2) 세그먼트 규모

세그먼트는 충적평야 구간, 선상지 구간 등과 같이 배열이 통계적으로 균질한 구간이다. '세그먼트'에서는 하천에 대한 다양한 상황과 특성이 포함되어 있다. 특히, 하상경사, 하상재료의 입경 등이 그룹화되고, 각각에 대한 특징적인 유로(流路) 및 하상형태가 나타나며, 하상파, 아주 작은 기복이 있는 미세지형, 입경분포 등의 지형요소, 유속 및 수심 등의 수리량, 식생과 같은 다양한 요소가 조합되어 있는 것이 중요한 특징이다. 일반적으로 수계를 통하여 규칙적으로 응답하는 연속성을 나타내는 고유한 특성이 있다. 일반적으로 산지부터 하구까지 하상경사 및 하상토 입경은 지수적으로 감소하는 양상을 나타내는 것이 중요한 특징이지만, 지질 조건에 따라 협착부가 있거나, 융기 혹은 침강의 영향에 의해 독특하게 불연속성을 나타내는 경우도 있다. 하도변천과 유로변동을 검토할 때에는 공간적으로 구간(reach)에서 나타나는 현상을 파악하지만, 세그먼트의 공간적 범위 안에서 어떤 변화가 있는지를 파악하는 것도 중요하다. 이러한 변화는 수계에 따라 토사의 이동이 균형을 이루지 못하여 발생하는 것이 많으며, 이에 대하여 정량적으로 파악하고 그 대책을 수계 전체를 대상으로 일관성 있게 수립하는 것이 중요하다(Tsujiomoto, 2001).

하천 평면의 변화와 발달 과정은 유량, 경사, 하상토의 입경, 유수력(stream power), 하폭 대 수심의 비, 식생의 피복 상태 등에 의하여 영향을 받는다. 세그먼트 규모에서 충적하천은 직선하천(straight channel), 사행하천(meandering channel), 망상하천(braided channel) 등 크게 3가지로 나눌 수 있으나, 실제의 평면형상은 서로 복잡하게 연결되어서 혼재되어 있거나, 직전하천과 사행하천의 중간단계 혹은 사행하천과 망상하천의 중간단계의 천이상태로 이루어져 있다.

직선하천은 어느 구간에서 곡선으로 이루어진 부분이 없이 일정하게 직선으로 계속되는 하천이다. 그러나 자연계에서는 거의 존재하지 않지만, 제한된 짧은 구간에서만 존재한다.

사행하천은 상당한 구간의 하천에서 하도가 곡선을 이루는 하천으로, 대부분의 자연 하천은 이에 해당된다. 하천의 평면형상에서 가장 중요한 것은 사행현상이다. 하천의 만곡을 나타내는 지표로서 하천의 사행도를 나타낼 수 있다.

$$하천의 사행도 = \frac{하천의 유심선의 길이}{하천의 직선거리} \tag{6.1}$$

일반적으로 하천의 사행도가 1.5 이상이면, 사행하천으로 본다. 사행하천에서 만곡부의 내측에는 고정사주(point bar)가 발달하며, 만곡부 외측에는 수심이 깊은 웅덩이가 발달한다. 전형적인 사행하천에서 웅덩이와 여울이 형성된다(그림 6.3).

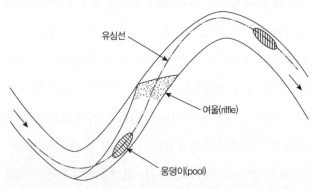

그림 6.3 하천에서 웅덩이(pool)와 여울(riffle)의 형성

웅덩이와 여울이 번갈아 형성되는 경우 다음과 같은 경험법칙이 있다.

① 만곡부 외측에서는 수심이 깊고, 변곡점 부근에서는 수심이 얕다. 단, 수심이 가장 깊은 곳은 항상 만곡부 외측에서 하폭의 2배 정도 하류에 있으며 수심이 가장 얕은 곳은 대부분 변곡점보다 약간 하류에 있다.

② 만곡부에서 수심은 사행의 곡률반경이 클수록 깊다.

③ 사행이 정만곡(유심선이 연속하고 있는 것)이 되기 위해서는 만곡 직선부의 길이가 적당해야 하며, 너무 길거나 너무 짧아도 정만곡이 되지 않는다.

이동상 직선수로에서는 하폭 대 수심이 상대적으로 작은 수리학적 조건에서 규칙적으로 교호사주(alternate bar)가 나타나고, 교호사주의 외측에서는 선택적으로 강턱 침식이 발생하게 된다. 강턱침식이 발생하면, 직선하천이 사행도가 점차 커지게 되며, 사행하천이 발달하게 된다. 사행하천이 발달하게 되면, 사행도가 커지게 되고, 이로 인하여 우곡(迂曲)하천이 된다(그림 6.4, 그림 6.5). 여기서 사행이라 하면, 사행의 반파장 속에서 사주가 2개 있는 것이고, 우곡이라 하면 사주가 3개 이상으로 구성된 것을 말한다.

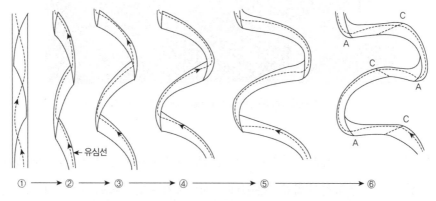

그림 6.4 사행하천의 발달 및 우곡하천(Kinoshita, 1961)

그림 6.5 사행하천(Sacramento River, CA)

망상하천은 하천의 경사가 급하고 수심이 얕은 하천에서 저수로가 그물망처럼 연결된 하천을 말한다(그림 6.6). 일반적으로 상류에서 공급되는 유사량이 하도에서 이송되는 양보다 많거나 하상 경사가 완만하여도 하폭이 넓고 수심이 얕은 경우에 발생한다.

그림 6.6 망상하천(Schuuman et. al., 2013)

망상하천의 특성으로는 기존의 저수로 하천이 소멸되거나, 새로운 하천이 생성되고, 하천이 합류되거나 분류된다. 또한 하천이 합류되는 곳에서 저수로가 횡방향으로 이동하여, 하안침식 혹은 하상의 국부적인 세굴된다. 흐름이 집중되는 곳에서는 강한 상승류에 의해 하상이 깊게 세굴되며, 세굴공(scour hole)이 발생한다. 세굴공은 하천에서 흐름에 의하여 이동하며, 하천공학적으로 많은 문제를 야기한다. 예를 들면, 이곳을 관통하는 송유관, 교각 등 수리구조물에 악영향을 미치게 된다. 망상하천은 저수로가 매우 불안정하여 매우 복잡한 흐름 특성이 있다(Jang and Shimizu, 2005b).

망상하천은 평수 시에는 사주에 의해 흐름이 분열되지만, 홍수 시에는 사주가 흐름 잠겨서, 표면적으로 다른 양상을 보이는 것이 특징이다. 망상하천은 하폭 대 수심의 비가 상대적으로 작은 저수로에서 교호사주가 발생하면서 하도의 양안에 새로운 소규모 사주가 발생하고, 그 작은 사주가 하폭을 따라 성장하며, 복렬사주가 형성되어 8자형 사행이 형성된다(그림 6.7). 그러나 하폭 대 수심의 비가 상대적으로 크고, 하상경사가 급한 곳에서는 초기에 복렬사주가 발생한다. 시간이 증가하면서 사주가 성장하고 저수로가 분열된다. 저수로가 분열되는 것은 복잡한 수로망을 형성하는 과정이며, 이를 통하여 망상하천이 형성된다. 시간이 지나면서, 하도망은 지속적으로 변화한다.

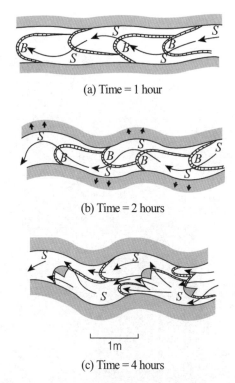

(a) Time = 1 hour

(b) Time = 2 hours

1m

(c) Time = 4 hours

그림 6.7 망상하천의 발달과정(Ashmore, 1991): B는 교호사주이며, S는 최심하상고이다.

3) 구간(Reach) 규모

하천에서 구간은 하천의 세그먼트 안에서 종방향 하상경사, 횡방향 하상경사, 식생 그리고 강턱(하안)을 구성하는 재료 등이 불연속적으로 존재하는 구간과 구간 사이의 길이로 정의한다 (Frissell 등, 1986). 하천에서 구간은 주로 하천의 종방향 특성을 파악하는 데 중요하다. 하천구간에서 하천의 발달과정과 형태의 공간적·시간적 규모는 세그먼트보다 작다. 하천구간에서는 다양한 요소(하상파, 아주 작은 기복이 있는 미세지형), 입경분포 등의 지형요소, 유속과 수심 등의 수리량, 식생이 복합적으로 구성되어 주기적으로 나타는 것이 중요한 특징이다. 하천구간에서 공간적 규모는 수백 km의 범위에 있으며, 시간적 규모는 수십 년에서 수백 년 정도이다. 구간 규모에서 하천의 발달 과정은 식생 성장하는 것과 같이 생태계가 발달하는 특정한 시간 규모와 밀접한 관련이 있다.

하천의 연속체 개념은 하천구간에서 적용될 수 있는 하천의 기능 중에서 하천의 역동적인 물리적 조건과 연관된 생태학적 개념이다(그림 6.8).

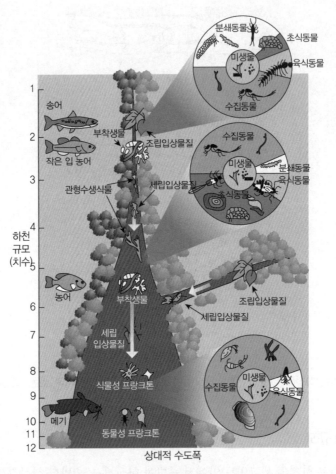

그림 6.8 하천의 연속체 개념(Vannote 등, 1980)

하천의 연속체 개념은 상류, 중류, 하류에서 생물군집이 점진적으로 변이를 하는 개념모형으로 설명하며, 자연하천에서 적용이 된다. 그러나 도시화 및 산업화에 의하여 하천의 인위적인 충격이 큰 경우에는 일반성이 적다(USDC, 1998).

하천구간에서는 생태지형학적 상호 작용이 매우 강하다. 하천에서 식생은 하도의 지형변화뿐만 아니라 흐름에 저항을 증가시키며, 하천의 변화 과정에 영향을 준다. 하천 식생은 하안, 홍수터,

제방 등에서 활착하여 자라며, 홍수 시에 유속을 감소시키고, 식생 뿌리가 흙입자를 견고하게 얽어매어 하안 및 법면에서 침식을 억제한다. 하천에서 식생의 밀도가 증가하면, 하안침식이 감소하고, 저수로가 하천의 측방향으로 이동하는 것을 억제한다.

4) 여울과 웅덩이

하천에서 수심은 하천의 평면형태 및 사주의 특성에 따라 달라지며, 수심이 깊은 웅덩이(pool)와 수심이 얕은 여울(riffle)이 연속적으로 반복되는 특성을 갖고 있다. 여울과 웅덩이는 평균 하폭의 약 5~7배의 간격을 가지면서 연속적으로 형성된다. 사행이 연속적으로 형성되는 저수로에서는 사행의 만곡부 외측에서 국부적으로 하상이 깊게 세굴되며 웅덩이가 형성된다. 그러나 사행의 만곡부와 만곡부 사이에서 형성되는 직선하도 부근에서는 흐름의 하도 전체로 균등하게 분산되면서 여울이 생성된다. 일반적으로 여울에서는 평갈수 시에 에너지 경사가 크기 때문에 수심이 낮고 유속이 빠르게 형성된다. 그러나 웅덩이에서는 수심이 깊고 유속이 느리기 때문에 물이 저류되는 기능이 있다(그림 6.9).

그림 6.9 여울과 웅덩이(용담댐 하류, 2006)

하상을 구성하는 재료는 여울과 웅덩이의 특성을 결정짓는 데 중요한 역할을 한다. 자갈하천에서는 규칙적인 간격으로 여울과 웅덩이가 형성되며, 흐름의 에너지가 크지만, 안정한 하상을 유지한다(그림 6.10). 웅덩이에서는 하상토의 입경이 가는 세립질의 유사가 존재하며, 여울에서는 하상토의 입경이 굵은 조립질의 유사가 존재한다(그림 6.10).

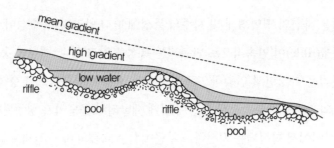

그림 6.10 여울과 웅덩이의 종단특성

5) 미소서식처

모든 생물은 진화과정에서 습득한 유전적인 특성을 갖고, 각각의 "종"마다 각기 다른 생활방식을 가지고 있다. 서식처란 그 종의 개체 및 개체군이 이러한 본능에 따라 먹이 또는 영양분을 얻고 성장하며, 필요에 따라 숨쉬고, 이동하며 새끼를 낳아 기르는 등 자신의 힘으로 종족을 유지할 수 있도록 보장된 공간 또는 환경이다. 하천생태계는 서식처에서 다른 많은 종과 상호 의존관계를 유지하며 살아가고 있으며, 복잡한 계층구조를 형성하고 있다. 이러한 개체군은 생존을 위하여 이동과 교류가 필요하며, 서식처가 넓게 분포되어야 하고, 분산되어 서로 관련성을 가지고 있어야 한다(한승완, 2007).

미소서식처(microhabitat)는 하천에서 하상의 돌이나 수제 및 방틀 사이의 틈새, 수생식물이나 수중에 쓰러진 나뭇가지가 만드는 복잡한 소규모 공간이다. 미소서식처는 하천 중류역 가장자리의 얕은 여울에서 흔히 볼 수 있다. 물의 흐름은 거의 없지만, 곳곳에 자갈이 있고, 그 사이에 크고 작은 얕은 물 웅덩이가 많이 형성되어 있다(그림 6.11). 봄부터 초여름 사이에 하천 중심 쪽의 깊은 웅덩이에는 큰 치어들이 서식하며, 육지 쪽의 물 웅덩이에는 작은 치어들이 서식한다.

그림 6.11 미소서식처의 예

6.1.2 하상형태

하천은 유역이나 상류에서 이송된 유사에 의하여 다양하게 형성된다. 유사는 하천에서 물의 흐름에 의하여 끊임없이 이동한다. 유사가 이동하여, 다양한 변화가 만들어지는 하천을 이동상 하천이라 한다.

이동상 하천은 흐르는 물과 유사(流砂)의 상호작용에 의하여, 하상에서 다양한 형상이 만들어지며, 끊임없이 변화가 일어난다. 이때 하상의 형상을 총칭하여 하상형태라 한다. 이 하상형태는 하상의 조도, 유사량, 세굴과 퇴적 등을 결정하는 데 상당히 중요하며, 하천 계획과 깊은 관련이 있으므로, 하도계획을 할 때에는 대상으로 하는 하천에서 어떤 하상형태가 형성되어 있는가를 충분히 검토해야 한다.

일반적으로, 하상형태는 그 규모로부터 소규모 및 중규모 하상형태로 분류된다. 소규모 하상형태는 일반적으로 하상파(sand waves)라고 하며, 흐름에 대한 저항 혹은 조도를 결정하는 데 중요한 검토대상이다. 흐름과 하상토 입경의 크기에 의하여 사련(ripple), 사구(dune), 천이상태(transition), 평탄하상(plane bed), 반사구(anti-dune) 형태로 변화하면서 나타난다(그림 6.12). 중규모 하상형태는 일반적으로 사주(bars)라고 하며, 하도의 지형변화를 일으키는 데 중요한 검토대상이다. 하도의 횡방향에 대해 존재하는 사주(bars)의 수에 의하여 교호사주(alternate bars)와 복렬사주(braided bars,

혹은 multiple row bras)로 구별한다.

1) 사련(ripple)

하상부근의 수리량에 대하여 지배되는 작은 규모의 하상형태이다. 사련의 파장과 파고는 모래 입경에 의하여 결정된다. 입경 Reynolds 수가 20 이하로써 모래의 입경이 0.6 mm를 초과하는 조건 에서는 사련이 발생하지 않는다. 하상파 파봉은 발생초기에는 흐름에 직교하는 2차원이지만, 그 형상이 불규칙하다(그림 6.12).

2) 사구(dune)

입자 Reynolds 수가 8 이하에서 발생하고, 사련이 발생하는 조건에서는 사련(ripple)과 사구가 공존해 있다(그림 6.12). 형상은 불규칙적이지만, 그 파장과 파고는 주로 수심에 관계되어 있다. 사 구는 Froude 수가 1보다 작은 상류(subcritical flow)일 경우에 발생하고, 하상파형과 역위상을 갖는 수면파가 형성된다. 사구는 흐름의 방향으로 이동한다. 동일 수리조건하에서 유속만을 증가하였 을 때, 사구는 천이하상과 평탄하상으로 변화한다.

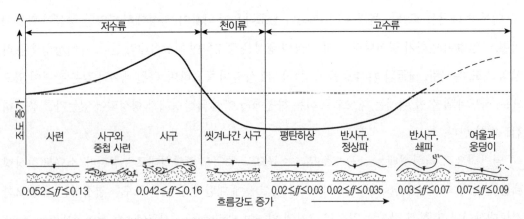

그림 6.12 흐름에 따른 하상파의 변화(Simons and Richardson, 1966)

그림 6.13 사련(ripple): 황강의 청덕교 지점(2004. 4.)

그림 6.14 사구(dune): 병성천 하류 2 km 지점(2004. 4.)

3) 천이상태(transition)

사련(ripple), 사구(dune) 그리고 평탄하상으로 공간적·시간적으로 분포하고, 불안정한 상태이다.

4) 평탄하상(plane bed)

하상파가 존재하지 않는 평탄한 상태이다.

5) 반사구(anti-dune)

Froude 수가 1보다 큰 사류인 상태에서 발생하는 하상형태이며, 수면형은 반사구와 같은 정위상을 갖고, 수면파와 상호 간섭이 강하다. 하상파가 상류로 이동하는 역상 사구, 하류로 이동하는 유하 반사구 그리고 이동하지 않는 형태가 있다. 반사구는 사구에 비하여 불안정하며, 비정상성이 강하다.

6) 사주(bars)

흐름의 저항에 영향을 주는 하상파와 다르게, 하폭 크기의 하상상태로 있으며, 규모가 크고 하도의 지형변화에 영향을 준다. 교호사주는 사행하천을 형성하는 데 원인이 되며, 복렬사주는 망상하천을 형성하는 원인이 된다. 사주의 형태는 하폭 대 수심의 비에 의하여 결정된다. 흐름의 상태에 따라, 소규모 하상형태와 공존하기도 한다. 교호사주와 복렬사주는 하도의 선형이 완만한 직선 구간에서 형성되며, 흐름의 방향으로 이동한다.

6.2 사주의 거동과 변화

하천에서 사주는 하도 특성을 나타내는 중요한 요인이며, 흐름과 유사의 상호 작용에 의하여 형성된다. 사주는 다양한 형상을 만들며, 하도의 선형 및 지형변화, 하도 단면의 확대, 하안침식, 유사의 분급 현상이 나타난다. 하도의 지형과 흐름에 의하여 하도의 공간적인 규모가 결정되며, 하상의 침식과 퇴적의 과정은 사주의 형성과 거동에 의하여 영향을 받는다.

하도에서 형성되는 사주는 하도의 횡방향에 대해 존재하는 사주의 수에 의하여 교호사주(alternate bars)와 복렬사주(braided bars 혹은 multiple row bras)로 구별한다.

사주의 이동 특성에 따라 자유사주(free bars)와 강제사주(forced bars)로 분류할 수 있다. 자유사주는 하상이 불안정하여 자발적으로 발달하며, 강제사주는 하도에서 만곡 혹은 사행, 하도의 합류, 하폭의 변화와 같이 물리적 제약 혹은 구속에 의하여 발달한다. 자유사주는 단열사주(single row bars)와 복렬사주(multiple row bars)가 있다. 단열사주(single row bars)는 교호사주(alternate bars)이며, 직선하도나 사행도가 작은 하천에서 나타난다(그림 6.15, 그림 6.16). 복렬사주(multiple row bars)는 망상하천의 특성이 나타난다(그림 6.15). 자유사주는 하류로 이동하는 특성을 가지고 있으며, 강제사주는 일반적으로 사행하천의 만곡부 내측에서 발달한 고정사주(point bars)와 본류의 측방에서 유입되는 지류의 합류점에서 발달한 지류사주(tributary bars)를 포함하며, 거의 이동하지 않는다.

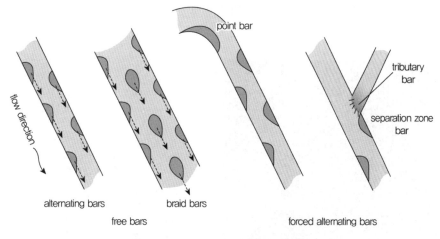

그림 6.15 자유사주와 강제사주의 개념도

그림 6.16 교호사주(청미천, 2014)

6.2.1 교호사주

1) 교호사주의 형상

하도에서 사주는 충적하천에서 하도의 발달을 조절할 수 있는 기본적인 특성이다. 사주는 이동상 하도의 고유한 불안정성에 의하여 형성된다(그림 6.17). 직선하도에서 교호사주의 이동에 대한 재현조건과 평형 상태를 설명하는데 선형 및 준비선형(weakly non linear analysis) 해법, 완전 비선형(fully non linear analysis) 해법 그리고 다양한 실험 등을 통하여 해석하고 있다.

교호사주의 파장(λ)은 하폭의 6~10배에 이르게 되며, 교호사주의 파장을 예측할 수 있는 식은 다음과 같으며(Ikeda, 1984), 정의도는 그림 6.18에서 보여주고 있다.

그림 6.17 실내실험에 의해 재현된 교호사주 (장창래, 2018)

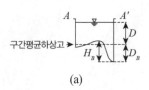

(a)

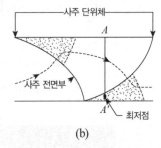

(b)

그림 6.18 교호사주의 파장(λ)과 파고(H_B)의 정의도

$$\lambda = 5 \left(\frac{BD}{C_f} \right)^{0.5} \qquad F < 0.8 \tag{6.2}$$

$$\frac{\lambda}{B} = 181 \, C_f \left(\frac{B}{D} \right)^{0.55} \qquad F \geq 0.8 \ \text{그리고} \ 4 < \frac{B}{D} < 70 \tag{6.3}$$

여기서, λ는 사주의 파고, B는 하폭, D는 수심이다. C_f는 마찰계수이며, 다음과 같이 쓸 수 있다.

$$C_f = 0.0293 \left(\frac{D}{d_{90}} \right)^{-0.45} \tag{6.4}$$

여기서, d_{90}은 하상토의 통과중량 90%에 해당하는 하상토 입경의 크기이다.

사주에서 최대 하상고와 최소 하상고의 차이로 정의되는 평형 사주의 파고(H_B)는 다음과 같이 표현할 수 있다.

$$\frac{H_B}{D} = 1.51 C_f \left(\frac{B}{D} \right)^{1.45} \quad 6 < \frac{B}{D} < 40 \tag{6.5}$$

평형 사주의 파고는 하폭 대 수심의 비가 증가하면 증가한다(그림 6.19). 사주의 파고(bar height)는 하도의 평균수심과 관계가 있다. 하폭 대 수심의 비가 한계 하폭 대 수심의 비에 가까워지면, 비선형 상호 작용에 의하여 사주가 주기적으로 하류로 이동하는 형태를 보여주며, 사주의 파고는 거의 평형상태에 이르게 된다.

실제로 선형 해법에 의한 결과에 의하면, 한계 안정곡선(marginal stability curve)의 형상은 불안전한 범위 내에 있는 다른 파(waves)와 거의 비슷한 성장률을 보여준다(Seminar and Tubino, 1989)(그림 6.20).

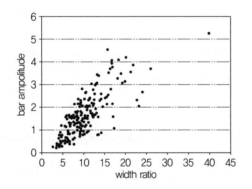

그림 6.19 하폭 대 수심의 비에 대한 사주의 파고

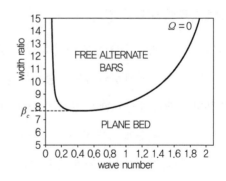

그림 6.20 교호사주의 한계 안정곡선

횡방향 모드(mode)는 하폭 대 수심의 비에 의하여 결정된다. 횡방향 형태 중에서 모드가 1인 경

우에는 단열사주(교호사주)를 나타내며, 횡방향 모드가 2인 경우에는 중앙사주(central bars)를 의미한다. 횡방향 모드가 3인 경우에는 복렬사주를 나타낸다(그림 6.21). 결론적으로, 자유사주(free bars)의 불안정성은 일반적으로 하폭이 상대적으로 좁은 상태에서 교호사주의 형태(mode 1)를 보여준다. 반면, 중앙사주(mode 2) 혹은 복렬사주(mode>3)는 하폭이 상대적으로 넓은 상태에서 보여준다.

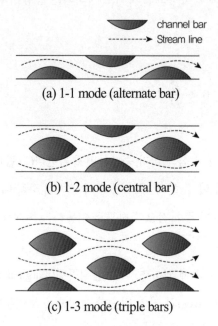

그림 6.21 사주의 mode와 흐름의 모식도(장창래, 2013)

2) 교호사주의 이동과 정지

교호사주는 하안(河岸)선을 따라 하상이 깊게 세굴되어 웅덩이를 형성시키고, 홍수 시에 주 흐름이 하안 혹은 강턱에 충돌하여 수충부를 형성시켜서 하안침식 및 호안 손실을 일으키며, 하천에서 발생하는 재해의 중요한 원인 중의 하나이다.

교호사주는 홍수에 의해 하류로 이동하기 때문에, 하안의 세굴위치와 수충부도 하류로 이동하므로, 이로 인하여 발생하는 재해의 위치도 하류로 이동하여 발생한다. 따라서 교호사주의 기본적인 특성 중에서 사주의 이동은 하안 혹은 강턱 침식과 사행의 발달을 일으키는 기본적인 요소이며, 하천에서 취수구의 막힘 현상 등을 유발하므로, 사주의 거동을 파악하는 것은 하천 계획 및 관리에 매우 중요하다.

하천의 사행은 하폭의 10배에 이르는 파장을 가지고 있으며, 사행하천의 평면선형을 사인곡선 (sign-generated curve)으로 표현할 수 있다.

$$\theta = w\sin(2\pi s/L) \tag{6.6}$$

여기서 θ는 x축과의 편각, ω는 θ의 최대각, L은 사행길이, s는 사행수로 중심곡선을 따라 계산된 거리이다(그림 6.22).

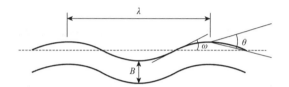

그림 6.22 Sign Generated Curve의 사행수로에 대한 모식도

사행수로에서 사행의 파장과 하폭의 비가 사주의 이동특성에 영향을 미치며, 사행의 파장이 길거나 하폭이 넓을수록 수로의 측벽과 사주 사이에 작용하는 강제효과를 상대적으로 적게 받기 때문에 사주의 이동속도가 크다.

사행수로에서 사행의 각이 사주의 이동한계각에 가까워질수록, 사주의 이동속도가 급격하게 감소된다(장창래와 정관수, 2006)(그림 6.23, 그림 6.24). 또한 사주의 파고는 사주의 이동에 의해 사주의 사행수로의 위상에 따라 일정하지 않으나, 사주의 파장은 수로의 사행과 거의 일정하게 유지된다.

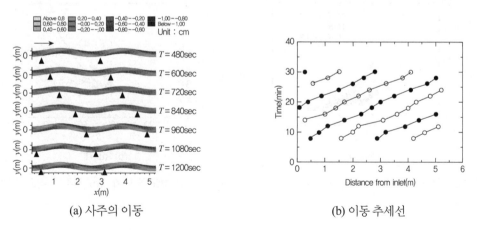

(a) 사주의 이동   (b) 이동 추세선

그림 6.23 사주의 이동과 이동 추세선: 검정색 원은 좌안에서 사주의 위치이며, 흰색 원은 우안에서 사주의 위치이다.

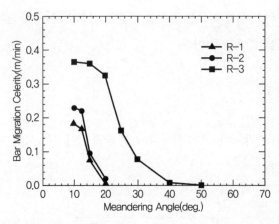

그림 6.24 사행각도에 따른 사주의 이동속도(장창래와 정관수, 2006)

하천에서 식생에 의해 영향을 받는 하안의 안정성은 사주의 거동에 영향을 미친다. 특히, 식생이 번성하여 하안의 안정성이 증가하면, 하안의 침식율이 낮아지고 사주의 이동속도가 빠르며, 사주의 파장이 짧아진다(Jang and Shimizu, 2007a). 이와 반대로, 하안침식이 증가하여 하폭 대 수심의 비가 증가하면, 사주의 이동 속도는 감소한다. 하안의 안정이 증가하면, 하안과 교호사주 사이에 강제 효과(forcing effect)가 감소하여, 사주의 이동속도가 증가한다. 사주의 파고는 하안의 안정성이 증가함에 따라 커진다. 또한 하폭 대 수심의 비가 증가할수록 사주의 파장은 커진다(Jang and Shimizu, 2007a)(그림 6.25).

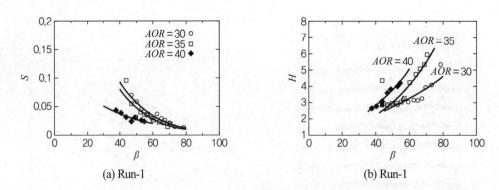

그림 6.25 안식각의 변화에 따른 교호사주의 특성: (a) 사주의 이동속도의 변화, (b) 사주의 파고의 변화

6.2.2 복렬사주와 망상하천

망상하천은 복렬사주의 발달로 인하여 저수로가 그물망처럼 복잡하게 연결되어 있으며, 기존에 생성된 저수로가 퇴화되거나, 새로운 저수로가 생성되고 이동하면서 저수로가 갈라지거나 합류되는 등 하도의 변화가 크고(그림 6.26), 역학적 거동이 복잡하다. 망상하천에서 저수로의 합류점에서 흐름이 집중되어 하상이 깊게 세굴되고, 세굴공(scour hole)이 형성된다. 이러한 세굴은 하천을 가로질러 송유관이나 가스관을 매설하거나, 교량을 건설할 때, 세굴심을 예측하여 설계하는 데 중요하다.

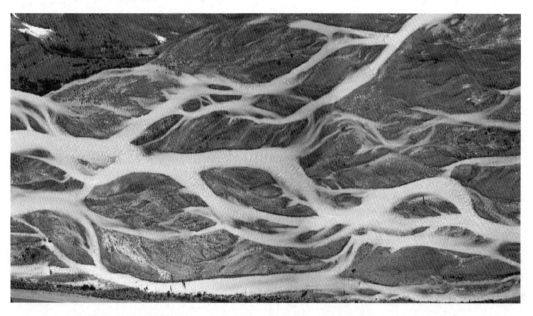

그림 6.26 망상하천: Sunwapta River(Alberta. Canada)(Berotoldi, 2005)

망상하천에서 하도의 발달과정은 복잡하다. 우선 급경사 저수로의 분할, 중앙사주(mid-channel bar)의 성장, 횡근사주(橫筋砂州, transverse bar)의 분할, 복렬사주의 성장의 과정을 거치면서 끊임없이 변화하고 발달한다(그림 6.27).

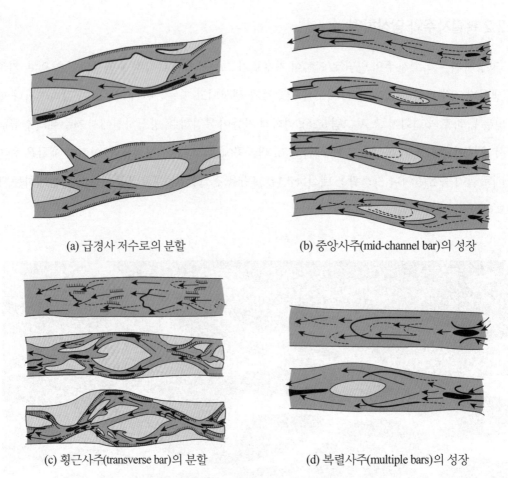

(a) 급경사 저수로의 분할　　　　　　　　　(b) 중앙사주(mid-channel bar)의 성장

(c) 횡근사주(transverse bar)의 분할　　　　　　(d) 복렬사주(multiple bars)의 성장

그림 6.27 망상하천의 4가지 과정(Ashmore, 1991)

1) 급경사 저수로의 분할

가장 일반적인 경우에 초기 직선하도에서 발달한 교호사주가 발달하며, 사행도가 작은 하도가 발달하며, 고정사주(point bar)가 성장한다. 교호사주는 하폭 대 수심의 비가 상대적으로 작은 곳에서 발달한다. 교호사주는 하류로 이동하면서 선택적으로 하안을 번갈아 가면서 침식시키고, 하폭이 증가하면서 사행이 작은 하도에서 발달한 고정사주에서 급경사 저수로(chute channel)가 형성된다. 급경사 저수로는 시간이 증가하면서 분할이 시작되며 하도의 침식은 상류로 전파된다. 분할된 하도의 하류에서 횡근사주(transverse bar)가 발달하며, 새롭게 형성된 복렬사주 하류의 합류점으로 이동해간다. 이것은 흐름의 방향을 변화시킨다.

2) 중앙사주(mid-channel bar)의 성장

유수력(stream power)이 작은 수리학적 조건에서는 교호사주가 거의 형성되지 않으며, 망상하천이 아주 느리게 발달한다. 이 경우에, 소류사는 하도의 유입구에서 인위적으로 만들어진 합류점 직하류에 정지된다. 이와 같이 흐름의 합류와 분류는 전단응력과 소류사 이송량을 국부적으로 증가시키거나 감소시키는 역할을 한다. 이러한 유사 이송의 공간적 변화는 소류사의 이송을 일으키거나 정지시킨다.

3) 횡근사주(transverse bar)의 분할

횡근사주는 유량과 하상경사가 증가하면 발달한다. 망상하천은 이동이 중단된 횡근사주 하류에서 흐름이 분열되면서 발달하기 시작한다. 횡근사주는 중앙사주가 이동하지 않고 멈추어지면, 망상형 사주로 변하게 된다. 사주의 양쪽에서는 흐름 및 유사가 이동하고, 사주의 좌안과 우안에서 유사가 퇴적된다. 상류단 끝에서는 지속적으로 유입되는 소류사가 퇴적되며 사주가 성장하게 된다. 이러한 과정은 유사의 이송량이 많은 중앙사주의 망상화 과정과 다르다. 이와 같이 두 경우는 모두 하폭이 증가하면서 사주는 하류로 이동하지 않고 정지된다.

4) 복렬사주(multiple bars)의 성장

하상경사가 급하며 하폭이 넓고 수심이 얕은 경우에, 하상에서 흐름과 유사의 상호작용에 의하여 교란이 발생한다. 하상은 수면에서 뚜렷하게 발달한 수면파와 하상에서 발달한 반사구에 의하여 국부적으로 고립된 흐름이 가속되어, 초기에는 자체적으로 불안정하다. 이곳에서 침식된 유사는 흐름에 따라 하류에 이동하고 퇴적된다. 복렬사주에서 저수로의 분할은 자갈하천에서보다 모래하천에서 훨씬 더 활발하게 발생한다.

하폭 대 수심의 비가 큰 수리학적 조건에서는 초기에 복렬사주로부터 망상하천이 시작된다. 초기에 복렬사주가 발달하며 하류로 이동한다(그림 6.28(a)). 시간이 증가하면서, 복렬사주는 서로 합쳐져서 큰 사주를 형성한다. 흐름은 사주에 의하여 좌안과 우안으로 분리되고, 하안에서 수충부가 형성되며 하안침식이 발생한다(그림 6.28(b)). 하안침식이 지속되면서 하폭이 증가하고 저수로가 이동한다(그림 6.28(c)). 또한 새로운 하도가 생성되고 기존에 있는 하도가 소멸하는 등 끊임없이 변화한다(그림 6.28).

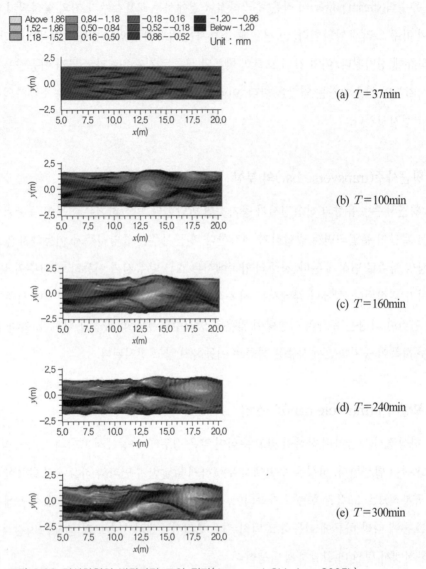

Above 1.86	0.84 – 1.18	–0.18 – 0.16	–1.20 – –0.86
1.52 – 1.86	0.50 – 0.84	–0.52 – –0.18	Below –1.20
1.18 – 1.52	0.16 – 0.50	–0.86 – –0.52	Unit : mm

(a) $T = 37$min

(b) $T = 100$min

(c) $T = 160$min

(d) $T = 240$min

(e) $T = 300$min

그림 6.28 망상하천의 발달과정 모의 결과(Jang and Shimizu, 2005b)

6.3 하도 지형변화

하도의 지형은 하도 내에서 유사와 흐름의 상호 작용에 의하여 복잡하고 다양하게 변한다. 하도의 지형 특성을 파악하고 이해하는 것은 하천공학적으로 중요하다. 하도의 지형변화 과정은 난류의 속도와 같은 아주 짧은 순간부터 수백만 년에 이르는 아주 긴 시간에 걸쳐 발생한다. 마찬가지로 하천의 공간적 규모는 유사의 공극 사이에서 흐르는 미세한 흐름에서부터 지구 규모의 물순환에 이르기까지 광범위하고 크다.

6.3.1 저수로의 변화

충적하천의 변화 과정은 공간적·시간적 규모가 서로 연계되어 있다. 작은 규모의 현상은 작은 규모의 변화 과정과 서로 연관되어 있으며, 큰 규모의 현상은 큰 규모의 변화 과정과 서로 연관되어 있다. 그림 6.29는 항공사진을 통하여 낙동강 중류 해평취수장 부근에서 1976년부터 2004년까지 저수로의 평면 변화를 보여주고 있다. 1976년부터 1996년까지 저수로는 우안에서 좌안으로 이동해가고 있으며, 2004년에는 저수로의 분열과 합류가 형성되고 저수로의 변화가 다양하게 진행되며 망상하천의 특성을 보여주고 있다. 그림 6.29(b)는 저수로의 중첩된 모습을 보여주고 있으며, 저수로의 변화는 제한된 범위의 하폭에서 끊임없이 변하는 과정을 보여주고 있다.

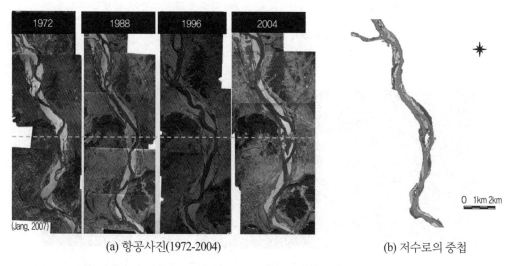

(a) 항공사진(1972-2004)　　　　　　　　(b) 저수로의 중첩

그림 6.29 낙동강 중류 해평취수장 주변에서 저수로의 변화(장창래 등, 2008)

사주의 이동과 하상저하는 하폭을 변화시키며, 하안침식과 하천의 이동을 촉발시킨다. 하안침식 과정은 하안의 크기, 기하학적 형태와 구조, 하안을 구성하는 재료의 공학적 특성에 따라 결정되므로, 그 특성을 정확하게 이해하는 것이 중요하다(그림 6.30).

사주의 발달에 의하여 수충부가 형성되는 지점에는 수충부에 접근하는 유속을 감소시키고, 하고 흐름의 방향을 하도의 반대 방향으로 유도하며, 사주의 거동과 형상을 조절하여, 하안침식을 방지하고, 저수로의 안정화를 이루기 위하여 구조적 방법으로 수제가 적용되고 있다. 그림 6.31은 금강과 미호천이 합류되는 지점에서 수제를 형성하여 저수로의 안정화를 도모하는 공법을 제시한 사례를 보여주고 있다.

(a) 교호사주의 발달

(b) 사주에 의한 수충부 형성 및 하안침식

그림 6.30 사주의 발달과 하안침식

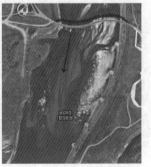

그림 6.31 수제설치에 의한 사주의 제어 및 저수로 안정화 시공 예(금강과 미호천 합류부)(Daum)

수제 공법은 하천제방 혹은 하안에서 하도의 유심부를 따라 도출된 수리 구조물이며, 수제 부근의 유속저감 효과나 토사의 퇴적효과를 통하여 하안침식을 저감시키고 하천의 흐름을 제어하여 주수로를 안정화시키는 효과가 있다(그림 6.32). 또한 수제 주변에서 나타나는 토사의 퇴적효과는 하안 부근에서 복잡하고 다양한 퇴적지형을 형성하며, 수생생물의 서식처로 제공된다.

그림 6.32 수심유지 및 하안침식 방지를 위한 수제설치(네덜란드 라인강)

6.3.2 합류부에서 지형변화

1) 지류에서 변화(두부침식)

홍수소통을 원활히 하고 하천환경을 개선하거나 골재를 채취하기 위하여 하도의 본류를 과도하게 준설하면, 본류와 지류가 만나는 합류부에서 하상 단차가 급격하게 발생한다. 또한 기능을 상실한 보나 소규모 댐을 철거하면 댐 상류에 퇴적된 토사에 의하여 형성된 델타에서 종방향으로 경사가 급한 하상이 형성된다. 이와 같이 하상경사가 불연속적으로 급격하게 변하는 구간이 발생하면, 흐름이 상류(subcritical flow)에서 사류(supercritical flow)로 변하는 한계 흐름(critical flow)이 형성되고, 급경사에서 완경사로 변하는 하류 지점에서는 도수가 발생한다. 하도의 종방향 경사가 완경사에서 급경사로 급격하게 변하는 상류(upstream) 구간에서는 하상이 침식되어 천급점(knickpoint)이 상류로 이동한다. 그러나 급경사에서 완경사로 변하는 하류(downstream) 구간에서는 상류에서 침식된 유사가 퇴적되며 하류로 이동한다(그림 6.33).

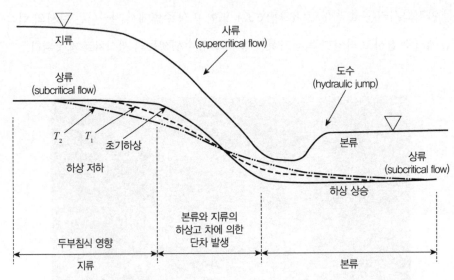

그림 6.33 두부침식에 의한 천급점의 이동과 수위변화 모식도(장창래, 2012)

상류에서 하상이 침식되면서, 천급점은 상류로 이동하며, 국부적으로 하상이 저하된다. 이것은 상류에 건설된 수리구조물에 악영향을 주거나, 하안이 침식되어 토사 재해를 일으키므로, 이를 정확하게 예측하는 것은 하천을 관리하거나 계획하는 데 중요하다. 또한 기능을 상실한 보나 댐을 철거할 때, 상류에서 유입되는 토사가 퇴적되어 형성된 델타에서도 급경사가 형성되며, 다량의 토사가 하류로 급격하게 이송된다. 이것은 또한 많은 문제가 발생하며, 이를 공학적으로 평가하는 것이 필요하다.

본류에서 하상고 저하는 지류에 영향을 미친다. 이것은 지류의 하상고를 저하시키고, 하상경사를 증가시키며, 급격한 침식이 발생하여 두부침식을 일으킨다. 하상저하는 하천의 측방향 변화에 영향을 준다. 즉, 하안침식을 일으켜서 하폭을 변화시키며, 기존에 안정된 하도구간에서 저수로의 이동과 하도 변화를 일으킨다(그림 6.34). 또한 천급점이 상류로 이동할 때, 하상저하 및 강턱(하안) 침식은 하류에 과도하게 유사를 이송시킨다. 이와 같이 국부적으로 과도하게 이송된 유사는 본류에서 퇴적되고 하상고가 상승하게 되어 하천이 불안정하게 된다.

그림 6.34 두부침식에 의한 하상유지공의 붕괴 예(장창래, 2012)

급격하게 단차가 형성된 급경사 구간을 중심으로 상류에서는 매우 짧은 시간에 하상고가 저하되고, 하류에서는 하상고가 상승한다. 경사가 급경사에서 완경사로 변하는 지점에서 흐름의 상태는 사류에서 상류로 변하면서 강한 도수가 발생한다(그림 6.35(a)).

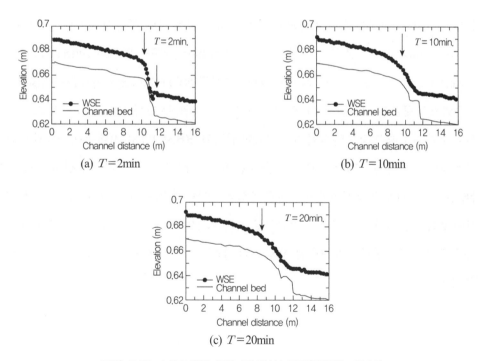

그림 6.35 수치모의에 의한 두부침식 과정(장창래, 2012)

시간이 증가하면서 단차가 발생한 지점에서 침식이 발생한다. 또한 하류에서 발생한 도수현상은 시간이 증가하면서 하류로 이동하며, 하상경사가 완만해짐에 따라 소멸한다. 시간이 지속되면서 급경사 구간은 완만한 경사를 형성한다.

하류 끝단에서 퇴적 형태는 초기에는 일정하고 완만하게 형성된다. 그러나 시간이 증가하면서 사구의 형태로 형성되어 하류로 이동한다(그림 6.35(b), (c)). 천급점은 상류로 이동하면서, 두부침식에 의한 하상고 변화는 상류로 전파된다. 그리고 하상경사는 완만하게 형성된다.

6.3.3 합류부 흐름과 지형변화

하천은 여러 개의 하천으로 연결되어 있으며, 연결부는 절점으로 이루어져 있다. 이 절점은 하천이 합류하는 곳이며, 하천 시스템 혹은 하도 망을 구성하는 가장 중요한 요소이다. 합류부에서는 흐름 특성이 매우 복잡하고 사주가 형성되며 식생이 성장하여 홍수소통 등에 많은 영향을 준다.

1) 하류부에서 흐름

합류부에서 흐름 구조는 유사 이송과 하상변동, 유사 이송 경로, 부유사와 오염물질 이송을 결정하게 된다. 합류부에서는 흐름의 정체구역(flow stagnation), 편향구역(flow deflection), 분리구역(flow separation), 최대 흐름구역(maximum velocity), 회복구역(flow recovery), 전단층 구역(shear layer) 등 6개 구역으로 구분된다(그림 6.36). 각 구역의 위치와 범위, 두 흐름 사이의 전단층, 흐름의 편향구역은 두 흐름의 합류부 각도와 유량비에 의하여 결정된다(Best, 1988). 최대 유속구역과 전단층이 형성되는 곳에서 하상은 깊게 세굴되며, 흐름이 분리되는 구역에서 사주가 발달한다(Best, 1988).

합류부에서는 1) 평탄한 지형에서 형성된 유선의 곡률반경, 2) 지류사주(tributary bar) 후면에서 발생하는 흐름의 분리, 3) 혼합층에서 전단층을 따라 흐름이 하상으로 빨려 들어가고 하류에서 다시 수면으로 용출되는 전단층의 뒤틀림, 4) 난류의 비등방성 특성으로 인하여 2차류가 형성되고 흐름 구조가 결정된다.

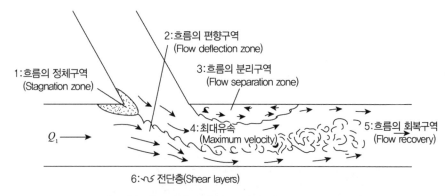

그림 6.36 합류부에서 흐름의 정의도(장창래 등, 2006)

합류부에서 2차류는 사주의 이동 특성과 하천 지형변화에 영향을 주게 된다. 그림 6.37은 합류부에서 3차원 흐름 구조의 예를 보여주고 있다. 검은색 화살표는 하상 부근에서 유선을 나타내며, 흰색 화살표는 수면에서 유선을 나타낸다. 왼쪽 지류의 유입구에서 흐름이 분리되며, 본류와 합류 후에 하상에서 나선형 흐름(검은색 화살표)이 수면으로 상승한다. 혼합된 흐름이 하류로 가면서 넓어지면서 와류(vortex)가 발달하며, 발달된 와류는 본류 하류에서 분열하여 소멸한다.

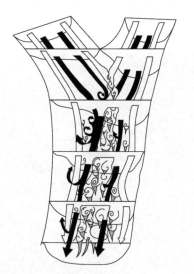

그림 6.37 합류부에서 3차원 흐름 구조의 예

그림 6.38은 갑천과 유등천이 합류하는 지점에서 홍수 시 흐름을 보여주고 있으며, 그림 6.39는 금강과 미호천이 합류되는 합류부에서 수치모의 결과를 보여주고 있다. 금강과 합류하기 전에 만곡부에서 유속이 매우 빠르며, 미호천과 금강이 합류된 후부터는 미호천과 금강의 흐름이 만나면서부터 전단층이 발생한다. 합류부 우안에서 흐름의 정체구역이 발생하고, 사수역이 형성된다.

그림 6.38 갑천과 유등천의 합류부에서 홍수 시 흐름(2006. 7; 장창래 등, 2006): 화살표는 유선을 나타내고 있다.

그림 6.39 금강과 미호천 합류부에서 흐름의 계산(장창래 등, 2006)

2) 하류부에서 지형변화

합류부에서 기본적인 지형 형상은 Y 혹은 ├ 형상이며, 합류점 하류에서 사주가 발달하여 X자 형태로 형성하기도 한다. 이 형상은 합류점과 분류점이 동시에 존재하며, 망상하천을 형성하는 가장 근본적인 단위체이다.

토사 이송이 많은 급경사 하천과 토사 이송이 적은 완경사 하천에 따라 합류부의 형태는 달라진다. 일반적으로 급경사 하천에서 토사 이송이 많은 지류가 합류하는 경우에 합류점에서 소규모 선상지가 발생하고 토사가 퇴적되며, 본류를 압박한다. 지류는 선상지를 따라 흐르면서 본류로 합류한다. 본류와 지류의 유량비에 따라 퇴적되는 형상은 다르게 나타난다. 그러나 본류는 유입되는 지류의 영향을 받아서 지류와 접하는 반대쪽 하안으로 치우쳐서 흐른다. 지류에서 홍수 시에 수위가 상승하는 배수위(backwater)가 형성되며, 본류의 영향을 받아 수위와 흐름 특성이 결정된다. 경사가 완만한 하천 합류점 부근에서 하폭이 넓어지므로 사주가 발생하기 쉽다. 이로 인하여 유심방향은 한쪽으로 치우치며, 국부적으로 하상이 세굴된다.

하천 합류부에서 하상변동은 다음과 같은 3가지 특징이 있다(Best, 1988).

- 본류와 지류가 접하기 직전 유입구에서 흐름의 쇄도면 형성
- 하상에서 세굴영역 발생
- 흐름의 분리구역에서 형성된 사주

합류부에서 하상변동을 지배하는 인자는 두 하천이 접하는 합류부 각도와 유량비이며, 이는 합류부 흐름 특성을 지배하게 된다. 합류부 하상변동에 관한 주요 특성으로 다음과 같으며, 이에 대한 개요도는 그림 6.40에서 보여주고 있다.

- **흐름의 쇄도면(Avalanche faces):** 합류부 각도와 유량비가 증가할 때, 합류부로 유입되는 흐름의 쇄도면 길이는 감소한다. 지류에서 증가한 유량에 의하여 본류의 흐름이 편향되며, 이는 본류에서 형성되는 쇄도면 위치에 영향을 준다. 또한 합류부 각도가 15° 정도 이상은 되어야 쇄도면이 발생한다.
- **합류부 하상세굴(Confluence scour):** 합류부에서 발생한 세굴심과 방향은 합류부 각도와 유량

비에 의하여 결정된다. 합류부에서 형성된 세굴심은 합류부 각도가 클 때 증가한다. 더욱이 세굴심은 합류부 각도와 유량비가 증가함에 따라 깊어진다. 최대 세굴심 각도(β)는 합류부 각도와 유량비가 증가함에 따라 지류 방향으로 커진다.

• **지류사주(Separation zone bar):** 합류부 하류에서 형성된 사주는 합류부 각도와 유량비가 클 때 형성되며, 이때 흐름의 분리구역이 증가한다. 흐름의 분리구역이 증가할 때, 유사를 포함하고 있는 흐름의 저유속 범위는 넓어지며, 이 구역에서 유사가 퇴적되어 사주가 형성된다. 또한 사주 표면에서 역류(reverse flow)가 발생한다. 그림 6.41은 낙동강에서 형성된 지류사주를 보여주고 있다.

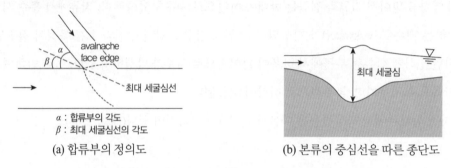

(a) 합류부의 정의도   (b) 본류의 중심선을 따른 종단도

그림 6.40 합류부에서 하상변동 모식도(장창래 등, 2006)

그림 6.41 합류부에서 형성된 지류사주(낙동강, 2004)

6.4 하도 식생과 지형변화

하도 내 수리구조물의 건설, 하천정비 및 수자원 이용의 변화에 의하여 유황이 변동되고, 식생이 번성하고 있다. 이 때문에 홍수 시에 수위가 상승하고, 내수 침수가 발생하며, 이와 관련하여 많은 민원이 제기되고 있다. 또한 식생에 의하여 하도에서 사주가 고착화되고 저수로가 분열되며 하도의 역동성이 크게 떨어지고 있다. 이것은 하도의 안정성에 많은 문제가 되고 있다. 그림 6.42는 안동댐 건설에 의하여 댐 하류 하천에서 식생이 활착하고 번성하면서, 하천의 지형이 변화되고, 저수로가 분열되어 다지하천으로 변화되는 등 하도의 지형변동과 하천환경에 문제가 발생되고 있는 예를 보여주고 있다.

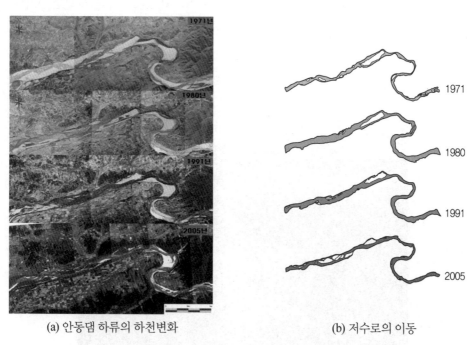

(a) 안동댐 하류의 하천변화   (b) 저수로의 이동

그림 6.42 안동댐 하류 하천의 변화(장창래와 Shimizu, 2010)

식생은 흐름에 대한 저항을 증가시켜 유속을 감소시키고, 흐름의 방향을 변경한다. 또한 유사를 차단하거나 토사분급을 일으킨다. 따라서 하천공학에서 중요한 문제는 식생에 의한 흐름의 저항을 정량적으로 파악하고 예측하는 것이다. 하도 식생은 하안, 고수부, 제방 등에서 번성하여 홍수

시에 유속을 저감시키고, 수충부에서 유속을 완화시키며, 식생의 뿌리가 흙입자를 감싸고 있어서 하안(河岸)과 제방 법면을 보호한다. 하천에서 식생 밀도가 증가하면, 하안침식이 감소하고, 하도의 측방이동이 억제된다. 이는 식생의 뿌리가 견고하게 흙입자를 감싸고 있기 때문이다. 하천에서 식생 뿌리가 없는 흙은 압축력이 매우 강하지만, 인장력이 거의 없다. 그러나 식생의 뿌리는 이에 인장력과 탄성력을 증가시켜, 응력을 분산시키는 역할을 하기 때문이다.

6.4.1 식생대에서 흐름 특성

식생은 흐름에 영향을 준다. 하천 식생대에서 흐름은 방향이 바뀌거나 유속이 저감되고 수위가 상승되는 등 식생의 영향을 받는다. 하천에서 식생은 홍수터, 제방 혹은 하안, 사주에서 자란다. 수심과 흐름 특성에 따라 완전히 잠겨 하상에 완전히 쓰러지거나 비스듬히 누운 상태로 있거나, 흐름에 지탱하며 휜 상태로 있다(그림 6.43). 또한 계절별, 지하수위 상태 혹은 유역의 토지이용에 따라 성장, 분포상태 등에 영향을 받고 있다.

그림 6.43 식생이 홍수에 의해 쓰러진 모습(유등천, 2006. 8.)

식생은 흐름에 대한 저항을 증가시켜서 유속을 감소시키고, 흐름의 방향을 변경하며, 유사를 효율적으로 차단하거나 유사 분급을 일으킨다. 따라서 하천공학에서 중요한 문제는 식생에 의한 흐름의 저항을 정량적으로 파악하고 예측하는 것이다. 식생은 하천 및 홍수터에서 추가적으로 운동량을 감소시키며, 이를 해석하기 위하여 운동량 방정식에서 식생에 의한 항력 및 저항을 고려한 항이 필요하며, 이 항은 식생의 크기, 밀도, 강성도 등 식생의 특성을 포함한다(장창래, 2006).

완전히 물에 잠긴 식생대에서 유속분포는 2가지 경계층이 있으며, 하나는 하상바닥에서 식생대까지 형성되는 식생대 층이고, 다른 하나는 식생대에서 수면까지 형성되는 식생대 위층이다. 일반적으로 난류강도는 물에 잠긴 식생대 층에서 식생대와 물의 경계층 부근에서 증가하고, 물에 드러난 식생층과 주수로 사이 경계면에서도 증가한다(Nepf and Vivoni, 2000).

6.4.2 식생에 의한 하도의 지형변동

하천은 홍수에 의한 자연적인 교란과 유량 변동에 의하여 역동성을 갖고 있다. 이 변동은 하도 특성을 결정짓고 하천생태계 구조를 결정하는 요인이 된다. 이는 하천 형태와 하상의 구성 재료, 서식처 형성, 물질의 이동에 커다란 영향을 주고 있고, 이는 식생의 성장에 지배적인 요인이 된다.

하도 식생은 하안, 고수부, 제방 등에서 번성하여 홍수 시에 유속을 저감하고, 수충부에서 흐름을 완화시키며, 식생 뿌리에 의한 흙 입자를 감싸서 하안이나 법면을 보호한다.

하천에서 식생 밀도가 증가하면, 하안침식이 감소하고, 하도의 측방이동이 억제된다. 이는 식생 뿌리가 견고하게 토양을 감싸고 있기 때문이다. 식생 뿌리가 감싸지 않은 흙은 압축력이 강하지만, 인장력이 거의 없다. 식생 뿌리는 인장력과 탄성력을 증가시켜, 응력을 분산시키는 역할을 한다. 식생은 차단과 증발산을 통하여 배수를 증진시키고, 토양건조를 촉진시키며, 간극수압을 저하시켜서 하안의 안정성을 증가시킨다. 식생은 일반적으로 흐름에 대한 저항을 증가시켜 유속을 감소시키고, 수충부에서 흐름의 에너지를 감소시켜 간접적으로 하안의 안정성을 높인다.

유사는 식생에 의하여 차단되거나 식생대에서 퇴적된다. 하천에서 식생은 홍수에 의해 손실된 나지에서 성장하거나 흐름에 의하여 파괴된다. 식생이 발달하여 홍수터에서 토사가 퇴적되고 식생이 없는 저수로에 흐름이 집중되어 하상이 세굴된다. 이로 인하여 저수로와 홍수터의 하상고 차이가 증가하며, 이는 하도에서 육역화되는 구역이 증가하는 원인이 되기도 한다. 식생이 증가하면서 하도에 발생하는 또 다른 변화는 저수로 폭이 감소하는 것이다. 이것은 홍수 시에 흐름을 통과시킬 수 있는 통수능을 감소시키고, 범람의 위험성을 증가시킨다. 식생이 없는 상태에서 하천은 홍수기에 유사 이동이 활발하다. 그러나 하천에서 식생이 성장하게 되면 사주가 고착되고, 홍수 잠재력이 증가하게 된다. 또한 하안 또는 제방 가까이에서 식생이 증가하면서, 유속이 감소되고 미세한 유사가 퇴적된다(장창래, 2006).

일반적으로 하도는 오랜 시간을 두고 변화를 한다. 그러나 하천에서 하도가 제방에 둘러싸여 있고 상류에 댐이 건설되면서 유황과 유사의 이동 특성이 변화하여 빠른 시간에 하도에서 식생이 성장하고, 지형변화가 발생하였다. 이것이 최근에 하천관리의 대상이 되고 있다.

하천은 보는 규모에 따라, (1) 구간(reach), (2) 세그먼트, (3) 수계, (4) 유역으로 구분된다 (Tsujimoto, 2001). 구간은 사주 및 여울과 웅덩이와 같은 하천지형의 특징이 있는 단위체(unit)를 한 쌍 이상을 포함하는 하도구간이고, 세그먼트는 그 배열이 통계적로 균질한 구간(충적평야 구간, 선상지 구간 등)이며, 수계는 수원(水原)지인 산으로부터 하구까지이고, 유역은 집수총면적이다. 구간(reach)은 다양한 요소(하상파, 아주 작은 기복이 있는 미세지형), 입경분포 등의 지형요소, 유속, 수심 등의 수리량, 식생이 조합되어 있으며, 이러한 요소는 하도구간을 구분하는 중요한 특징이다. 세그먼트는 하천에 대한 다양한 현황을 포함하고 있다. 특히, 하상경사, 하상토의 입경은 일관적인 특성을 가진 형태로 구분되고, 유로와 하상형태는 어떤 특징적인 형상으로 나타난다. 세그먼트는 규칙적으로 응답하는 연속성을 나타내는 고유한 특성이 있다. 산지에서부터 하구로 가면서 하상 경사는 완만해지고, 하상토 입경은 작아지는 특성이 연속적으로 나타난다. 지질적인 조건에 따라 국부적으로 하폭이 급격하게 좁아지는 협착부가 있거나, 하상이 급격하게 저하되는 곳도 있다. 이 곳에서 유사 이송은 균일하지 못하며, 흐름과 지형은 독특한 특성을 나타낸다.

하도 형상과 식생에 의해 유로(流路)가 정해지며, 유사 이송은 유로의 형상과 식생에 의하여 영향을 받는다. 또한 하상토 분포와 유사 이송은 지형변화에 영향을 주면서 상호 작용계가 형성된다. 유량 변화와 상류에서 공급되는 토사는 이 시스템에서 상호 작용을 형성하는 데 중요한 경계조건 이다. 이러한 조건은 긴 시간 동안에서 정상적인 상태로 유지되면, 이 상호 작용계는 동적평형 상태 를 유지한다. 그러나 하도가 직접 변하거나, 댐 건설 등에 의하여 유역이 변하게 되면, 이 시스템도 변하게 된다. 하도 변화 과정은 그 공간에서 흐름, 유사의 분포, 식생 등을 포함한다. 그림 6.44는 하 천지형을 형성하는 상호작용을 나타내고 있다. 하천을 관리하기 위해서 하도 변화와 상호 작용 과 정을 파악하는 것이 중요하며, 식생의 변화와 상호 관련성을 파악하는 것도 필요하다.

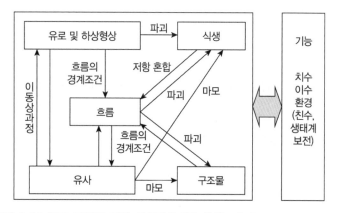

그림 6.44 하도 지형에 대한 상호작용계와 하천 기능(Tsujimoto, 2001)

하도 지형변화(하상 및 유로 변화)를 파악하기 위해서 어떤 충격(impact)에 대한 응답(response)으로 하도가 어떻게 변화하는지를 이해하는 것은 중요하며, 그에 대한 복원 목적과 과정을 설정하는 것이 필요하다. 또한 하천을 관리하는 데 적합한 방법과 절차를 설정해야 하다. 예를 들면, 댐건설로 인하여 하류 하천에서 홍수량과 홍수 빈도 등 유황이 변하거나, 댐에 의해 상류에서 공급되는 유사량이 감소하여 하천에 충격(impact)이 가해지면, 이것에 대한 응답(response)으로 하류 하천에서 하상이 저하된다. 이것은 지류 하천에서 두부침식이 발생하며, 지류하천에도 영향을 주게 되고, 그에 따라 하천지형이 변하게 된다. 또한 하류로 이동하는 토사가 차단되면서 하류에서 장갑화가 진행되고 있다. 하도 지형변화를 미시적으로 보면, 사주가 변화되고 수충부에서 국부세굴이 가속화되는 현상이 나타난다. 또한 하도 내에 식생이 활착하여 식생이 빽빽하게 성장하여 수림이 형성된다(그림 6.43). 이것은 또한 하천을 관리하는 중요한 문제로 대두되고 있다.

연습문제

6.1 하천에서 만곡을 나타내는 지표인 사행도의 정의와 사행하천의 기준을 서술하시오.

6.2 하상형태는 소규모 하상형태인 하상파와 중규모 하상형태인 사주로 분류할 수 있다. 하상파와 사주의 특성에 대하여 서술하시오.

6.3 사주의 형태를 구분하는 수리학적 기준을 서술하고, 그에 따른 사주를 분류하시오.

6.4 사주의 이동 특성에 따라 사주를 분류하고 그 특성을 서술하시오.

6.5 망상하천의 정의와 하도의 발달과정을 서술하시오.

6.6 합류부에서 흐름을 구분하고, 하상변동 특성을 서술하시오.

6.7 완전히 잠긴 식생대에서 유속분포는 2가지 경계층이 있으며, 이에 대한 특성을 서술하시오.

참고문헌

1) 장창래(2006). 하천의 지형변동과 식생, 물과 미래, 한국수자원학회지, Vol. 39(12), pp. 52-58.

2) 장창래(2012). "2차원 수치모형을 이용한 비점착성 하도의 두부침식에 의한 천급점 이동 특성 분석", 한국방재학회논문집, 제12권, 6호, pp. 259-265.

3) 장창래(2013). "하안침식을 고려하여 복렬사주의 동적 거동 특성 분석", 한국수자원학회 논문집, 제46권, 1호, pp. 26-34.

4) 장창래, Yasuyuki Shimizu(2010). "안동댐 하류 하천에서 사주의 재현 모의", 대한토목학회논문집, 대한토목학회, 제30권, 제4B호, pp. 379-388.

5) 장창래, 김정곤, 고익환(2006), "합류부에서 흐름 및 하상변동 수치모의(금강과 미호천을 중심으로)", 한국습지학회, 제8권, 제3호, pp. 91-103.

6) 장창래, 이광만, 김계현(2008). "해평취수장 부근에서 충적하천의 저수로 이동특성", 한국수자원학회논문집, 한국수자원학회, 제41권, 제4호, pp. 396-404.

7) 장창래, 정관수(2006), "사행하천에서 사주의 이동특성에 관한 수치실험", 대한토목학회 논문집, 제26권, 제2B호, pp. 209-216.

8) 한승완(2007), 하천조성과 서식처 보전, 백마출판사.

9) Ashmore, P. E.(1991), How do gravel-.bed rivers braid?, Can. J. Earth Sci., 28, 326-.341, doi: 10.1139/e91-030. Bernini, A., V. Caleffi, and A. Valiani(2006), Numerical modeling of alternate.

10) Bertoldi, W.(2005). "River Bifurcation" Univeristy of Trento, Ph.D. thesis.

11) Best, J.L.(1988). "Sediment transport and bed morphology at river channel confluences", Sedimentology, No. 35, pp. 481-498.

12) Biron, P., Best, L., and Roy, A.(1996). "Effect of bed discordance on flow dynamics at open channel confluences", J. Hydraul. Eng., ASCE, Vol. 122, No. 7, pp. 566-575.

13) Frissell, C.A., W.J. Liss, C.E. Warren and M.D. Hurley(1986), A hierarchial framework for stream habitat classification; viewing streams in a watershed context, Environmental Management, Vol. 10, No. 2, pp. 199-214.

14) Fujita, Y.(1989), Bar and channel formation in braided streams, in River Meandering, Water Resour. Monogr. Ser., Vol. 12, edited by S. Ikeda and G. Parker, pp. 417-.462, AGU, Washington, D. C.

15) Ikeda, S(1984), Prediction of alternate bar wavelength, Journal of Hydraulic Engineering, Vol. 110, No. 4, pp. 371-386.

16) Jagers, H. K. A.(2003), Modeling planform changes of braided rivers, PhD thesis, Univ. of Twente,

Enschede, Netherlands.

17) Jang, C.-L., and Shimizu, Y.(2005b). "Numerical simulation of relatively wide, shallow with erodible banks." J. Hydraul. Eng., ASCE, Vol. 131, No. 7, pp. 566-576.

18) Jang, C.-L., and Y. Shimizu(2005a) "Numerical simulations of the behavior of alternate bars with different bank strengths." Journal of Hydraulic Research, IAHR, Vol. 43, No. 6, pp. 596-611.

19) Kinoshita, R.(1961). Investigation of channel deformation in Ishkari River. Report for the Bureau of Resources No. 36, Department of Science and Technology, Japan.

20) Knighton, D(1989). Fluvial forms and processes - A new perspective, Oxford University, New York.

21) Schumn, S.A.(1997). The fluvial system, John Wiley and Sons, p. 338.

22) Schurman, F., W. A. Marra, and M. G. Kleinhans(2013), Physics-based modeling of large braided sand-bed rivers: Bar pattern formation, dynamics, and sensitivity, J. Geophys. Res. Earth Surf., 118, 2509-.2527, doi: 10.1002/2013JF002896.

23) Seminara, G., and Tubino, M.(1989) Alternate bars and meandering: Free, forced, and mixed interactions, in River Meandering, Water Resour. Monogr. Ser., Vol. 12(edited by S. Ikeda and G. Parker), 267-319, AGU.

24) Steiger, J., Gurnell, A.M., and Petts, G.E.(2001), Sediment deposition along the channel margins of a reach of the middle River Severn, U.K. Regulated Rivers: Research and Management, 17, pp. 443-496.

25) Tsujimoto, T.(2001). "Change in channel morphology and riparian vegetation." Lecture notes of the 37th summer seminar on hydraulic engineering." Course A, Committee on Hydraulic Engineering, JSCE(in Japanese).

26) USDC(1998). Stream corridor restoration - principles, processes, and practices, Federals Interagency Stream Restoration Working Group, National Technical Information Services, Springfield, Va.

27) Vannotc, R.L., G.W. Minshall, K.W. Cummnis, J.R. Sedell and C.E. Cushing(1980). The river continumm concept. Can. J. Fish. Aquat. Sci., Vol. 37, pp. 130-137.

CHAPTER 07

이 수

CHAPTER 07 이 수

기후온난화에 따른 기후변화로 세계 곳곳에서 극심한 가뭄 또는 홍수가 발생하고 있다. 국내에서 역시 강수가 지역적으로 큰 편차를 보이면서 지역 곳곳에서 가뭄과 홍수가 동시에 발생하고 있다. 따라서 본 장에서는 시공간적으로 불균등하게 분포된 수자원의 이용현황에 대하여 살펴보고, 수자원의 효율적인 이용을 위하여 수립되는 이수계획에 대하여 소개하였다. 추가적으로 이수계획과 관련된 물의 용수량 추정, 물수지 분석 및 이수계획 수립 시 필수적인 저수지 용적 산정 방법에 대하여 설명하였다.

7.1 국내의 수자원 현황

한국의 연간 평균 강수량은 약 1,300 mm로 세계의 연간 평균 강수량 약 800 mm의 약 1.6배임에도 불구하고, 국민 1인당 연간 가용한 수자원의 양은 약 2,600 m³로 세계 평균의 약 1/6에 불과하다(표 7.1). 이러한 현상은 국토의 면적에 비하여 인구가 많고, 강수가 홍수기(6~9월)에 약 65%가량이 집중되어 발생함에 따른 것이다. 또한 연도별로 강수량의 편차가 매우 크고, 그림 7.1과 같이 집중호우 및 태풍 등의 영향으로 지역별로 연간 강수량의 편차가 크게 나타나고 있다.

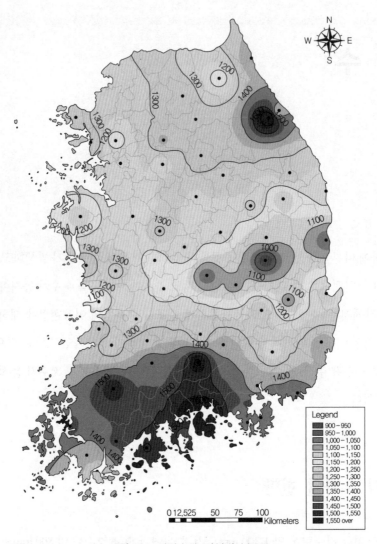

그림 7.1 연강수량 지역별 분포도

표 7.1 국가별 연평균 강수량 및 1인당 강수량(MyWater, 2019년 4월 18일)

구분	한국	일본	중국	인도	미국	호주	세계 평균
연평균 강수량 (mm/year)	1,274	1,668	645	1,083	715	534	807
1인당 연강수총량 (m³/year/capita)	2,660	4,932	4,607	3,091	22,560	201,364	16,427
1인당 이용 가능 수자원량 (m³/year/capita)	1,553	3,232	2,130	1,647	10,075	23,965	8,372

이와 같이 국내에서는 가용한 수자원의 양이 제한적일 뿐만 아니라 수자원의 시공간적 분포 역시 일정한 패턴을 갖지 않는 관계로 효율적 물의 이용, 즉 이수를 위하여 물의 수요와 공급에 대한 정확한 조사·분석, 활용계획 수립 및 이를 반영한 물관리가 필수적이다. 이렇게 확보된 수자원은 생·공용수, 농업용수, 환경 및 발전 등을 위한 용수로 활용된다.

7.2 국내의 수자원 이용현황

수자원 총량은 연평균 강수량과 국토면적의 곱에 북한지역에서 유입되는 수량을 합한 것으로 산정된다. 그림 7.2와 같이 약 43%가 증발산 등에 의하여 손실되며, 지표로 유출되는 57%의 수자원 중 오직 28%만이 이용가능하다. 이렇게 이용 가능한 수자원은 하천수, 댐 용수 및 지하수로 구분된다. 댐 용수 공급량은 계획공급량, 지하수 이용량은 연간 실지하수 이용량, 하천수 이용량은 총 이용량에서 댐 용수와 지하수 이용량을 제외한 값으로 산정된다.

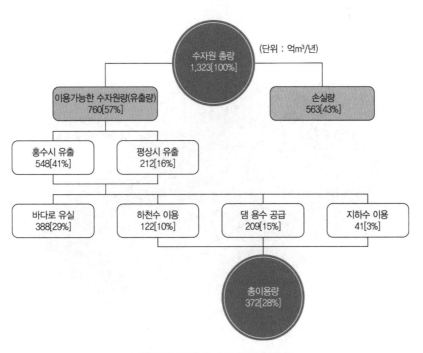

그림 7.2 국내의 수자원 이용현황

2015년을 기준으로 수자원 총량 중 이용 가능한 수자원의 양(28%)은 평상시 유출량(16%)에 비하여 큰 규모로 부족량은 홍수 시(6~9월) 유출량의 일부를 댐 등의 저류시설에 저장하여 이용하고 있다.

7.3 이수계획

7.2절까지 살펴본 바와 같이 국내의 수자원은 시공간적으로 편중되어 있을 뿐만 아니라 연도에 따라서도 큰 편차가 발생하고 있다. 더불어 기후 온난화의 영향으로 가뭄과 홍수의 빈도가 증가하고 있어 수자원의 확보 및 효율적 이용을 위하여 많은 노력이 필요한 실정이다.

이를 위하여 국가에서는 이수계획을 수립하고 있으며, 2018년 물관리기본법 제정을 계기로 유역을 대상으로 이수와 치수만이 아닌 환경적인 측면을 종합적으로 고려하고자 기존 물관리계획의 검토 및 수정 계획을 수립하고 있다.

따라서 본 절에서는 기존의 수량관리를 위하여 진행되어온 유역 내 물의 수요와 공급에 관련한 이수계획에 대하여 설명하겠다(그림 7.3).

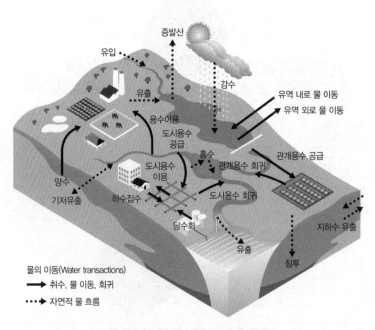

그림 7.3 유역 내 물의 이동

7.3.1 물관리계획

수자원의 관리를 위하여 하천에 주요 제어지점을 설정하고, 해당 지점에 대하여 하천이 제 기능을 하기 위한 필요수량을 설정한다. 이에 경제발달에 따른 용수의 수요와 공급의 변화에 따른 적절한 개발수량을 고려하도록 되어 있다. 국토교통부(2018)에 따르면 이수계획 수립은 다음의 절차를 따른다.

① 수자원 부존량의 산정: 최소한 30년 이상의 연강수량을 이용하여 월별, 연별 평균강수량과 공간적 분포 특성을 파악한 후 수자원 총량과 유출률을 고려하여 부존량을 산정한다.

② 용수수급 현황의 파악: 가급적 현장조사를 실시하도록 되어 있으며, 용도에 따라서 하천수, 지하수 및 댐 저수지에 의한 용수공급량과 생활용수, 공업용수, 농업용수 및 하천유지용수의 이용현황을 파악하여야 한다.

③ 용수 수요량의 산정 및 예측: 7.3.2절 참고

④ 물수지 분석: 7.3.3절 참고

이렇게 계산된 물수지 분석결과는 「수자원장기종합계획」, 「수도정비기본계획」, 「하천수사용허가」 등에 시설계획의 적정성을 검토하는 데 활용되었다(우효섭 등, 2018). 또한 「수자원조사법」('17.1), 「물관리기본법」('18.6) 제정에 따른 수자원 계획 체계 개선으로 「수자원장기종합계획」이 전략계획(물관리기본법에 의거 목표·정책방향 제시)과 실행계획(수자원조사법에 따른 5개 유역 하천유역수자원관리계획 등 개별법률)으로 계층화가 이루어졌다. 전략계획은 국가물관리기본계획 및 유역물관리종합계획으로 구성되어 있으며, 실행계획은 하천유역수자원관리계획, 지역수자원관리계획 등으로 구성되어 있다.

7.3.2 용수 수요량의 산정 및 예측

용수 수요량 산정은 기간을 기준으로 단기 수요예측과 장기 수요예측으로 구분된다. 우선 단기수요 예측은 현재의 수요변화 추세와 기 결정된 용수수요와 공급계획을 바탕으로 결정된다. 그리고 장기 수요예측은 30년 이상의 기간을 대상으로 인구, 산업 및 물의 이용형태 변화에 대한 정책을 반영한 것으로 정확도가 떨어질 수는 있으나, 다목적 댐이나 저수지 등의 계획 및 건설 등에 활용된다.

또한 용수의 수요량은 용수의 종류에 따라 생활용수, 공업용수, 농업용수 및 하천유지용수로 구분되며, 각 용수의 산정 방법은 다음과 같다.

1) 생활용수

생활용수량은 과거의 자료와 목표연도의 총 인구 및 1인이 1일 동안 사용하는 평균급수량을 바탕으로 산정된다. 평균급수량의 산정을 위해서는 수도시설의 종류와 용도 및 사용시간대별 부하율을 적용하며, 계곡수나 지하수를 이용한 양 역시 고려할 필요가 있다. 그리고 상수도 수요량의 경우는 원단위를 기준으로 유수율, 추정인구와 보급률을 고려하여 산정한다.

2) 공업용수

기존의 공업용수 수요량 추정을 위하여 원단위법을 이용하였으나, 지속적으로 변화하는 산업구조를 반영하기 위하여 수자원장기종합계획(2006~2020)에서는 생산액당원단위법을 채택하였다.

3) 농업용수

농업용수는 일반적으로 관개용수를 의미하지만, 광의의 농업용수는 농촌지역의 농업경영에 필요한 용수를 의미하므로 수자원장기종합계획(2006~2020)에서는 농업용수를 축산용수, 논용수, 밭용수로 구분하여 산정하였다.

4) 하천유지용수

하천유지용수는 하천의 정상적 기능 및 상태를 유지하기 위해 필요한 최소한의 유량을 의미하며, 갈수량1과 항목별 필요유량 중에서 최대치를 기준으로 산정한다.

---

1 수문학적으로 볼 때 가뭄으로 인해 수자원계통으로 기대되는 용수의 공급을 충분히 충족시키지 못하는 기간의 정성적인 하천유량을 말하며, 1년 중 355일 동안은 기준수면 이하로 저하하지 않는 유량을 의미한다.

상기에 언급된 생활용수와 공업용수의 수요량 추정을 위하여 이용된 원단위법(Unit Water Use Coefficients)은 조사를 통하여 통계적으로 산정된 단위수량에 인구, 면적 등 사용되는 수량에 영향을 미치는 인자를 곱하여 수요를 예측하는 방법이다.

예를 들어, 가정에서 사용되는 용수를 산정하기 위하여 1인당 사용량에 인구를 곱하거나 1가구당 사용량에 가구 수를 곱하는 방법을 이용할 수 있다. 또한 공업용수는 단위면적 또는 생산액당 사용량에 총면적 또는 생산액을 곱하여 수요량의 산정이 가능하다.

또한 장래의 수요량 예측을 위하여 원단위를 이용한 외삽법을 이용하고 있다. 외삽법은 미래의 물소비 추세가 과거와 유사하게 발생한다는 가정하에 과거의 추세를 이용하여 미래의 물수요량을 예측하는 것이다. 이를 위하여 단순시계열모형, 지수평활법, Box-Jenkins의 ARIMA모형 등의 기법이 활용될 수 있다. 이러한 방법은 단기예측에는 적합하나 장기예측에는 미래와 과거의 물수요 패턴이 달라지는 것을 반영할 수 없는 단점이 있다. 또한 상기에 제시된 방법은 환경부(2008)에 제시된 바와 같이 현재까지 상수도 계획 시 가장 많이 사용된 방법이지만 자료의 통계적 신뢰성이나 또는 최적모델의 선택 시 논리적인 합리성이 부족하다는 단점이 있다.

7.3.3 물수지 분석

시공간적으로 불균등한 수자원의 효율적 관리를 위하여 유역단위의 물수지 분석을 수행하고 있다. 이는 크게 각종 관련 계획을 수립하는 계획적 측면과 댐 용수공급 등의 운영적인 측면에서 나누어 활용할 수 있다. 계획수립에 활용하는 경우 지역적 용수부족 여부를 판단하여 수자원 개발계획 시 물의 배분을 하는 기초자료로 활용되며, 운영적 측면에서 가뭄을 대비하여 용수를 확보하거나 수량이 부족한 지점에 용수를 공급하기 위하여 저수지 방류여부 등을 결정하는 데 활용이 가능하다.

1) 물수지 분석의 정의

물수지 분석(Water balance analysis)이란 유역을 기준으로 물의 공급과 연계하여 물의 이동 및 사용(수요)을 분석하는 과정이다(그림 7.3). 물의 공급은 자연유량, 저수지 공급량, 회귀수량으로 이루어지며, 물의 수요는 생·공용수, 농업용수, 하천유지 용수로 구성된다. 물수지(water balance)란 임의의 기간 동안 시스템에 물이 들어오고 나가는 것을 의미하며, 다음의 식(7.1)로 표현이 가능하다.

$$I(t) - O(t) = \frac{dS}{dt} \tag{7.1}$$

여기서, I는 유입량, O는 유출량이며, $\frac{dS}{dt}$ 는 단위시간에 대한 저류량 변화를 의미한다.

상기의 식을 활용하여 수자원의 시공간적 불균형에 대한 수자원 계획, 개발 및 관리에 필요한 수요와 공급의 정도를 계량화할 수 있으며, 이는 취수, 댐건설 및 저수지 운영률 등의 결정 시 활용이 가능하다.

2) 자연유량 및 순물소모량

그림 7.4에 보인 바와 같이 자연적인 물의 흐름과 취수 및 회귀 등 인위적인 물의 흐름을 종합적으로 고려하여 특정지점의 물의 부족 여부를 계산한다. 이를 위하여 물수지 분석에서는 자연유량, 물수요량 및 순물소모량이라는 용어를 사용하며, 물의 부족은 순물소모량에서 자연유량을 뺀 값을 의미한다.

(1) 자연유량

자연유량은 유역에 인위적인 물의 이용(수요와 공급)이 발생하기 전 하천의 유량을 의미한다. 즉, 농작물을 재배하기 전 초지상태의 유량 또는 식생이 없는 상태의 유량을 의미하나 일반적으로 전자의 내용을 따른다. 수문분석을 통하여 주요 제어지점의 물의 부족 또는 과잉을 파악하는 주요 인자로 댐의 건설, 물의 불균형 정도를 파악하는 데 이용된다. 자연유량은 이와 같이 유역의 물수지 분석을 수행 시 기초가 되는 자료로 한국수자원공사(1998)에서 제시된 바와 같이 과거 수자원 장기 종합계획 수립 시 다음의 절차를 거쳐 산정하였다.

① 주요 지점의 일별 유출량 및 각 소유역의 월별 강우량을 조사하여 유출률과 순물소모량을 산정한다.

② 주요 지점에서 자연유출량의 산정을 위하여 실측유량과 순물소모량의 합을 구한다.

③ 주요 지점의 유역면적과 소유역의 유역면적비를 기반으로 다른 소유역의 자연유출량을 산정한다.

④ 소유역과 주요 지점의 순물소모량과 자연유출량을 비교검토하여 타당하다고 판단되는 경우, 이를 이용하여 월별, 순별 자연유출량을 산정한다.

상기의 절차에 따라 자연유출량을 산정 시 주요 지점만을 대상으로 함에 따라 주요 지점에 대한 양질의 자료 확보가 필수적이다. 이를 위하여 지점의 선정 시 장기간의 자료 확보 및 수위－유량의 관계곡선의 신뢰도 확보 여부를 검토해야 한다. 특히, 과거에 개발된 수위－유량 관계곡선식의 경우 하천의 변화나 수위의 변화에 따른 흐름 특성을 제대로 반영하지 못한 경우가 많아 갈수유량 부분에 대한 곡선식의 정확도 검토가 선행되어야 한다.

자연유량의 산정 정확도 향상을 위하여 하천유량의 지체시간, 소모될 물의 지체시간, 저수지 방류량의 지체시간 등을 고려할 필요가 있으며, 이를 위하여 5일(반순) 또는 10일(순) 단위의 분석을 수행한 경우가 있다.

(2) 순물소모량

7.3.1절에서 제시된 물수요량을 기반으로 용수별 회귀수의 개념을 도입한 순물소모량의 산정이 필요하다. 농업용수 순물소모량은 농경지 이전의 초지 상태를 자연상태로 가정하여 농경지의 물소모량에서 초지의 물소모량을 빼서 구하며, 삼투손실, 수로손실, 관개효율에 의하여 약 50%가 회귀되는 것으로 판단한다. 또한 생·공용수의 순물소모량은 공급수량에서 회귀수량을 빼서 얻는데, 일반적으로 공급수량의 65~90%(회귀수의 비율)로 추정한다. 그러나 유역 밖으로 도수하는 수량은 회귀되지 않는 것으로 판단한다.

(3) 하천유지유량

기존의 하천유지유량은 수질측면에서 관개용수 수질의 최소 허용치와 염해방지 용수가 중심을 이루고, 수량적인 측면에서는 하천 취수위 및 10년에 1회 정도 발생하는 기준갈수량 개념을 기준으로 하였다. 그러나 최근 하천환경에 대한 관심과 함께 하천 수질 보전, 하천생태계 보호, 하천경관 보전 등을 위한 수요가 추가적으로 반영되고 있다.

이를 반영한 하천관리유량은 하천유지유량에 이수유량을 더하여 산정하게 된다. 하천설계기준(2018)에 따르면 하천관리유량은 적절한 하천관리를 위하여 설정하는 유량으로 하천이 본래의 기능을 수행할 수 있도록 하천에 흘러야 할 유량으로 그 관계는 그림 7.4와 같다. 이수유량은 하천에서 실제로 취수되는 유량으로 기득 및 허가수리권에 해당되는 유량을 말하며, 유수점용 허가를 받은 수리권수량뿐만 아니라 조사되지 않은 사용수량 및 회귀수량을 포함한다.

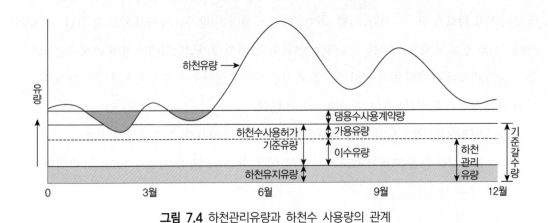

그림 7.4 하천관리유량과 하천수 사용량의 관계

7.4 이수계획의 평가

표 7.2에 보인 바와 같이 2013년부터 국내의 연간 강수량은 평균 강수량인 1300 mm에 미치지 못하고 있어 이로 인한 가뭄이 국내 곳곳에서 빈번하게 발생하고 있다. 따라서 안정적으로 수자원의 이용이 가능하도록 이수계획의 수립을 위하여 많은 노력이 필요하다.

7.3.3절에서 서술된 물수지 분석을 통하여 다양한 수자원 시설로부터 물을 공급할 수 있는 다양한 방안을 검토하여 계획을 수립한다. 각 방안에 대한 평가를 위하여 이수안전도라는 개념을 사용하고 있으며, 다양한 방안의 수립 시 효율적으로 물을 배분해줄 수 있는 모형을 이용하고 있다. 따라서 본 절에서는 이수안전도와 물 배분 모형에 대하여 설명하도록 하겠다.

표 7.2 국내의 강수량 추이 변화(e-나라지표, 2019년 6월 25일)

구분	2009	2010	2011	2012	2013	2014	2015	2016	2017
연간 강수량	1205	1445	1623	1479	1163	1174	949	1273	968
봄	231	303	257	257	264	216	223	313	119
여름	752	693	1054	771	568	600	387	446	610
가을	143	308	226	364	231	293	248	382	173
겨울	142	99	46	139	60	77	109	108	76

* 강수량 단위: mm

7.4.1 이수안전도(Safety degree for water shortage)

이수안전도란 용수수요에 대한 물 공급의 안정성을 의미한다. 이는 수공구조물의 설계 및 계획의 수립에 있어서 기준으로 활용되며, 이수안전도의 산정을 위하여 유량의 시계열분석을 통하여 산정된 갈수기준년도를 이용하는 방법과 용수부족의 발생빈도를 기반으로 산정된 신뢰도를 이용하는 방법이 이용된다.

우선, 갈수기준년도를 이용하는 방법은 최대 갈수년을 채택하는 방법과 갈수의 재현기간을 이용하는 방법으로 나뉜다. 최대 갈수년을 이용하는 방법은 일반적으로 수년(Water year)[2]에 기록상의 최저 유량이 지속된 연도를 갈수기준년도로, 재현기간을 이용하는 방법은 갈수빈도 분석을 통하여 산정된 재현기간 이상의 재현기간을 갖는 갈수년도를 갈수기준년도로 산정하는 방법을 이용한다.

또한 신뢰도를 기준으로 하는 방법은 용수의 부족이 얼마만큼 발생하는지에 대한 신뢰도를 기준으로 평가한다. 용수부족 여부를 평가하기 위하여 일반적으로 저수지 모의운영을 통한 물수지 분석결과를 이용하며, 이를 바탕으로 신뢰도가 평가된다. 신뢰도의 평가는 기준에 따라 연간단위 기준, 기간단위 기준, 공급량 단위 기준으로 분류된다.

연간단위 기준 신뢰도는 전체 분석년에 대한 충족년의 비율을 이용하여 산정한다. 충족년이란 일 년 동안 한 번이라도 물의 부족이 발생하지 않은 해를 의미하며, 반대로 물부족이 발생한 경우 이를 부족년이라 한다. 기간단위 기준은 일정 기간을 기준으로 전체 기간에 대하여 부족이 발생하

---

2   전년 10월 1일에서 당해년 9월 30일까지의 기간을 의미한다.

지 않는 기간에 대한 비율로, 공급량단위 기준은 공급계획량 중 공급가능량의 비율로 신뢰도를 결정한다.

용수공급능력의 평가를 위하여 일반적으로 연간단위 신뢰도를 채택하고 있으나, 자료의 기간이 부족한 우리나라에 기간단위 방법을 적용하는 것을 검토할 필요성이 제기되고 있다.

7.4.2 물 배분 모형

적절한 물의 배분을 통하여 물이 부족한 곳에 물을 공급하고, 부족 시에 충분히 물을 공급할 수 있도록 수자원을 확보할 필요성이 있다. 이러한 이수적 측면뿐만 아니라 홍수피해방지 등의 치수적 측면 역시 고려할 필요가 있다. 이와 같이 다양한 인자를 고려하여 물을 배분하기 위해서 모형 또는 최적화 기법을 활용한 모형이 활용되고 있다.

물배분을 위한 대표적인 모형으로는 미공병단에서 개발된 HEC-6, HEC-ResSim, K-water에서 개발된 KORSIM 등이 있다. 이러한 모형에서는 충분한 물을 공급하고 확보할 수 있는 저수지를 대상으로 다양한 운영률을 반영하여 장기적 영향을 평가할 수 있는 기능을 제공하고 있다.

또한 최적화 모형으로는 미국 콜로라도 주립대에서 개발된 MODSIM, K-water에서 개발된 CoWMOM 등이 있다. 이러한 모형에서는 물부족 최소화, 발전량 최대화 등의 목적함수의 값을 최적화하기 위하여 댐군 방류량을 결정하는 모형으로 구성되며, 저수지 최적 연계운영 방안도출을 위하여 네트워크 플로우 최적화, 선형 프로그램, 다이나믹 프로그램 그리고 비선형 수학모형 등이 활용되고 있다.

상기에 제시된 모형들을 활용하여 복잡한 시스템의 동적구조를 해석할 수 있도록 시스템 분석 기법을 활용하고 있으며, 이를 이용하여 수자원시설의 설계 또는 계획시점부터 미래에 예상되는 운영 시의 문제점을 최대한 검토할 필요성이 있다.

기본적으로 이렇게 수립된 물 배분 계획을 바탕으로 저수지의 운영이 이루어지게 되며, 시시각각 변화되는 자연현상을 반영하여 효율적인 물관리를 위하여 실시간 물수지 분석을 수행하고 있다. 이를 위한 물관리 모형은 일유출모형을 통한 자연유량의 산정모형과 물 배분 모형에 의한 최적의 댐군 방류량을 결정하는 모형으로 구성된다.

7.5 저수지 용적 산정 방법

지정된 기간에 저수지에서 공급할 수 있는 수량을 의미하는 저수지의 용수공급능력(Reservoir yield)는 시간, 일, 주 또는 연 단위의 공급량으로 표시할 수 있으며, 국내에서는 주로 연간 공급량을 활용한다. 또한 저수지 공급능력은 저수지에 유입되는 유입량과 저수지 용적의 함수로 표현이 가능할 뿐만 아니라 저수지 운영과 설계의 주요인자로 다음의 용어에 대한 이해가 필수적이다.

① Firm(safe) yield(안전공급량, 보장공급량): 최대 갈수기간(Critical period) 동안에도 공급을 보장할 수 있는 최대 공급량이다.

② Critical period(최대 갈수기): 하천에서 수량이 매우 적은 기간으로 Critical period는 바뀔 수 있으며, 이에 따라 보장공급량 역시 변화 가능하다.

③ Secondary yield(2차 공급량): 풍수년에 안전공급량을 초과하는 수량이다.

④ Target yield(목표공급량): 수요를 기반으로 산정된 공급수량이다.

⑤ Average yield(평균공급량): 장기간에 걸쳐 저수지로부터 공급된 연도별 안전공급량과 2차 공급량을 합한 총 총급량의 산술평균치이다.

저수지 용수공급능력을 산정하기 위해서는 최대 갈수기간과 장기간의 관측유량자료가 필요하다. 그러나 기간이 짧은 경우 통계적으로 평균, 분산, 상관계수가 같은 확률적 특성을 기반으로 유량자료를 생성하여 활용이 가능하다. 마지막으로 저수지 용적의 산정을 위하여 Mass Curve(Ripple diagram) Method, Sequent Peak Algorithm 및 기타 방법(Stochastic method, Optimization analysis 등)의 활용이 가능하다.

이 중에서 가장 기초적이라 할 수 있는 Mass Curve(Ripple diagram) Method와 Sequent Peak Algorithm에 대하여 간단히 서술하도록 하겠다.

7.5.1 Mass Curve(Ripple diagram) Method

가장 많이 활용되는 방법론 중 하나로 수요가 일정하고 반복된다는 가정하여 저수지 유입량이 일정한 경우 좋은 결과를 도출한다. 반면에 저수지 유입량이 기복이 있는 경우, Sequent peak 방법을 추전하고 있다.

그림 7.5의 (a)는 시간에 따른 물의 수요량(Demand)과 공급량(Supply)을 표현한 그래프이다. 수요량의 누적과 공급량의 누적 값을 그림 7.5의 (b)와 같이 표현할 수 있다. 수요량 누적곡선에서 최대의 거리에 위치한 A점과 B점을 대상으로 최대거리(a+b)값을 요구되는 저수지 용적으로 산정한다.

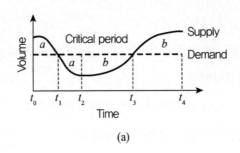

(a)

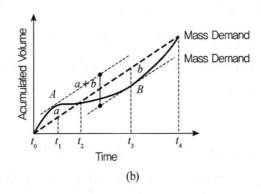

(b)

그림 7.5 Mass curve

저수지의 용적을 결정하기 위한 방법은 크게 두 가지로 댐의 용수공급능력을 아는 경우와 저수지의 용적을 아는 경우로 구분할 수 있다. 우선, 댐의 용수공급능력을 아는 경우는 그림 7.6의 점 D와 E에 찍힌 수요선과 평행산 선을 찾고, 평행산 선으로부터 공급곡선의 증가량이 제일 작은 점 F와 G를 대상으로 V_1과 V_2를 산정한 후 두 값 중 큰 값을 저수지 용적으로 결정한다. 다른 방법의 경우는 저수지 용적(Reservoir Capacity)을 알고 저수지의 공급량을 결정하는 경우로 C′, E′이 없는 경우 댐이 다시 채워지지 않는 것으로 판단한다. 저수지 공급량을 산정하기 위하여 접선의 경사 D_1

과 D_2를 Critical period(갈수기)에 공급 가능한 공급량으로 판단한다.

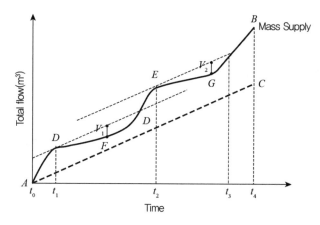

그림 7.6 댐의 용수공급능력을 아는 경우 저수지 용적산정

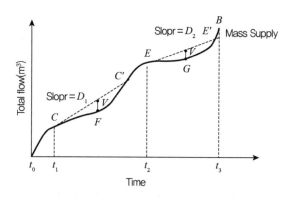

그림 7.7 저수지 용적을 아는 경우 저수지 용수공급능력을 산정하는 방법

7.5.2 Sequent peak analysis 방법

장기간의 데이터가 누적되어 있고 수요량이 일정하지 않은 경우 적합한 방법이다. 그림 7.8과 같이 유입량과 수요량에 대한 누적곡선을 그릴 수 있으며, 누적곡선으로부터 시간에 따른 첨두 값의 결정이 가능하다. 이로부터 S_1 및 S_2 등의 저수용적의 결정이 가능하며 이 중 가장 큰 S_i값을 이용하여 저수용적을 결정한다.

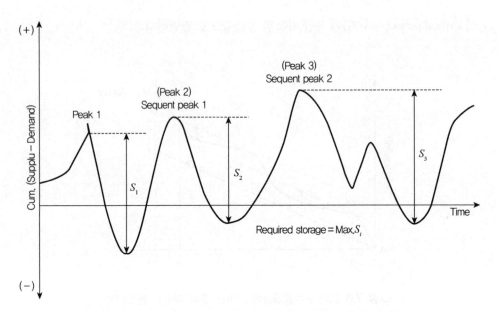

그림 7.8 Sequent peak analysis 방법을 이용한 저수용적 결정

장기간의 데이터가 있는 경우, 상기에 언급된 도식적인 방법 이외에도 다음의 식을 이용하여 저수지 용적의 산정이 가능하다.

$$V_t = \begin{cases} D_t - S_t + V_{t-1} & \text{if } V_t > 0 \\ 0 & \text{if } V_t \leq 0 \end{cases} \tag{7.2}$$

여기서, V_t는 시간 t에서의 저수지 용적, D_t는 시간 t에서의 수요량, S_t는 시간 t에서의 유입량을 의미한다.

그림 7.9 및 표 7.3과 같이 저수지 용적의 결정을 위하여 최초의 저수지 용적(V_0)은 0으로 설정하고, 데이터가 기록된 2배의 기간까지 V_t를 찾은 후 이 중 최댓값을 저수지 용적으로 결정한다.

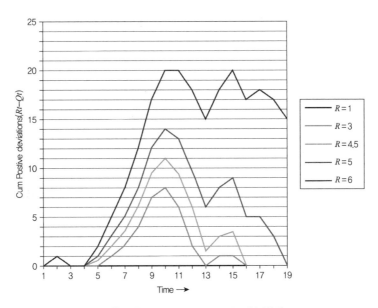

그림 7.9 Analytical solution의 결과

표 7.3 Sequent peak 방법을 사용한 Analytical solution

Sequent Peak Method			Yield=1		Yield=3		Yield=4.5		Yield=5		Yield=6	
K = Min{0, K(t-1)+R-Q}			1	K	4	K	4.5	K	5	K	6	K
Time Int	Inflows Q	Cumulative Q										
		Qcum		0		0		0		0		0
1	5	5		0		0		0		0		1
2	7	12		0		0		0		0		0
3	8	20		0		0		0		0		0
4	4	24		0		0		0.5		1		2
5	3	27		0		1		2		3		5
6	3	30		0		2		3.5		5		8
7	2	32		0		4		6		8		12
8	1	33		0		7		9.5		12		17
9	3	36		0		8		11		14		20
10	6	42		0		6		9.5		13		20
11	8	50		0		2		6		10		18
12	9	59		0		0		1.5		6		15
13	3	62		0		1		3		8		18
14	4	66		0		1		3.5		9		20
15	9	75		0		0		0		5		17
	5	80								5		18
	7	87								3		17
	8	95								0		15
	95											

또한 계산된 저수지 용적과 공급량의 관계(Storage-yield relationship curve)를 이용하여 다음의 그림 7.10과 같이 저수지 용수공급능력의 선정이 가능하다.

Storage	Yield
0	1
1	2
2	
3	3
4	
5	
6	
7	
8	4
9	
10	
11	4.5
12	
13	
14	5
15	
16	
17	
18	
19	
20	5

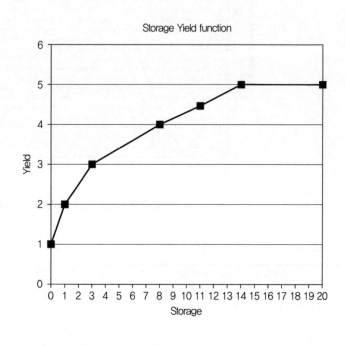

그림 7.10 저수지 용적과 공급가능량의 관계

연습문제

7.1 우리나라의 경우 전 세계 대비 풍부한 강수량에도 불구하고, 이용 가능한 수자원의 양이 세계 평균의 1/6 정도로 매우 적은 이유에 대하여 설명하시오.

7.2 물수지 분석에서 자연유량 산정 방법에 대하여 설명하시오.

7.3 이수안전도 평가에 대하여 설명하시오.

7.4 국내에 위치한 댐을 대상으로 수문자료와 저수지 정보를 취득하여 Ripple diagram과 Sequent analysis 방법을 이용하여 저수지 용수공급능력을 평가하시오.

참고문헌

1) 국토교통부(2015), 하천기본계획 수립지침.

2) 국토교통부(2016), 수자원장기종합계획(2001~2020) — 제3차 수정계획 연구보고서, p. 10.

3) 국토교통부(2018), 물과 미래, p. 23.

4) 국토교통부(2018), 하천설계기준 — 이수계획.

5) 우효섭 등(2018), 하천공학, 청문각.

6) 한국수자원공사(1998), 실시간 물수지 분석에 의한 다목적댐 관리방안 연구(1차년도).

7) 환경부(2006), 상수수요량 예측 매뉴얼 작성을 위한 연구.

8) 환경부(2008), 한강수계 청정수원 확보를 위한 타당성 조사.

9) "MyWater", 물백과사전 — 5장 물자원 현황, 2019년 4월 18일 접속,
   https://www.water.or.kr/knowledge/educate/educate_05_05.do

10) "Australian government Bureau of Meteorology", Water Information, 2019년 5월 5일 접속,
    http://www.bom.gov.au/water/nwa/2013/mdb/notes/waterresourcesandsystems.shtml#Surface_water

11) "e-나라지표", HOME — 지표보기 — 부처별 — 기상청 — 강수량 추이, 2019년 6월 25일 접속,
    http://www.index.go.kr/potal/main/EachDtlPageDetail.do?idx_cd=1401

CHAPTER 08

치 수

치 수

태풍 및 집중호우 등으로 인한 홍수와 같은 수재해로부터 인명과 재산을 보호하고, 사회경제적 손실을 최소화하기 위해서는 하천 및 유역을 효율적으로 관리하여 방재능력을 극대화하는 것이 필요하다. 특히, 도시화 등 유역 개발 및 기후변화에 따라 수재해 특성이 복잡하고 예측하기 어렵게 변화하고 있으며, 이에 보다 과학적인 분석과 종합적이고 체계적인 치수(治水, flood control)[1] 정책 수립, 효율적인 하천 및 유역관리가 요구되고 있다. 본 장에서는 치수계획 및 치수경제성 평가, 홍수범람해석과 홍수예보와 관련된 내용을 중점적으로 학습하기로 한다.

8.1 치수계획

8.1.1 우리나라의 홍수 특성

우리나라의 홍수는 여름철 북태평양 고기압의 영향에 따른 장마와, 폭우를 동반하는 2~3개 정도의 태풍으로 인한 집중호우에 의해 발생한다. 집중호우란 시공간적 집중성이 매우 큰 비로, 급격한 상승기류에 의해 형성되는 적란운에 의해 매우 짧은 시간에 비교적 좁은 지역(보통 $10\sim20\,km^2$)에서 집중하거나, 태풍과 장마전선 및 대규모 저기압과 동반하여 2~3일간 계속되는 경우도 있다. 우

---

1   치수는 물을 다스려 홍수를 방어하는 것으로 정의하고 있지만, 현대사회에서는 보다 넓은 의미에서 수재해의 예측, 대응, 피해저감, 복구 등 을 위한 모든 계획, 제도·정책, 기술 등을 포함하고 있다.

리나라의 전국 연 강수량은 1307.7 mm로 구 기후평년값에 비해 43.3 mm(3.4%) 증가했다. 계절별 강수량은, 여름철이 723.2 mm로 연 강수량의 55%를 차지하고 있으며, 가을철이 259.7 mm(20%), 봄철이 236.6 mm(18%), 겨울철이 88.2 mm(7%)이다. 강수량이 가장 많은 달은 7월(289.7 mm)이며, 가장 적은 달은 12월(24.5 mm)이다. 호우 발생빈도가 높은 지역으로는 남해안, 지리산 부근과 강화도를 중심으로 한 경기북부, 대관령 부근의 산간과 제주도이다. 1시간 이내 최대강수량은 보통 저기압과 전선에 의해 발생되나, 1일 이상의 최대강수량은 주로 태풍과 장마전선에 의해 발생되고 있는 것이 우리나라 호우의 특징이다.

또한 우리나라는 전 국토의 2/3 이상이 산지로 구성되어 있으며, 동고서저 지형에 따라 대부분의 중소하천이 급류가 많고 호우가 하천유역에 집중되는 경향이 있다. 또한 산지의 대부분은 풍화된 화강암과 편마암으로 구성되어 있어, 표토(top soil)가 얇고 수분함유 능력이 적어 호우 시 대량의 토사나 암석이 밀려와 산사태(landslide)와 토사유출(debris flow)로 인해 피해를 가중시키는 경향이 있다.

이 외에도 사회·경제적인 요인으로는 지속적인 산업화와 도시화의 결과로 토지이용이 고도화(불투수면적의 증가, 하천의 직강화, 자산의 밀집)됨에 따라 재해요인이 해마다 증가하는 추세에 있으며, 증가된 재해요인은 재해발생 시 서로 연관되어 그 파급효과가 미치는 영향이 광범위하다. 표 8.1은 우리나라 일최대강수량(maximum daily rainfall) 순위이며, 표 8.2는 우리나라의 시기별 대규모 홍수피해 현황을 나타내고 있다.[2]

표 8.1 우리나라 최다 강수기록(일강수량)

순위	값(mm)	발생일	지역	발생원인
1	870.5	'02. 8.31	강릉	태풍(RUSA)
2	712.5	'02. 8.31	대관령	태풍(RUSA)
3	547.4	'81. 9. 2	장흥	태풍(AGNES)
4	517.6	'87. 7.22	부여	저기압, 전선
5	516.4	'98. 9.30	포항	태풍(YANNI)

---

2   일반적으로 강수량(precipitation)은 강우량(rainfall)을 포함한 광의의 개념이지만 본 장에서는 강수량을 강우로 한정하여 기술하였다.

표 8.2 우리나라 대규모 홍수피해 현황

재해명	발생기간	주요 피해지역	기상상황 (최대일강우량)	피해내용	
				인명(명)	재산(억 원)
을축년 대홍수	1925.7.18.~9.7.	중부지역	-	517	0.89
태풍 "사라"	1959.9.15.~9.17.	영동, 영남, 호남	168.1 mm(제주)	849	662
안양, 시흥 지구 수해	1972.8.19.~8.20.	서울, 경기, 강원, 충북	313.6 mm(수원)	550	265
태풍 "쥬디"	1989.7.28.~7.29.	경남, 전남	221.0 mm(거제)	20	1,192
호우	1980.7.21.~7.23.	충북, 충남, 경기, 강원	217.0 mm(제주)	180	1,255
84년 대홍수	1984.8.31.~9.4.	서울, 경기, 강원	314.0 mm(속초)	189	1,643
태풍 "셀마"	1987.7.15.~7.16.	남해, 동해	216.8 mm(고흥)	345	3,913
중부지방 호우	1987.7.21.~7.23.	중부	517.6 mm(부여)	167	3,295
태풍 "글래디스"	1991.8.22.~8.26.	부산, 강원, 경북, 경남	439.0 mm(부산)	103	2,357
태풍 "재니스" 및 호우	1995.8.19.~8.30.	서울, 경기, 강원, 충남, 충북	361.5 mm(보령)	65	4,562
경기, 강원북부 호우	1996.7.26.~7.28.	강원, 경기	268,0 mm(철원)	29	4,275
서울, 경기, 충청지방 호우	1998.7.31.~8.18.	서울, 경기, 강원, 충북, 충남	481.0 mm(강화)	324	12,478
태풍 "올가" 및 경기, 강원북부 호우	1999.7.23.~8.4.	경기, 강원, 경남, 전남, 제주	280.3 mm(철원)	67	10,490
태풍 "프라피룬" 및 집중호우	2000.8.23~9.1.	전국	645.0 mm(군산)	28	2,520
태풍 "루사"	2002.8.30.~9.1.	전국	870.0 mm(강릉)	246	51,479
태풍 "메기"	2004.8.17.~8.20.	강원, 전북, 전남, 경북, 경남	322.5 mm(광주)	7	2,508
호우	2005.8.2.~8.11.	경기, 충북, 전북, 경북, 경남	382.0. mm(광주)	19	3,316
태풍 "에위니아"	2006.7.9.~7.29.	전국	264.5 mm(남해)	62	18,344
태풍 "나리"	2007.9.13.	전국	300.0 mm(남해)	16	1,591
호우	2011.7.26.~7.29.	서울, 부산, 인천, 경기, 강원	449.5 mm(동두천)	67	3,768
태풍 "볼라벤" 및 "덴빈"	2012.8.25.~8.30.	제주, 전라도, 충청도	244.0 mm(진도)	11	6,365
태풍 "산바"	2012.9.15.~9.17.	제주, 전남, 경상도, 강원	405.2 mm(제주)	2	3,657

8.1.2 하천유역수자원관리계획

1) 개요

"유역종합치수계획"은 1999년 대통령비서실 산하 수해방지대책기획단의 "수해방지종합대책 백서"에서 제안하고 2001년 「하천법」 개정을 통하여 우리나라에 도입된 법정 치수계획이다. 「하천법」에 규정되어 있는 계획의 위상을 살펴보면 치수부문에서 최상위의 계획이며, 계획의 성격은 유역전체를 거시적 관점에서 분석하여 홍수저감을 위한 각종 시설물의 설치계획을 수립하는 시행 계획으로 되어 있다. 또한 물관리 분야에서 보면 치수문제만을 다루는 부문계획이며, 대외적으로 는 일반국민에 대하여 법적 구속력을 갖는 계획이다. 현재 "유역종합치수계획"은 2018년 물관리일 원화에 따라 「수자원의 조사·계획 및 관리에 관한 법률」 제18조에 따른 "하천유역수자원관리계 획"(이하 "치수계획")으로 변경되었으며, 이와 관련된 주요 법령 내용은 다음과 같다.

제18조(하천유역수자원관리계획) ① 환경부장관은 하천유역 내 수자원의 통합적 개발·이용, 홍수예방 및 홍수피해 최소화 등을 위한 10년 단위의 관리계획(이하 "하천유역수자원관리계획"이라 한다)을 수립·시행하여야 한다. 〈개정 2018. 6. 8.〉

② 환경부장관은 하천유역수자원관리계획이 수립된 날부터 5년마다 타당성을 검토하여 필요한 경우 에는 계획을 변경하여야 한다. 〈개정 2018. 6. 8.〉

③ 환경부장관은 하천유역수자원관리계획을 수립·변경하려면 다음 각 호의 절차를 차례대로 거쳐야 한다. 〈개정 2018. 6. 8.〉

    1. 방재업무 관련 기관 등 관계 행정기관의 장과의 협의

    2. 공청회의 개최

    3. 제32조에 따른 지역수자원관리위원회(하천유역이 둘 이상의 특별시·광역시·특별자치시 및 도에 걸쳐 있는 경우에는 각각 해당 지역수자원관리위원회를 말한다)에 대한 자문

    4. 제29조에 따른 국가수자원관리위원회의 심의

④ 환경부장관은 하천유역수자원관리계획의 수립·변경에 지역주민 등의 의견을 반영하기 위하여 대 통령령으로 정하는 바에 따라 하천유역별로 하천유역관리협의회를 구성·운영할 수 있다. 〈개정 2018. 6. 8.〉

⑤ 하천유역수자원관리계획은 수자원장기종합계획의 범위에서 수립되어야 하며, 「하천법」 제25조 에 따른 하천기본계획의 기본이 된다.

⑥ 환경부장관은 하천유역수자원관리계획을 수립·변경하였으면 환경부령으로 정하는 바에 따라 그 내용을 고시하고 관계 서류를 시장·군수 또는 구청장(자치구의 구청장을 말한다. 이하 같다)에게 보 내야 하며, 시장·군수 또는 구청장은 관계 서류를 일반인이 열람할 수 있도록 하여야 한다. 〈개정 2018. 6. 8.〉

⑦ 제1항부터 제6항까지에서 규정한 사항 외에 하천유역수자원관리계획을 수립하는 하천유역의 범 위와 하천유역수자원관리계획의 수립·변경에 필요한 사항은 대통령령으로 정한다.

※ "하천유역수자원관리계획"은 이·치수·환경을 모두 포함하고 있지만 현재까지 작성사례가 없어 본 서에서는 "유역종합 치수계획"을 근거로 치수만을 다루도록 한다.

2) 수립목적

홍수유출을 억제할 수 있는 자연과 인공 시설물들을 유역 전반에 걸쳐 연계 이용함으로써 유역의 홍수대응 또는 저감능력을 극대화하는 계획을 말한다. 따라서 치수계획은 유역이 지니고 있는 치수기능을 최대한 살릴 수 있도록 면(area) 개념을 도입하여 유역 내 다목적댐, 홍수조절댐, 제방, 유수지 등 각종 홍수방어시설을 활용한 구조적 대책(structural measures)과 홍수터 관리, 홍수예·경보 및 유역 내 상하류 수방시설 간의 최적연계운영 등의 비구조적 대책(non-structural measures)을 종합적으로 활용한 치수대책을 수립하는 것을 목표로 한다는 점에서 기존의 제방과 배수펌프장에 의존한 일차원적인 하천 중심의 치수대책과 차별화된다.

3) 필요성

기존의 치수계획은 선(line) 개념의 하도 대응 위주로 이루어져 왔다. 즉, 유역 내에서 발생한 홍수는 신속하게 하천으로 배제하며, 하도는 이렇게 유입된 홍수를 다시 하류지역으로 배제하는 통로로서의 역할이 그 치수기능의 핵심으로 설정되었다. 이와 같은 선 개념의 통수위주 치수계획은 유역의 상류부에서는 매우 효율적인 홍수대응 방법일 수 있으나, 상류에서 배제된 홍수가 집중되는 하류지역에는 하도의 과도한 수위상승을 유발하여 결국 상류에서 발생할 홍수피해를 하류지역으로 전이시키는 결과를 초래할 수 있다. 또한 최근 빈발하고 있는 기상이변과 급속한 도시화로 인한 홍수피해가 증가하면서 이러한 하도 중심 치수계획의 한계가 확인됨에 따라 홍수를 하도가 포함되어 있는 유역 전체에 대해 확장하여 다양한 방법으로 분담하는 면 개념의 유역단위 치수계획이 필요하다.

4) 기본방향

치수계획의 최종목표는 수해로부터 인명, 재산, 자원 피해를 최소화함으로써 국민이 안전한 곳에서 안심하고 살 수 있는 기반을 구축하는 것이다. 구체적으로 보면 홍수로 인한 인명피해를 감소시켜 홍수에 안전한 국토 형성, 급격히 늘어나는 재산피해를 저감시켜 국가 경제의 안정화 도모, 사회적 공감대를 바탕으로 하는 치수계획 수립으로 홍수와 더불어 사는 사회 형성이라고 할 수 있다.

5) 하천유역수자원관리계획 주요내용

(1) 홍수피해 원인 분석 및 대책

홍수피해 유형은 실제로 지역여건 및 상황에 따라 매우 다양하게 나타나지만 이를 계획홍수를 기준으로 할 경우, 크게 기준을 초과했을 경우의 범람(inundation), 기준 이하에서 치수시설미비로 발생한 붕괴(failure) 상황 등 크게 두 가지로 구분할 수 있다. 여기서 범람과 붕괴를 구분하는 기준은 계획홍수량이며, 이 중 붕괴의 경우, 설계, 시공, 유지관리에서 발생원인 및 문제점을 찾고 해결해야 하므로 직접적인 치수계획의 수립대상 범위로 보기는 어렵다. 홍수 발생 시 피해의 원인이 될 수 있는 조건에 대한 대책은 일반적으로 표 8.3과 같다.

표 8.3 홍수피해 원인별 대책수립

구분	원인분석	대책
치수사업 측면 (시행 평가 및 조정)	• 기본계획 미수립 • 개수사업 저조 • 도심, 저지대 내수배재 불량 • 산지하천 토사유출 피해 • 하도 및 하천환경 정비 미흡	• 하천정비관련 계획 수립 • 하천개수사업 시행 • 내수치수방지 대책 • 사방시설 대책 • 하도 정비계획 수립
치수안전도 측면 (기준 정립)	• 이상호우 발생 유무 • 홍수량 기준의 적정성 • 치수계획 빈도 점검 • 제내지 토지이용 상황 변화	• 홍수조절지 • 천변저류지 • 기존저수지 보강 • 방수로 등
기타, 방재측면 (사업 조정)	• 홍수 시 방재계획 부재 • 경보시스템 미비 • 시설운영지침 미비	• 범람해석, 홍수지도 제작 • 예 · 경보 시스템 확충 • 각종시설의 연계운영, 유지관리

(2) 치수안전도 결정

치수안전도 결정은 경제성을 우선으로 하되 제내지 토지이용 상황, 장래개발계획, 하천의 등급 등을 감안하여 결정한다. 이후 각종 치수계획 수립 시에는 이 기준을 적용토록 제시한다. 이를 바탕으로 하천정비기본계획에서는 도시와 같은 인구밀집지역에 대하여 구간별로 치수안전도를 상향 조정하고 농경지의 경우 현행유지 또는 하향 조정하도록 한다.

(3) 홍수량 산정

홍수량 산정 시에는 과거강우기록의 해석을 통하여 집중호우의 변동성 및 경향성을 분석하고,

수계 내 각 지점의 토지이용변화에 따른 과거부터 장래의 홍수 증가추세를 검토하게 되는데 목표 홍수량의 객관성 및 기준 일치 등을 도모하여 사업의 신뢰성을 유지하여야 한다. 홍수량산정 지점은 수계본류의 주요 지점과 주요 지류하천(예를 들어 유역면적 $100\,km^2$ 이상의 지류)의 유출구(outlet)를 지정하여 홍수량을 산정하며, 산정된 홍수량은 이후 하천정비기본계획의 기준이 된다. 또한 유출구 홍수량이 결정된 하천은 유역 내 법정하천을 일괄하여 하천정비기본계획을 수립하는 것이 바람직하다. 홍수량 산정과 관련해서는 2장을 참조할 수 있다.

(4) 홍수량 배분

홍수량 배분은 수계를 총괄하여 홍수량을 결정하고 이를 하천별, 시설물별로 배분하여 관리하는 것을 말하며, 이후 하천정비기본계획에서 유역 내 도시화, 치수안전도상향조정 등 조건변화에 따라 증가되는 홍수량은 해당 유역에서 담당하도록 하는 홍수총량관리의 의미를 갖고 있다.

(5) 기존 수방시설능력 검토 및 조정

치수계획은 그동안 하천정비기본계획에서 다루지 못했던 유역 내 다목적댐 등 기존의 각종 수방시설의 홍수조절능력 및 운영방식을 재검토하고 필요시 이를 조정하여 최적연계운영이 되도록 하는 기능이 있다.

(6) 홍수방어대안 설정

목표한 계획홍수량을 하도소통량과 유역분담량으로 구분하여 홍수방어대안을 설정하는데 홍수방어대안은 경제성뿐만 아니라 홍수조절효과, 사회와 환경에 미치는 영향 등이 종합적으로 고려되어야 하며 특히 유역에서의 방어지점 위치 및 유출특성에 따라 적절한 대안을 선택해야 한다. 홍수방어대안은 일반적으로 구조적 대책과 비구조적 대책으로 구분할 수 있으며 일반적으로 그림 8.1과 같이 요약할 수 있다.

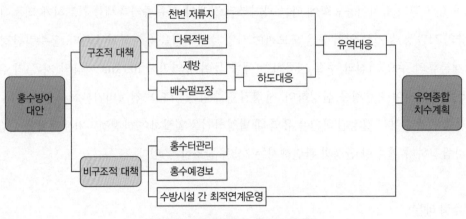

그림 8.1 치수계획의 홍수방어대안

(7) 홍수방어대안 수립 사례

2012년 4월 국토교통부는 도시구간의 하천, 소하천, 하수도, 농업용 배수로, 저류지 등 다양한 수방시설을 최적 연계 계획하는 "도시하천 유역종합치수계획" 수립하고 김포, 인천 계양구 일원의 계양천 유역을 시범사업 대상지구로 선정한 바 있으며, 중앙하천관리위원회 심의를 거쳐 2014년 6월 계획이 확정되었다.

계양천 유역 대부분은 한강 홍수위 이하의 저지대로 홍수 발생 시 상류의 홍수로 인해 하류 김포구 시가지 일원의 도심지, 농경지를 침수된 이후 시간을 두고 펌프로 배제되는 지역적 특성을 갖고 있다. 또한 피해지역이 도시구간이므로 토지보상 단가가 높다는 점 등을 감안하여 계획 수립과정에서 하수도, 소하천, 하천 등 관련 기본계획을 종합적으로 검토하고, 다양한 수방시설의 단위사업비당 홍수처리용량 분석을 토대로 사업비가 저렴한 시설부터 최대한 설치하는 방식으로 계획하였다. 특히, 유역 전체에 대한 2차원 홍수범람해석(7.4절 참조) 결과를 토대로 홍수저류공간의 여유가 있는 구역은 삭감하고, 부족한 구역은 증설하는 방향으로 수방시설 설치계획을 조정하였다.

이에 따라 기존의 농업용 수로를 홍수 시에는 저류시설로 활용하기 위해 수문을 설치하였고, 하천 중류부에 제수문을 설치하여 하류 홍수량 펌프배제 시까지 중상류구간을 유수지로 활용토록 하였으며, 유역 전체 관점에서 펌프용량을 분석하여 부분 증설을 계획하고 하도구간은 가능한 구간은 최대한 준설하여 하도 저류용량을 극대화하였다. 아울러 고속도로 IC를 저류지로 겸용토록 시설개량을 함으로써 보상비를 절약하였으며, 하수도 통수능 부족구간에 대하여는 전반적인 관경

증대는 지나치게 많은 사업비가 소요됨에 따라 최소 필요구간만 시행하고 부족한 부분은 공설운동장 등 5개소 공공시설물 지하의 대용량 지하저류조 건설로 대체하였다. 그림 8.2는 한강 계양천의 구조적 홍수방어대안 사례를 나타내고 있다.

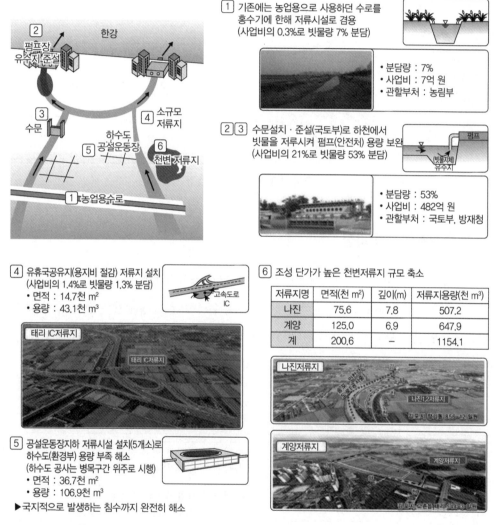

그림 8.2 한강 계양천 홍수방어 대안(하천과 문화 Vol. 11, No. 2, 정희규)

(8) 치수계획의 효과

그림 8.3과 같이 기존 하도에만 담당하던 홍수량(선 개념 치수대책)을 유역 내(농경지 일부를

천변저류지로 계획·변경)에서 분담(면 개념 치수대책)하고 홍수방어시설의 치수능력을 증대시킴으로 홍수피해를 경감하여 국민의 재산과 생명을 보호하며 홍수에 강한 국토를 조성하는 데 효과를 거둘 수 있다.

- 유역의 홍수조절기능 증대
- 홍수방어 시설물의 치수능력 증대

⇩

- 유역의 홍수피해 경감
- 국민의 생명과 재산보호
- 소득증대 및 지역경제 활성화

⇩

- 홍수에 강한 국토 조성

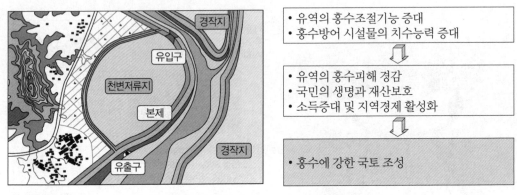

그림 8.3 치수계획의 효과

8.1.3 치수계획의 수립과정

치수계획은 그림 8.4와 같이 3단계로 구분하며, 1단계 조사단계에서는 현지답사, 현황조사, 치수특성 조사 등이 이뤄지며, 2단계 분석단계에서는 홍수피해 분석, 홍수량 산정, 홍수량 배분가능량 검토, 치수안전도 등을 분석하게 된다. 3단계 계획수립단계에서는 홍수방어대안을 평가하고, 최적 홍수방어계획을 수립 후 홍수량을 배분, 유역관리 계획을 수립한다.

단계	과업내용	중점 검토 사항
가. 제1단계 (조사단계)	• 현지답사	–하천의 수변경관 및 주변지역 토지이용 등 실태조사 –기왕홍수 흔적 및 피해실태 조사
	• 하천측량 및 GIS 현황 조사	–하천측량 현황 및 GIS 자료현황 조사 –기 수립된 하천기본계획 등 자료 활용
	• 유역 등 일반현황 조사	–유역의 형상, 유역면적, 평균경사, 평균고도, 유역의 방향성 등 유역특성 조사 –인구 및 도시화율, 자산현황, 도로 및 교량 등 기반시설 현황 조사

그림 8.4 치수계획 수립절차 및 주요내용

단계	과업내용	중점 검토 사항
가. 제1단계 (조사단계)	• 치수특성 조사	– 강우 및 수위 등 기초 수문자료 조사 – 제방 및 호안, 기존댐, 농업용 저수지 등 치수시설물 제원조사
	• 관련계획 조사	– 수자원장기종합계획, 하천기본계획 등 치수관련 계획 조사 – 도시정비기본계획, 국토개발계획 등 유역 내 장래 개발계획 조사
나. 제2단계 (분석단계)	• 홍수피해 현황 조사 및 분석	– 기왕의 홍수 흔적, 홍수피해 실태, 홍수피해 원인분석 등을 조사·분석하여 종합적인 홍수방어대책 수립
	• 홍수량 산정	– 강우분석, 장래개발계획을 고려한 CN 산정 – 임계지속시간, ARF(면적우량 환산계수)를 고려한 현 상태 및 목표연도 홍수량 산정 – 기존댐 홍수조절효과 검토
	• 홍수량 배분 가능량 검토	– 홍수방어시설물(기존댐, 농업용저수지 등)별 홍수량 분담 가능량 검토 – 주요 지점별 하도분담 가능량 검토
	• 치수안전도 설정	– 기존 치수안전도 및 치수단위구역별 PFD 산정결과 등을 고려하여 치수안전도 검토 – 하천별 권역별 치수안전도 설정
다. 제3단계 (계획수립)	• 홍수방어대안 도출 및 평가	– 홍수방어시설물 도출 및 개별시설물별 효과 검토 – 개별시설물별 홍수위, 침수면적 저감 및 경제적인 효과 검토
	• 최적 홍수방어계획 수립	– 홍수방어 시나리오 작성 – 시나리오별 효과 검토(홍수위 저감, 침수 면적 저감, 경제성 검토) – 최적의 홍수방어계획 수립
	• 홍수량 배분	– 주요 시설물별 홍수량 배분량 검토 – 주요 지점별 하도 및 유역 분담량 검토
	• 유역협의회 구성 계획 수립	– 관계기관, 지역주민대표 및 시민단체, 수자원개발 전문가 등을 대상으로 유역관리협의회 구성
	• 유역관리계획 수립	– 유역 유출상황 모니터링, 유역 내 저류능력 유지방안 및 관련계획과의 연계방안 등을 고려하여 유역관리계획 수립

그림 8.4 치수계획 수립절차 및 주요내용(계속)

8.2 치수경제성 평가

8.2.1 개념

치수사업의 경제성 분석은 사업 전은 물론 사업 후에도 편익의 실체가 완벽히 검증되기 쉽지 않으므로 장래 홍수피해에 대한 예측은 사업의 추진에 있어 중요한 부분이고 매우 민감한 사안이다.

최근 국내에서 치수사업의 타당성 분석 시 적용되고 있는 홍수피해산정법은 다차원홍수피해산정법(MD-FDA)(이하 '다차원법')으로 기존보다 정밀한 홍수피해 산정을 위해 건설교통부(2004)에서 개발하였다. 다차원법은 표 8.4와 같이 통계자료를 조사하여 산정하는 일반자산 피해 5개 항목과 1990년대까지 사용되어 오던 '간편법'(건설부, 1985; 1993)의 원단위를 이용한 인명/이재민 피해, 마지막으로 일반자산피해에 비율계수를 곱하여 계산하는 공공시설피해 등 총 7가지 피해항목으로 구성되어 있다.

이 중 일반자산 피해 5개 항목은 실제 행정구역의 자산평가액을 근거로 산정하며, 홍수피해 발생 후 같은 장소에서 다시 생활을 시작하기 위해서 사람들은 가옥이나 가재 등을 재조달하는 경우가 많기 때문에 실제로 사람들이 지출하는 피해액에 가까운 재조달 가격 또는 복구비를 근거로 직접적인 피해액을 산정하는 것을 기본으로 하고 있다. 공공시설물은 과거 피해자료로부터 일반자산피해액과의 관계를 도출하여 공공토목시설 피해액 대비 일반자산피해액에 대한 비율을 산정한다. 다차원법은 홍수피해로 인한 직접편익만을 다루고 있으며, 필요에 따라 간접편익은 자산고도화나 교통피해방지 등을 별도로 고려하여야 한다. 그림 8.5는 다차원법의 산정절차 및 개념을 나타내고 있다.

표 8.4 다차원홍수피해산정법의 행정구역별 일반자산 피해항목 조사 대상

자산항목	대상자산
주거자산	건물: 일반세대의 주거용 건물 건물내용물: 일반세대의 주거용 가정용품
농업자산	농경지: 전·답 농작물: 홍수 시에 있어서의 대표작물
산업자산	유형고정·재고자산: 사업소자산 중 토지를 제외한 생산설비나 재고자산

자료: 건설교통부, "치수사업 경제성분석 방법 연구"

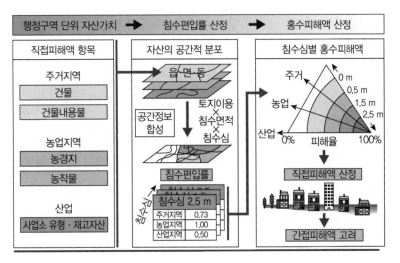

그림 8.5 다차원홍수피해액 산정 방법 개념도

8.2.2 조건 및 구성요소

1) 고려조건

홍수로 인한 피해를 정량화한다는 것은 매우 복잡한 과정이다. 광범위한 의미에서 홍수피해는 정량적·정성적 피해를 포괄하지만 정량적 피해가 경제적 피해로서 화폐가치로 계량화할 수 있는 직간접 피해를 의미하는 반면, 정성적 피해는 사회적 피해로서 주로 피해지역 주민의 정주안정성과 관련한 정서적 불안과 사회적 갈등 가능성 등 계량화하기 힘든 간접피해를 의미한다. 따라서 일반적인 홍수피해 산정은 정량적, 경제적, 계량적 피해를 다루게 된다. 일반적인 홍수피해 산정법이 갖추어야할 조건은 다음과 같이 세 가지를 들 수 있다.

① 피해지역 토지이용 및 자산조사의 정밀성과 정확성: 이는 대상지역의 잠재적 피해의 정도를 나타내는 요소로서 산정된 피해가 지역특성을 잘 설명할 수 있는가를 결정짓는다.

② 정확하고 효율적인 침수구역 예측: 이는 경제적 계량화와는 별개의 공학적 요소이지만 피해의 공간적 범위를 결정짓는 결정적 요소로서 산정결과의 신뢰성을 높이기 위하여 필수적인 요소이다.

③ 적용대상에 대한 일반성과 산정과정의 편의성: 홍수피해 산정은 다양한 치수사업의 타당성

분석 및 평가에 활용되므로 일반적이고 손쉽게 적용할 수 있어야 한다.

첫째와 둘째 조건은 홍수피해 산정의 경제적·공학적 측면의 정확·정밀성을 강조한 것이다. 반면 셋째 조건은 피해 산정이 경제성 분석을 전제로 하는 것이므로 일반성과 편의성 등 작업효율을 강조하고 있다. 또한 세 가지 조건은 모두 피해지역의 공간적 분포를 반영하기 위한 지리정보시스템(Geographic Information System, 이하 GIS) 활용의 중요성을 내포하고 있다. 즉, GIS의 활용은 공간분포형 홍수피해 산정법의 방법론적 완결성을 충족시키는 필요충분조건이다. 최근의 GIS를 활용한 홍수피해산정 개념은 이러한 조건들을 기반으로 하고 있으며, 분석과정 및 체계를 도시하면 그림 8.6과 같다.

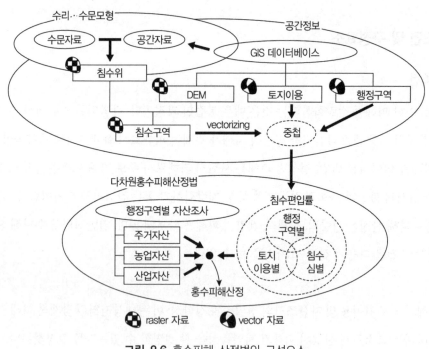

그림 8.6 홍수피해 산정법의 구성요소

2) 피해항목

(1) 일반자산피해액 산정의 대상자산

표 8.4와 같이 직접피해 산정의 대상자산은 인간이 생존이나 생활을 하기 위한 거주지나 농업,

제조업 그리고 서비스업 등 경제활동을 영위하기 위하여 축적해온 동산 및 부동산 등을 그 대상으로 한다. 즉 건물, 건물내용물, 농경지, 농작물, 사업소 유형·재고자산이 이에 해당한다.

(2) 일반자산피해액 산정의 기본단위

홍수지역의 범위가 홍수피해액에 주는 영향을 구체적으로 측정하기 위하여 홍수지역의 범위를 행정구역상의 읍·면·동 단위로 설정한다. 물론 '읍·면·동'보다 더 작은 단위로 지역의 범위를 설정하는 것이 피해액 산정결과의 정확도는 훨씬 높을 수 있지만, 피해액 산정방식이 가져야 할 합리적인 특성들인 정확성(precision), 가능성(feasibility), 편의성(convenience) 그리고 단순성(simplicity) 등을 최대한 조화롭게 만족시켜줄 수 있는 현실적인 단위는 '읍·면·동'이다.

(3) 일반자산피해액 산정의 입력자료

직접피해액을 구체적으로 산정하기 위해서는 다음과 같은 자료가 필요하다.

① 직접피해 대상자산 자료
② 침수심 – 피해율 관계
③ 해당지역의 침수심 자료

그러므로 직접피해액 산정식을 사용하여 실제 홍수피해액을 산정하기 위해서는, ①의 정보와 ②의 정보를 사전에 준비하여 위의 관계를 미리 설정해두고, 실제로 특정한 홍수가 발생하게 되면 ③의 정보를 이러한 관계에 대입함으로써 실제 홍수피해액을 산정하게 된다.

3) 대상지역의 행정구역별 자산조사

표 8.5는 행정구역별 지역특성을 반영하는 구체적인 자산 산정 방법을 나타내고 있다. 지역특성은 일차적으로 특정 지역이 가지고 있는 주거특성, 농업특성, 산업특성으로 대분류된다. 이러한 지역특성에 관한 정보는 통계청과 같은 공공기관의 공공자료 수집 및 분석을 통해 정리할 수 있다.

표 8.5 직접피해 대상자산

지역특성		세분류	자료	산정 방법
주거 특성	건물 (동)	단독주택	① 건축형태별 건축연면적 주택수 ② 건축형태별 건축단가 ③ 아파트, 연립주택의 층수 ④ 읍면동별 건축형태별 주택수	해당 읍면동의 평균건물연면적에 건축단가를 곱해서 산정(①×②×④ 단, ③ 고려)
		아파트		
		연립주택		
	건물내용물 (세대)		① 가정용품 보급률 및 평균가격 ② 지역별 가정용품 평가액 ③ 읍면동별 세대수	세대수에 1세대당 평가단가를 곱하여 산정(①×②×③)
농업 특성	농경지	전(면적)	① 매몰,유실에 의한 피해액 ② 읍면동별 전,답 면적	매몰이나 유실이 발생하였을 경우 피해액을 바로 산정(①×②)
		답(면적)		
	농작물	전(면적)	① 단위면적당 농작물평가단가 ② 읍면동별 전, 답면적 ③ 읍면동별 경작작물의 종류	논면적, 밭면적에 시군구별 단위면적당 농작물평가단가를 곱하여 농작물자산을 산정(①×② 단, ③ 고려)
		답(면적)		
산업 특성	유형자산(액)		① 산업분류별1인종사자수당 사업체 유형·재고자산액 ② 읍면동별산업분류별 종사자수	산업대분류마다 종업자수에 1인당 평가단가를 곱하고 사업소 유형고정자산·재고자산을 산정(①×②)
	재고자산(액)			

8.2.3 GIS를 활용한 다차원 홍수피해 산정 방법

1) GIS 기반의 홍수피해 산정절차

다차원법은 피해지역의 읍·면·동 단위 행정구역, 침수면적 및 침수심, 토지이용 등의 공간정보를 GIS를 활용하여 행정구역 단위 침수발생 면적에 대한 침수심별 주거, 농업, 산업 침수편입률을 산정한다. 이로부터 대상지역의 자산에 침수심에 따른 침수편입률과 피해율을 곱하여 침수심별 홍수피해를 산정하게 된다. 침수편입률은 행정구역 내에서 주거, 산업, 농업 등 지역특성요소의 총자산가치를 실제 침수된 부분에 대한 자산가치로 환산하기 위해 지역특성요소별로 지리요소인 공간객체들의 위치(position)정보를 침수심별로 중첩하여 전체에 대한 비로 나타낸 것이다. 그림 8.7은 GIS를 활용한 홍수피해 산정 자료처리 과정과 절차를 나타낸 것이다.

홍수 빈도별로 피해를 산정한 후에는 이를 빈도의 역수인 초과확률의 구간별 증분에 곱하여 누적시키는 방식으로 조건부 기댓값을 취해 연평균 피해를 산정하게 된다. 다차원법을 적용할 때에 필요한 일반자산항목의 조사는 각 지자체가 발간한 최근 통계연보를 활용하고 자산항목별 평균단가는 건설교통부(2004)에서 제시한 값을 사용하고 있다. 만약 침수심에 대한 시간적 정보를 산정할 수 있다면 시간별 홍수피해액뿐만 아니라 최대 침수심에 해당될 경우의 최대 피해액도 다차원법을 이용하여 산정할 수 있다.

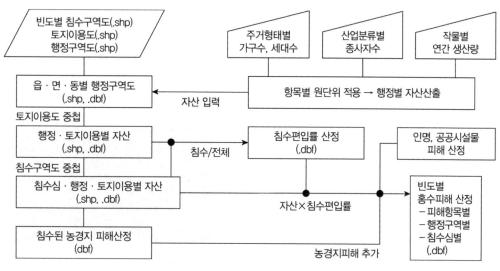

그림 8.7 홍수피해 산정의 자료처리 과정

2) 다차원법 적용사례

본 절에서는 2차원 홍수범람모형(8.3 DEM기반 2차원 홍수범람모형 참고)을 선택하여 2002년 태풍 '루사'로 인한 강원도 장현저수지와 동막저수지의 동시 붕괴에 따른 침수양상을 분석하고, 다 차원을 이용하여 피해지역에서의 홍수피해액을 산정하여 실제 보고된 피해액과 비교·검토한 결 과를 기술한다.

(1) 대상유역 현황

2002년 태풍 '루사'에 의해 붕괴된 장현저수지(1947년 준공)와 동막저수지(1961년 준공)의 하 류지역을 대상으로 2차원 홍수범람모형과 다차원법을 이용하여 침수해석 및 침수지역에 대한 홍 수피해액을 산정한다. 그림 8.8은 대상유역 모식도 및 피해전경으로써 장현저수지는 강원도 강릉 남 대천 수계내 섬석천(지방하천) 상류부에 위치하며, 유역면적 11.52 km^2, 유효저수량은 217.6×10^4 m^3 이고, 동막저수지는 장현저수지 하류부에 위치하는 섬석천에 합류되는 금광천(지방하천)과 군선 천(지방하천) 상류에 위치하고 있으며, 유역면적은 18.3 km^2, 유효저수량은 104.2×10^4 m^3이다. 태풍

'루사' 시 강릉지역에서의 1일 최대강우량은 870.5 mm(1일 최대 시 우량 100.5 mm)로서 우리나라 기상관측소가 설치된 이후 최고치를 기록하였으며, 설계빈도를 초과하는 집중호우로 인한 저수지 수위상승에 따른 월류 및 사면침하로 인해 제당, 여수토 방수로가 유실되어 장현 및 동막저수지가 완전 붕괴되어 하류지역 주택침수 및 붕괴, 농경지 침수, 하천범람, 교량파괴 등이 발생하였다.

(b) 장현저수지 제체유실 및 붕괴현장

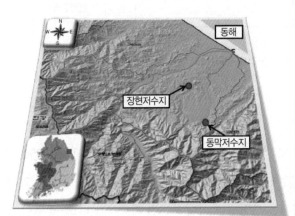

(a) 저수지 위치

(c) 동막저수지 제체유실 및 붕괴현장

그림 8.8 대상유역 현황(이기하 등, 2011)

(2) 지형자료 구축 및 조도계수 산정

제내지의 홍수범람 해석을 위해서는 잠재범람유역을 격자 형태로 분할해야 하며, 본 연구에서는 격자폭을 90 m로 결정하여 장현, 동막저수지의 침수흔적도를 바탕으로 국토정보지리원의 1:25000 수치지도의 지형정보속성을 추출한 후 상용 S/W인 ArcGIS를 이용하여 불규칙삼각망을 형성하고 90 m×90 m 격자크기로 DEM을 구축한다. 이상의 과정에 따라 생성된 DEM은 주위가 높은 표고값이나 낮은 표고값들로 둘러싸인 격자로 정의되는 sink나 peak와 같은 오차를 포함하게 되는 데 이러한 오차들은 부정확한 지형정보를 제공하기 때문에 지형정보 추출 전에 반드시 제거해야 한다. 이에 대한 상세한 내용은 8.4.1에 기술되어 있다.

지표면 조도계수는 지표면 유속을 결정하는 중요한 매개변수이며, 범람해석을 위한 조도계수의 산정은 토지 이용에 따라 구분된다. 본 사례에서는 국가수자원관리종합정보시스템(WAMIS)에서 제공하는 Landsat 위성영상을 통해 피복분류된 자료를 이용하여 대상유역 내 격자별 조도계수 값을 산정하였다.

(3) 홍수범람모형의 적용 및 결과분석

2차원 홍수범람모형의 입력조건으로서 태풍 '루사' 내습 시 장현과 동막 저수지의 유입수문곡선이 요구되며, 이는 댐붕괴모형인 NWS DAMBRK 모형 등을 이용하여 산정할 수 있다. 그림 8.9는 각 저수지의 붕괴유출수문곡선을 도시한 것이며, 붕괴유출수문곡선의 시간은 저수지 월류 후 지속시간을 나타낸다(한건연 등, 2005).

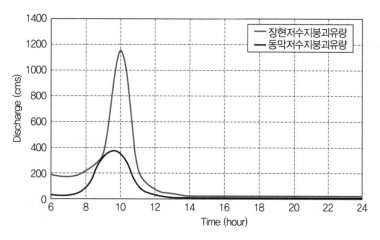

그림 8.9 장현, 동막저수지 붕괴유출수문곡선

장현저수지는 2002년 8월 31일 11시 10분경에 계획홍수위를 초과하는 수위상승에 의해 여수로가 유실된 후 약 21시 10분경에 완전 붕괴되었으며, 동막저수지는 장현저수지와 마찬가지로 수위상승과 저수지 붕괴에 따른 수위 급강하로 제체 포락이 발생되었고, 2002년 8월 31일 20시 이후에 완전 붕괴된 것으로 보고되었다(국립방재연구소, 2002).

그림 8.10은 범람모의시간을 여수로가 유실된 2002년 8월 31일 12시부터 24시까지로 결정한 모의시간별 침수면적 결과를 도시한 것이다. 시간별 침수면적을 살펴보면 저수지의 계획홍수위를

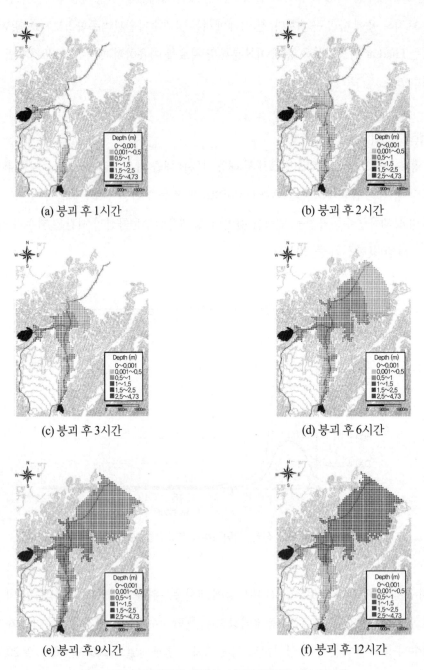

(a) 붕괴 후 1시간   (b) 붕괴 후 2시간

(c) 붕괴 후 3시간   (d) 붕괴 후 6시간

(e) 붕괴 후 9시간   (f) 붕괴 후 12시간

그림 8.10 모의시간별 침수심 분포도(이기하 등, 2011)

넘어선 0.5시간부터 저수지 직하류 유역이 침수되기 시작하였으며, 약 7시간까지 침수면적이 급격히 증가하여 8시간 만에 저수지 하류유역 대부분이 침수되었다. 또한 그림 8.10(e)에서 볼 수 있듯이 저수지가 완전 붕괴된 모의 9시간째(2002년 8월 31일 21시)에 저수지 직하류에서 침수심이 급격히 증가함을 확인할 수 있다. 장현 저수지의 직하류에서 최대 침수심은 4.73 m로 분석되었으며, 동막 저수지의 경우 침수심은 장현저수지에 비해 낮게 나타났으며, 최대 침수심은 4.3 m로 분석되었다. 실제 침수흔적도와 비교결과, 하류유역의 일부분에서 범람모의결과가 침수흔적도에 비해 더 확산된 형태를 보였지만, 2차원 홍수범람모형의 경우, 대상지역의 실제 침수흔적도와 매우 유사하게 범람 현상을 모의하였다. 이상의 침수변화양상을 모의할 경우, 다양한 2차원 홍수범람해석 범용 프로그램(MIKEFLOOD, SMS, FLUMEN 등)을 활용할 수 있다.

(4) 침수편입률 산정

전술한 바와 같이 침수편입률이란 행정구역 내에서 주거, 농업, 산업의 지역특성요소의 총자산 가치를 실제 침수된 부분에 대한 자산 가치로 환산하기 위해 지역특성 요소별로 공간객체들의 위치정보를 침수심별로 중첩하여 전체에 대한 비율을 의미하며, 건물 피해액과 건물 내 자산 피해액을 산정하기 위해서 침수편입률을 산정하여야 한다. 그림 8.11은 침수편입률 산정의 기본 모식도이며, 2차원 홍수범람모형의 침수모의결과(그림 8.10)를 바탕으로 산정된 대상유역에서의 침수심별 침수편입률은 표 8.6과 같다.

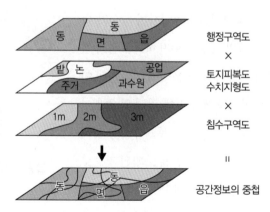

그림 8.11 침수편입률 산정을 위한 공간정보의 중첩

표 8.6 산정된 침수편입률

침수심	0~0.5 m	0.5~1 m	1~2 m	2~3 m	3 m 이상
침수편입률	0.1	0.13	0.59	0.11	0.07

(5) 피해액 산정결과

그림 8.12와 같이 장현저수지와 동막저수지가 붕괴되어 침수된 지역은 대부분이 논과 밭으로 구성되어 있고, 주거지역은 전형적인 농촌지역으로 분류할 수 있으며, 산업지역의 경우 대부분 식당과 가게로 이루어져 있으며, 해수욕장으로 인해 대부분이 동해 쪽에 집중되어 있다.

농업지역 피해액 산정을 위해 논과 밭의 경우 표 8.7과 같이 침수심 1 m를 기준으로 구분하며, 1 m 이하인 경우 농작물의 피해는 발생하지만 농경지의 피해는 발생하지 않는다고 가정하고, 1 m 이상인 경우에는 농경지의 매몰 및 유실피해가 발생한다는 것으로 간주한다. 또한 농작물 피해액은 침수심이 1 m 이상인 경우에는 농작물 피해율을 100%로 하며, 1 m 이하인 경우에는 침수기간별 피해율을 적용하여 피해액을 산정한다. 농경지의 경우 모의결과 92.4%가 매몰 또는 유실되었으며, 나머지 7.6%의 농경지는 1 m 이하의 침수가 나타났다. 특히 장현저수지 붕괴의 경우 저수지 하류부분의 침수심이 동막저수지에 비해 상당히 높게 분석이 되었는데 이는 장현저수지의 저수용량이 동막저수지에 비해 약 2배 이상 크며, 그림 8.9에서 볼 수 있듯이 저수지 붕괴유출량 역시 약 3배 이상 차이가 남에 따라 침수심이 높게 모의된 것으로 판단된다. 그림 8.12는 피해액 산정을 위해 2002년 통계청 자

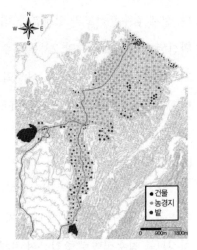

그림 8.12 침수지역 토지이용도

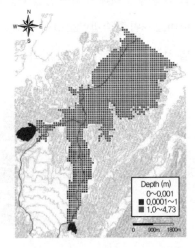

그림 8.13 농경지피해 기준수심

료를 기반으로 침수흔적도에 해당하는 토지이용도를 도시한 것이며, 그림 8.13은 농경지의 피해액을 산정하기 위한 1 m 기준 침수심으로 구분된 침수심도이다.

표 8.7 농경지 피해율(정종호와 윤용남, 2009)

구분	침수심		비고
	1 m 이하(침수)	1 m 이상(매몰, 유실)	
논	0%	100%	• 매몰: 매몰면적(m^2)×0.1(m)×2,940원/m^3
밭	0%	100%	• 유실: 유실면적(m^2)×0.1(m)×5,660원/m^3 • 평균: 침수면적(m^2)×713원/m^2

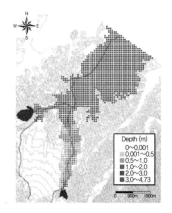

그림 8.14 건물피해 기준수심

주거지역 피해액의 경우 건물 피해액과 건물 내 자산피해액으로 구분되며, 그림 8.14와 같이 농업지역 피해액에 사용된 기준 침수심보다 더 세부적인 침수심을 사용한다. 건물 피해액의 경우 식 (8.1)과 같은 방법으로 산정하였으며, 건물 침수피해율은 지상 시설물만 고려하는 경우와 지하 시설물도 고려하는 경우로 구분되는데 여기에서는 지상 시설물만 고려하여 건물피해액을 산정하였다. 건물 내 자산피해액은 식 (8.2)와 같은 방법으로 산정하였으며, 침수심별 피해율은 자가, 전세 등과 같은 주거형태와 관계없이 동일하다고 가정하였다. 표 8.8은 주거지역 피해액 산정에 적용한 건물 침수피해율 및 건물 내 자산피해율이다. 여기서, n_1는 아파트 층수, n_2는 연립주택 층수를 나타낸다.

$$건물 피해액(원) = 건물 자산가치(원) × 주거지역 침수편입률 × 건물 침수피해율 \qquad (8.1)$$

$$건물 내 자산피해액(원) = 건물 자산가치(원) × 주거지역 침수편입률 × 건물 내 자산피해율 \quad (8.2)$$

표 8.8 건물 침수피해율 및 건물 내 자산피해율(정종호와 윤용남, 2009)

구분	주택 형태	침수심					비고
		0~0.5 m	0.5~1.0 m	1.0~2.0 m	2.0~3.0 m	3.0 m 이상	
건물 침수 피해율	단독 주택	15	32	64	95	100	
	아파트	$15/n_1$	$32/n_1$	$64/n_1$	$95/n_1$	$100/n_1$	단위(%)
	연립 주택	$15/n_2$	$32/n_2$	$64/n_2$	$95/n_2$	$100/n_2$	
건물 내 자산 피해율		14.5	32.6	50.8	92.8	100	

침수지역에서의 산업유형을 살펴보면 여러 분야가 있는데 특히 동해 쪽의 해수욕장으로 인해 오락, 문화 및 서비스업과 개인서비스업이 많은 부분을 차지하고 있다. 유형자산과 재고자산의 평가액은 통계청의 국부통계조사보고서에 산업별로 분류되어 있는 자료를 이용하여 산정하였으며, 종사자수는 통계연보와 통계청 자료 등을 이용하여 산정하였다. 공공시설물은 직접피해액 산정이 곤란한 경우가 많으므로 일반적으로 일반자산 피해액에 공공시설물 피해액의 일반자산 피해액에 대한 비율을 곱하여 산정한다. 여기에서는 공공시설물 피해액의 일반자산에 피해액 대한 비율은 재해연보(소방방재청, 2002)를 기준으로 산정하였다.

인명피해액은 인명손실 피해액과 이재민 피해액으로 구분하여 산정하며, 치수사업 경제성분석 개선방안연구(건설교통부, 2001)에서 제시한 방법을 이용하였다. 인적자원 접근법에 적용되는 원단위는 과거의 자료를 토대로 하여 산정된 수치이며 다음 식 (8.3)과 (8.4)를 이용하여 산정하였다.

$$\text{인명피해액(원)} = \text{침수면적당 손실 인원수(명/ha)} \times \text{손실 원단위(원/명)} \times \text{침수면적(ha)} \quad (8.3)$$

$$\text{이재민피해액(원)} = \text{침수면적적당 발생 이재민(명/ha)} \times \text{대피일수(일)}$$
$$\times \text{일평균국민소득(원/명·일)} \times \text{침수면적(ha)} \quad (8.4)$$

2002년 태풍 루사 피해 현장조사 보고서(국립방재연구소, 2002)에 의하면 대상유역에서 발생한 피해액은 약 450억 원으로 분석되었으나, 본 사례에서 산정된 피해액은 약 523억 원으로 과다산정되었다. 그러나 현장조사 보고서의 자료는 대부분 수해 당시의 현지조사를 기반으로 이루어지고, 대규모 피해로 인한 현지조사가 불가능한 지역으로 인해 실제보다 과소 산정된 경향이 있다(최승안 등, 2006a). 또한 인명피해액의 경우 저수지 붕괴 당시 홍수 예·경보로 인한 사전대피에 의해 사상자와 부상자를 많이 줄일 수 있었기 때문에 실제 피해액은 적게 조사된 반면, 다차원법을 적용하여 피해액을 산정한 경우 발생가능한 인명피해액을 모두 포함하여 산정되었기 때문에 피해액이 실제에 비해 과다산정될 수밖에 없다. 따라서 인명피해액과 부상자, 이재민 피해액을 고려하지 않을 경우 산정된 피해액은 약 464억 원으로 피해 현장조사 보고서와 매우 유사하게 평가되었다. 다차원 홍수피해 산정법에서 간접피해액은 간접 편익의 개념에서 사업체 편익, 응급대책 편익, 교통 편익, 자산이용 고도화 등의 항목으로 제시하고 있나 산정 방법의 실무 적용이 용이하지 않으므로 본 사례에서는 간접피해액을 배제하였다. 총 피해액 산정결과는 표 8.9와 같이 요약할 수 있다.

표 8.9 피해액 산정결과

구분		피해액
(1)	농경지+농작물	40,445,565,640원
(2)	건물+건물자산	2,171,634,243원
(3)	산업지역	2,139,758,136원
(4)	공공시설물	1,657,984,310원
(5)	인명(사망자)	642,500,000원
(6)	이재민	4,697,190,000원
(7)	부상자	514,000,000원
(8)	합계	52,268,632,329원
산정된 피해액 합계 (8)=(1)+(2)+(3)+(4)+(5)+(6)+(7)		약 523억 원
인명, 이재민, 부상자를 고려하지 않은 합계 (9)=(8)−{(5)+(6)+(7)}		약 464억 원
보고된 피해액(국립방재연구소, 2002)		약 450억 원

8.3 홍수범람 해석

8.3.1 홍수범람 및 모의기법

1) 개요

홍수로 인한 인명 및 재산피해를 최소화하고 홍수범람 정보제공을 통한 주민대피 방안 수립 등을 위해 현재 다양한 형태의 홍수위험지도가 제작·배포되고 있다. 홍수범람은 범람원 및 그 형태에 따라 그림 8.15와 같이 하천범람 등과 같은 외수범람, 우수배제능력 부실에 따른 도시형 내수범람, 폭풍해일 또는 쓰나미에 의한 해수범람 등으로 구분할 수 있으며, 본 절에서는 외수범람(제내지 범람, 하천범람)해석을 중심으로 기술하도록 한다.

국내에서는 1990년대 초부터 HEC-RAS 등 1차원 하천수리모형과 GIS를 연계하여 범람지역을 모의하고, 외수범람 침수지도를 작성하는 연구가 다수 수행된 바 있다. 이와 같은 홍수범람해석의 경우, 상하류 경계조건을 이용하여 하천수위를 예측하고, 그림 8.16과 같이 하천수위가 제방고를 초과하는 단면에서의 수위를 단순 연장하여 범람유역을 산정한다. 다만, 이와 같은 방법론은 홍수파의 확산효과를 고려할 수 없고, 지형에 의해 고립된 저류지 형태의 홍수범람 지역이 존재하는 등 홍수면적이 과다산정될 뿐만 아니라 침수깊이 정보 역시 오류를 포함하고 있다.

외수범람   내수범람   해수범람

그림 8.15 홍수범람의 형태(이기하, 2017)

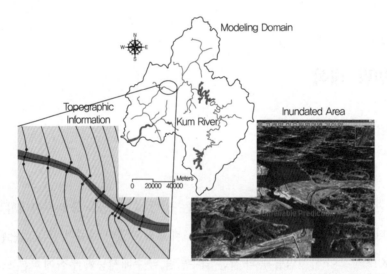

그림 8.16 1차원 하천수리모형과 GIS를 이용한 외수범람모의 사례(이기하, 2017)

이후 다양한 2차원 범람해석기법이 개발되었으며, 대부분의 모형은 그림 8.17과 같이 범람지역(제내지)을 정방형 또는 비정방형 격자로 분할하여 유한차분(FDM), 유한요소(FEM) 또는 유한체적(FVM) 수치해석기법을 통해 홍수파를 격자별로 해석하게 된다. 이에 따라 홍수파의 확산모의가 가능하고, 범람지역의 지형효과를 고려할 수 있는 장점이 있는 반면, 격자구성에 따라 계산시간이 종속적이고, 하천구조물과 연계해석 시 수치불안정이 발생할 수 있다. 그러나 컴퓨팅 및 GIS 기술의 비약적인 발전으로 인해 현재 대부분의 범람해석은 2차원 수리모형을 활용하고 있다.

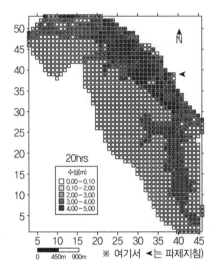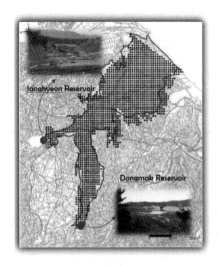

그림 8.17 정방형 격자를 이용한 제방(이기하 등, 2010) 및 저수지 붕괴에 따른 2차원 외수범람모의 해석사례(이 기하 등, 2011)

2) DEM 기반 2차원 홍수모형 사례

하천제방의 월류 및 붕괴에 따른 제내지의 침수구역을 해석하기 위해서 하천수리모형을 이용하여 제외지에서의 단면별 홍수위 분석 후 완전월류와 불완전월류 웨어공식을 적용하여 하도와 제내지 사이의 유량의 유출입을 고려할 수 있는 연결모형을 이용하여 붕괴단면에서의 제방붕괴로 인한 제내지로의 범람홍수량을 산정할 필요가 있다.

시간에 따른 제방붕괴형태 변화양상은 직사각형 단면으로 가정하고, 범람홍수량은 하천의 수위와 제내지의 수위를 실시간으로 비교하여 계산한다. 또한 제내지로의 범람홍수파의 거동은 2차원 운동방정식과 연속방정식을 지배방정식으로 차분화하여 해석하고, 최종적으로 임의 모의시간별 홍수범람도 및 최대범람구역도를 작성할 수 있다.

범람모형을 포함한 비정방형 격자를 이용한 다양한 하천수리모형의 경우 중요 대상유역(하천

내 교각 주변과 하천 만곡부 등)에 대해 세밀한 지형처리가 가능하므로 고정확도 해석결과를 기대할 수 있으나 지형자료의 전처리 및 모의시간이 상당히 소요되는 단점을 가지고 있다. 실제로 Horritt and Bates(2001)는 정방형 격자 및 비정방형 격자구조의 수치모형을 이용한 범람해석 연구를 통해 두 모형 모두 타당한 침수면적을 제공하였으며, 계산시간의 효율성 및 매개변수의 보정 등에 있어 정방형 격자를 이용하는 DEM(digital elevation model, 수치표고모형) 기반의 범람모형의 편의성을 강조한 바 있다. 또한 침수지도, 홍수위험 지표 및 홍수피해 산정기법을 이용한 홍수위험지도 작성을 위해서는 다양한 GIS 기반의 공간분포형 정보와의 연계해석이 필요하며, 이를 위해서는 정방형 격자의 홍수범람해석기법이 효율적이다.

제내지의 홍수범람 해석을 위해서는 잠재범람유역을 격자 형태로 분할해야 한다. 해당 모형은 일본토목연구소(1996)에서 제안한 그림 8.18과 같은 경험적 계산안정조건을 고려하여 격자크기(Δx) 및 계산간격(Δt)을 결정하였다.

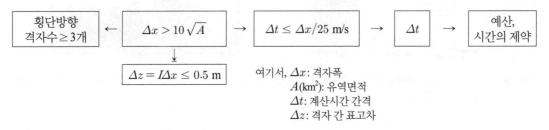

그림 8.18 격자 분할을 위한 조건식(일본토목연구소, 1996)

하천의 제방붕괴로 인한 제내지로의 범람유량을 산정하기 위한 연구는 국내외적으로 많은 연구가 이루어져 왔으나 제방붕괴 시의 복잡한 붕괴 메커니즘을 수학적으로 완벽하게 수식화하는 것은 한계가 있으므로, 통상 붕괴지점의 형상을 위어로 가정하여 범람유량을 산정한다. Sato 등(1989)이 일본의 Yoshida강에서의 범람 수치모의에서 제내지로의 유입량을 산정하기 위해 제안한 조건식은 표 8.10과 같다.

표 8.10 제내지 유입형상에 따른 유입유량의 계산

제내지 유입형상	조건 및 적용식	
	조건	$h_1 > 0,\ h_2 < 0$
	적용식	$Q = \mu L h_1 \sqrt{2gh_1}$
	조건	$h_2/h_1 \leq 2/3$
	적용식	$Q = \mu L h_1 \sqrt{2gh_1}$
	조건	$h_2/h_1 > 2/3$
	적용식	$Q = \mu' L h_1 \sqrt{2g(h_1 - h_2)}$
	조건	$h_1/h_2 > 2/3$
	적용식	$Q = \mu' L h_2 \sqrt{2g(h_2 - h_1)}$

여기서, Q는 제내지 유입량(m³/s), L은 제방 붕괴 폭(m), h_1과 h_2는 각각 붕괴된 제방으로부터 하도와 제내지 수위까지의 높이(m), μ와 μ'은 유량계수로 각각 0.35와 0.91이며, g는 중력가속도(m/s²)이다.

제내지 2차원 범람해석의 경우, Navier-Stokes 방정식의 2차원 수심적분방정식을 이용하여 제내지에서의 범람수의 전파양상을 해석하였으며, 이용된 운동량 방정식과 연속방정식은 각각 다음과 같다.

운동방정식

x방향 운동방정식:

$$\frac{\partial u}{\partial t} + u\frac{\partial u}{\partial x} + v\frac{\partial u}{\partial y} + w\frac{\partial u}{\partial z} = g_x - \frac{1}{\rho}\frac{\partial p}{\partial x} + \frac{\mu}{\rho}\nabla^2 u \qquad (8.5)$$

y방향 운동방정식:

$$\frac{\partial v}{\partial t} + u\frac{\partial v}{\partial x} + v\frac{\partial v}{\partial y} + w\frac{\partial v}{\partial z} = g_y - \frac{1}{\rho}\frac{\partial p}{\partial y} + \frac{\mu}{\rho}\nabla^2 v \qquad (8.6)$$

z방향 운동방정식:

$$\frac{\partial w}{\partial t} + u\frac{\partial w}{\partial x} + v\frac{\partial w}{\partial y} + w\frac{\partial w}{\partial z} = g_z - \frac{1}{\rho}\frac{\partial p}{\partial z} + \frac{\mu}{\rho}\nabla^2 w \tag{8.7}$$

연속방정식

$$\frac{\partial u}{\partial x} + \frac{\partial v}{\partial y} + \frac{\partial w}{\partial z} = 0 \tag{8.8}$$

여기서, g_x, g_y, g_z: x, y, z 방향의 단위질량당 가속도

$\quad\quad u$: x방향 속도, $\quad\quad\quad v$: y방향 속도

$\quad\quad w$: z방향 속도, $\quad\quad\quad p$: 압력

$\quad\quad \mu$: 물의 점성, $\quad\quad\quad\quad \rho$: 물의 밀도

$\quad\quad \nabla^2$: $\dfrac{\partial^2}{\partial x^2} + \dfrac{\partial^2}{\partial y^2} + \dfrac{\partial^2}{\partial z^2}$ (라플라스 연산자)

위 식에서 수평면을 $x-y$ 좌표로 놓고, 연직 방향인 z축 방향으로 적분 후 Manning식을 적용하면 다음과 같은 식을 얻을 수 있다.

운동방정식

$$\therefore \frac{\partial M}{\partial t} + \frac{\partial}{\partial x}uM + \frac{\partial}{\partial y}vM = -gh\frac{\partial H}{\partial x} - \frac{\tau_x(b)}{\rho} \tag{8.9}$$

$$\therefore \frac{\partial N}{\partial t} + \frac{\partial}{\partial x}uN + \frac{\partial}{\partial y}vN = -gh\frac{\partial H}{\partial y} - \frac{\tau_y(b)}{\rho} \tag{8.10}$$

여기서

$$uh = M, \; vh = N, \; \tau_x(b) = gn^2(u)\frac{\sqrt{u^2+v^2}}{h^{1/3}}, \; \tau_y(b) = gn^2(v)\frac{\sqrt{u^2+v^2}}{h^{1/3}}$$

연속방정식

$$\therefore \ \frac{\partial h}{\partial t} + \frac{\partial M}{\partial x} + \frac{\partial N}{\partial y} = 0 \tag{8.11}$$

식 (8.9)~(8.11)의 수치해석을 위해 leap-frog 기법을 사용하고, 경계조건의 설정 및 계산상의 편의를 위하여 변수 h, M, N의 계산점을 겹치지 않도록 배치한 엇갈림 격자체계를 이용하여 차분화된 지배방정식은 다음과 같다.

x방향의 운동방정식:

$$\frac{M_{i,j+1/2}^{n+2} - M_{i,j+1/2}^{n}}{2\Delta t} + convx(x) + convx(y)$$

$$= -g \frac{(h_{i-1/2,j+1/2}^{n+1} + h_{i+1/2,j+1/2}^{n+1})(H_{i+1/2,j+1/2}^{n+1} - H_{i-1/2,j+1/2}^{n+1})}{2\Delta x} \tag{8.12}$$

$$- gn_{i,j+1/2}^{2}(M_{i,j+1/2}^{n} + M_{i,j+1/2}^{n+2})\frac{\sqrt{(u_{i,j+1/2}^{n})^2 + (v_{i,j+1/2}^{n})^2}}{2[(h_{i-1/2,j+1/2}^{n+1} + h_{i+1/2,j+1/2}^{n+1})/2]^{4/3}}$$

y방향의 운동방정식:

$$\frac{N_{i+1/2,j}^{n+2} - N_{i+1/2,j}^{n}}{2\Delta t} + convy(x) + convy(y)$$

$$= -g \frac{(h_{i+1/2,j-1/2}^{n+1} + h_{i+1/2,j+1/2}^{n+1})(H_{i+1/2,j+1/2}^{n+1} - H_{i+1/2,j-1/2}^{n+1})}{2\Delta y} \tag{8.13}$$

$$- gn_{i+1/2,j}^{2}\frac{(N_{i+1/2,j}^{n} + N_{i+1/2,j}^{n+2})\sqrt{(u_{i+1/2,j}^{n})^2 + (v_{i+1/2,j}^{n})^2}}{2[(h_{i+1/2,j-1/2}^{n+1} + h_{i+1/2,j+1/2}^{n+1})/2]^{4/3}}$$

여기서

$$convx(x) = \frac{\partial}{\partial x} uM, \quad convx(y) = \frac{\partial}{\partial y} vM$$

$$convy(x) = \frac{\partial}{\partial x} uN, \quad convy(y) = \frac{\partial}{\partial y} vN$$

연속방정식:

$$\frac{h_{i+1/2,j+1/2}^{n+3} - h_{i+1/2,j+1/2}^{n+1}}{2\Delta t} + \frac{M_{i+1,j+1/2}^{n+2} - M_{i,j+1/2}^{n+2}}{\Delta x} + \frac{N_{i+1/2,j+1}^{n+2} - N_{i+1/2,j}^{n+2}}{\Delta y} = 0$$

$$(8.14)$$

여기서 첨자 $i, \ j, \ n$은 $x - y - t$ 격자배열에서의 증분 간격을 의미한다.

8.3.2 통합형 광역 홍수범람모형

1) 통합형 광역 홍수범람모형의 필요성

그림 8.19의 좌측 그림은 제방붕괴에 따른 전형적인 홍수범람해석 절차를 보여주고 있다. 우선 제방붕괴 지점에서의 하천수위를 계산하기 위해 하천수리모형을 통한 수위계산이 필요하며, 이때 상하류 경계조건은 미계측 유역일 경우 강우 – 유출 해석을 통해 설정하게 된다. 그리고 최종적으로 붕괴지점에서 월류된 홍수파를 그림 8.17과 같은 2차원 수리모형을 이용하여 범람면적 및 침수 깊이 등의 정보를 획득하게 된다. 반면에 그림 8.19의 우측과 같이 우기 시 지류와 본류의 합류부 이외에도 다양한 하천구간에서 홍수범람이 동시다발적으로 발생하고 제내지와 제외지와의 유출입이 하천수위 및 유량에 계속적으로 영향을 주는 대유역에서의 범람해석은 매우 복잡하다.

실제로 이러한 홍수는 수지형 하천망이 발달되어 있고, 수재해 방재 인프라가 잘 구축되어 있는 국내보다는 하천망이 복잡하고, 하천관련 인프라 정비가 미비한 아시아 지역(특히, 동남아시아)에서 매우 빈번하게 발생하고 있으며, 그림 8.20은 위성영상자료를 통해 작성된 아시아 국가의 대규모 홍수에 대한 범람지도이다. 많은 개발도상국 국가는 2차원 수리모형을 적용할 수 있는 지형학적 인자 등 주요 DB 수집 자체가 불가능하므로 위성영상자료 등을 이용하여 침수흔적을 시각화하는 것이 홍수피해양상을 분석하는 주요기술이다.

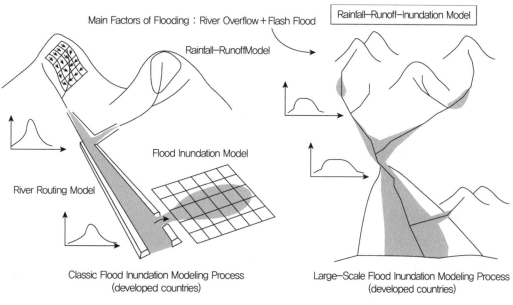

그림 8.19 (좌) 국내 외수범람 해석절차 및 (우) 동시다발적 홍수범람 모식도

인도네시아 Citarum River　　　파키스탄 Kabul River　　　태국 Chao Praya River

그림 8.20 아시아 3개국 대홍수 범람지도 및 영상(이기하, 2017)

통합형 광역 홍수범람해석모형은 주어진 단어 그대로 해석하게 되면 통합형이라 함은 범람해석을 위한 몇 가지 주요 수리수문해석 모듈의 결합을 의미하며, 광역이라 함은 작게는 수계, 크게는 국토 전반, 더 크게는 대륙을 의미한다.

여기서 주요 수리수문해석 모듈은 강우－유출(rainfall-runoff), 하도추적(channel routing), 범람

모의(inundation simulation) 등을 의미하며 결국 이와 같은 모듈들을 결합한 시스템을 통합형이라 할 수 있을 것이다. 또한 국내에서 보고된 일반적인 홍수범람해석과 관련된 연구들의 대부분은 저수지 또는 제방붕괴 및 월류로 인한 범람면적이 많이 넓어야 수십 km²인 대상유역으로 한정되어 있으나 그림 8.19의 유역들은 범람면적이 최소 수천 km²부터 최대 수십만 km²이다. 즉, 고정밀도 하천수리모형보다는 하천과 홍수터의 유량의 상호교환을 고려하여 강우 – 유출 – 홍수범람을 동시(또는 연계) 해석할 수 있는 유연한 모형이 요구된다.

2) 광역 홍수범람모형의 개발 사례

국외 광역 홍수범람모형의 개발 사례는 다른 분야에 비해 매우 극소수이다. 그중에 몇몇 관련 주요 연구성과를 소개하면 다음과 같다.

Yamazaki 등(2011)은 전 세계 대하천을 대상으로 홍수범람모의를 위한 CaMa-Flood(Catchment-based Macro-scale Floodplain) 모형을 개발하였으며, 기본적으로 LSM(land surface model)에서 생성된 하천유입량으로부터 홍수추적을 통해 저류량, 하천유량, 수위, 홍수범람면적 등의 정보를 생성할 수 있다. 그림 8.21은 CaMa-Flood 모형의 적용을 위한 전 세계 주요하천의 하천폭과 제방높이에 관한 지형학적 DB 구축 결과이며, 그림 8.22는 브라질 Amazon강(유역면적: 1,760,000 km²)에 대한 모형의 범람면적의 계절적 변동성 분석결과이다.

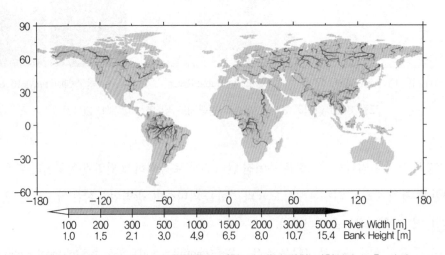

그림 8.21 CaMa-Flood 모형적용을 위한 전 세계 하천 지형인자 구축 사례

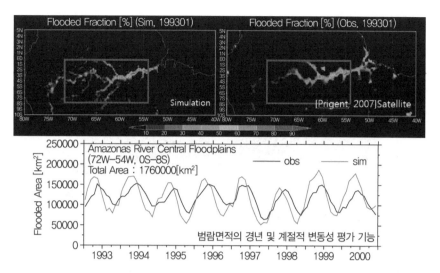

그림 8.22 CaMa-Flood 모형을 이용한 아마존 강 홍수범람모의 결과(Yamazaki, 2009)

Sayama 등(2012, 2015)은 CaMa-Flood와 마찬가지로 광역 홍수범람해석을 위해 RRI(Rainfall-Runoff-Inundation)을 모형을 개발하였으며, 그림 8.23(a)와 같이 개발된 모형은 1차원 침투해석을 통한 지중수(subsurface flow)와 지표류(surface flow)의 발생을 모의할 수 있으며, 지표류 및 하천의 경우 2차원 확산파방정식을 이용하여 해석하게 된다. 그리고 홍수범람해석의 경우, 그림 8.23(b)와 같이 CaMa-Flood 모형과 유사하게 하천과 홍수터의 상호교환은 하천수위, 제방고, 홍수터 표고에 따라 결정된다. 해당모형을 이용한 2010년 파키스탄 Kabul강(유역면적: 92,605 km²) 홍수 시 범람모의 결과와 MODIS 영상과의 비교 결과는 그림 8.24와 같다.

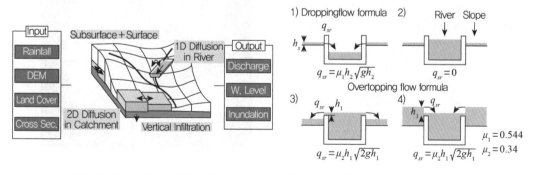

그림 8.23 (a) RRI 모형 구조 및 (b) 홍수범람 해석 모식도(Sayama 등, 2012)

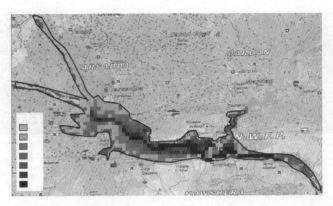

그림 8.24 파키스탄 Kabul강 홍수범람 해석결과(Sayama 등, 2012)

상기 두 모형이외에도 지형진화모형(landscape evolution model)인 CAESER 모형과 2차원 수리동역학모형(2D-hydrodynamic model)인 LISFLOOD-FP를 결합한 CAESER-LISFLOOD 모형이 있으며, 이 모형은 강우-유출-유사유출(rainfall-runoff-sediment runoff)에 따른 유출 및 유사유출 해석, 홍수범람해석, 강우 및 지표류에 의한 침식/퇴적 모의 등 다양한 형태의 수문해석이 가능하도록 개발되었다(Coulthard 등, 2013; https://sourceforge.net/projects/caesar-lisflood/). 그림 8.25는 CAESER-LISFLOOD 모형을 이용한 캄보디아 Tonle Sap 호수의 범람해석을 수행하고 호수 내 수위관측소의 수위변화 및 MODIS 영상과의 범람면적 비교결과이다.

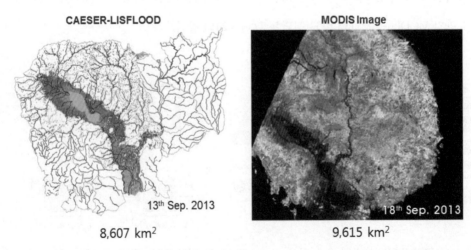

그림 8.25 CAESER-LISFLOOD모형을 이용한 캄보디아 톤레삽 호수유역 홍수범람 모의결과(이기하, 2017)

전술한 모든 광역 홍수범람해석모형은 모형구동에 필요한 입력자료 및 지배방정식의 형태만 다를 뿐 기본적인 홍수범람해석의 구조는 매우 유사하다. 다만, CaMa-Flood는 자체적으로 구축된 지형학적 DB를 사용해야 되는 제약사항이 있으며, CAESER-LISFLOOD는 GUI를 제공하지만 필요로 하는 매개변수 보정 및 디버깅 자체가 불가능한 단점이 있다. 이에 비해 RRI 모형은 프로그램 소스가 공개되어 있고, 입력변수 구축 및 매개변수 보정 등이 비교적 용이한 편이다. 또한 필요에 따라 사용자들이 개별적으로 개발한 모듈을 연계하여 확장가능한 장점이 있다.

일반적으로 광역 홍수범람해석모형은 기본적으로 상당한 입력자료를 필요로 하며, 대부분 범용 글로벌 데이터를 활용하고 있다. 예를 들어 수치표고모형의 경우, SRTM 또는 ASTER 자료를 활용하고, 고해상도 흐름방향도(flow direction map)의 경우, HydroSHEDS 또는 HYDRO1k 자료를 활용한다. 또한 토양도의 경우 FAO에서 제공하는 자료를 이용하는 경우가 많으며, 기상자료의 경우, 기상관측소 자료의 획득이 불가능한 지역에 대해 GSMaP과 같은 위성강우자료를 활용하기도 한다.

3) 광역 홍수범람모형 적용사례(RRI 모형을 이용한 Mekong강 홍수범람 모의)

Mekong강은 세계에서 12번째로 긴 강이며, 10번째로 유수량이 많은 강으로 알려져 있다. 하천 길이는 약 4,180 km, 유역면적은 795,000 km^2이며, 그림 8.26(a)와 같이 중국 칭하이성에서 발원하여 미얀마, 태국, 라오스, 캄보디아, 베트남 총 6개국을 거쳐 남중국해로 흘러나간다.

Mekong강은 매년 홍수가 발생하고 있으며, 강 하류지역에 위치한 캄보디아와 베트남 남부(Mekong 델타)지역은 그 피해(연간 60~70백만 US $)가 막대하다. 실제로 캄보디아 Tonle Sap 호수의 경우 건기(11~5월)에는 호수면적이 2,500 km^2에 불과하지만 우기(6~10월)에는 약 6배에 해당하는 15,000 km^2로 그 변동폭이 매우 크며, 이로 인한 침수피해가 반복되고 있다. 그림 8.26(b)는 Mekong강 본류 Kratie 수위관측소에서의 주요 홍수사상별 첨두홍수량의 크기를 나타낸 도표이며, 2000년도 첨두홍수량은 대략 55,000 m^3/s(Mekong강 연평균 하천유량: 15,000 m^3/s)로 50년 빈도에 해당되는 것으로 보고된 바 있다(MRC, 2007).[3]

---

[3] 실제 MRC에서 제공하는 관측유량(약 60,000 m^3/s)과 차이가 있음. RRI 모의결과 역시 60,000 m^3/s을 초과하는 것으로 분석된다.

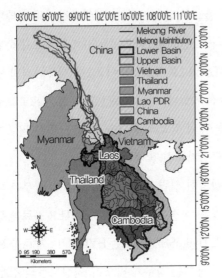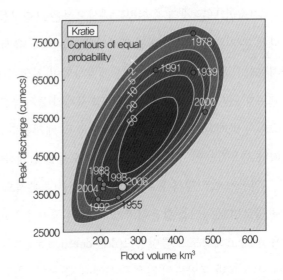

그림 8.26 (a) Mekong강 유역 현황 및 (b) Kratie 수위관측소 역대 홍수사상별 첨두홍수량(Sophal 등, 2017)

2000년 Mekong강 전역에 대한 강우−유출−홍수범람 모의를 위해 RRI 입력자료를 구축하였으며, 하천폭 및 수위−유량자료를 제외한 나머지 로컬 데이터의 경우, 그 불확실성으로 인해 모형 구동에 필요한 나머지 자료는 그림 8.27과 같이 글로벌 데이터를 이용하였다. 그림 8.28은 Mekong 강 주요 지점에서의 수문곡선 비교결과(Nash-Sutcliffe Efficiency > 0.63)를 나타내고 있다. 또한 범람모의의 정확도를 평가하기 위해 SR(success rate) 및 MSR(modified success rate)을 산정하였으며, 범람면적에 대한 SR 및 MSR 분석결과, 각각 68% 및 75%으로 분석되었다.

그림 8.29는 (a) 위성영상자료로부터 획득된 홍수범람면적, (b) RRI 모의결과, (c) MRC가 제공하는 홍수범람지도를 순차적으로 나타내고 있다. 이상의 결과는 Mekong강 본류에 위치한 댐 군의 운영기법을 반영하지 않은 자연유출상태에서의 모의결과이다. 즉, 보다 현실적인 범람해석을 위해서는 강우−유출−범람해석 및 수공구조물 운영기법까지 연계한 시스템 구축이 요구된다.

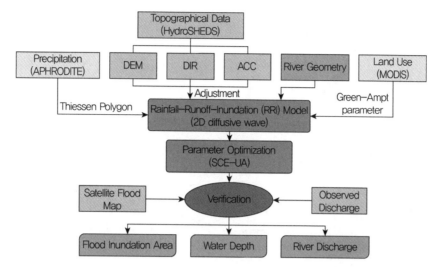

그림 8.27 RRI 모형을 이용한 Mekong강 유역 강우 - 유출 - 홍수범람 모의 절차

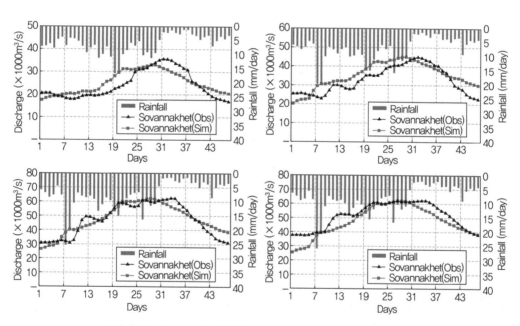

그림 8.28 Mekong강 본류 주요 지점에서의 수문곡선 비교결과

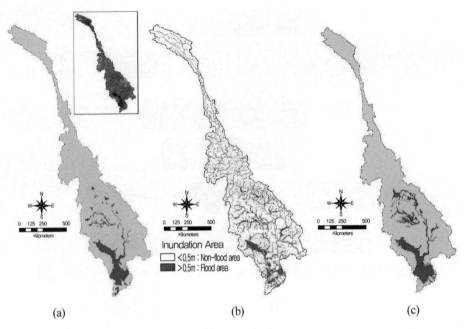

그림 8.29 2000년 Mekong강 홍수범람 공간분포 비교·분석결과(Sophal 등, 2017)

8.4 홍수예보

8.4.1 홍수예보의 역사

　우리나라 최초의 홍수예보시설은 1968년 12월 제1차 아시아극동경제위원회(ECAFE, 현 ESCAP의 옛 명칭) / 세계기상기구 태풍위원회(WMO Typhoon Committee)에서 한강 유역을 홍수예보시설의 자동화 시범지역으로 선정하고, 일본조사단이 1972년 6월 1차 조사를 실시한 직 후인 그해 8월 태풍 베티의 영향으로 한강대교 수위가 11.24 m까지 이르는 용산과 한강로 등 서울을 비롯한 한강 본류 지역에 대홍수가 발생하여 그 필요성이 더욱 대두됨에 따라 조속히 추진되었다. 1973년 1월 대통령 지시에 따라 대일청구권 유상자금사용에 따른 사업계획서가 비상국무회의를 통과하고 일본조사단이 조사를 실시하여 1973년 7월 홍수예보 시설에 대한 한·일 간 사업협정 조인이 이루어져 본격적으로 사업을 추진하게 된다. 이후 1974년 6월 직제가 신설되고 같은 해 7월 한강홍수통제소가 개소되어 홍수예보시설이 처음으로 가동되게 되었다.

(a)　　　　　　　　　　　　　(b)

(c)

그림 8.30 (a) 청계천 수표교(1441년), (b) 산청 수위대장(제작년 미상), (c) 산청 수위표 기록

1974년 한강홍수통제소 개소 후 현재 전국에는 낙동강(1987년), 금강(1990년), 영산강(1991) 등 4개 홍수통제소가 운영 중에 있다. 홍수통제소는 수위·우량·유량 등 수자원 기초조사를 실시하고, 하천홍수 및 갈수의 통제 및 관리, 댐 운영 및 관리, 홍수 및 갈수의 예보 및 전달, 하천수의 사용허가 및 관리, 하천유지유량의 평가·산정 및 고시 등을 통해 궁극적으로는 수집된 다양한 정보를 토대로 과학적으로 하천유량을 효율적으로 관리하여 국민의 생명과 재산을 보호함과 동시에 상하류 적절한 배분을 통하여 안정적인 물공급체계를 구축하고 있다.

한강홍수통제소는 개소 시 명칭을 '홍수통제'라는 그 상징성 등으로 인해 현재까지 사용하고 있으나, 초기의 홍수예보 관련 업무에 다양한 물관리 업무가 추가되어 왔다. 1974년 개소와 함께 한강본류의 홍수예보시설을 가동하고, 1995년 안성천 홍수예보시설 준공, 1999년 임진강 홍수예보 업무를 서울지방국토관리청에서 이관받았으며, 2005년 하천정보센터, 2013년 강우레이더 통합운영센터가 설치되어 전국에 대한 홍수 및 갈수의 예보 연계 연구, 하천관리유량 산정 및 평가, 수자원정보의 수집·분석·관리 및 제공, 자동유량측정시설 설치·운영, 강우레이더관측소 운영·관리, 국내 및 해외기관과의 수자원 기술향상을 위한 협력 등의 업무가 추가되었다. 그림 8.31은 홍수통제소별 주요 관할구역을 나타내고 있다.

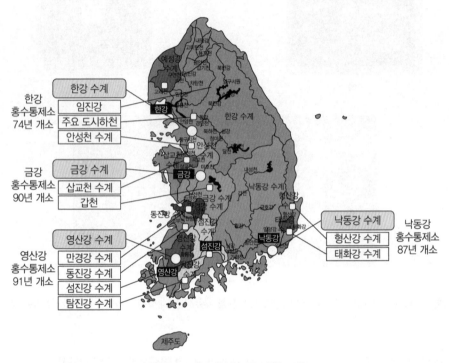

그림 8.31 홍수통제소별 관할구역도

8.4.2 홍수예보시스템

1) 홍수예보의 정의

홍수란 사전적 의미로 '땅을 물속에 잠기게 하는 물 넘침 현상'으로 유럽연합의 홍수훈령에는 '평시에는 물로 잠겨 있지 않은 땅이 물로 잠기는 현상'으로 정의하고 있다. 이러한 의미에서 하천 홍수의 통제란 하천수위상승을 조절하여 피해를 최소화하는 일련의 과정이라고 할 수 있다. 마찬가지로 홍수예보는 홍수피해를 최소화하기 위해 홍수의 규모와 발생시간을 예측하여 사전에 알려주는 일련의 과정을 말한다. 즉, 홍수가 발생하기 전에 하천 흐름을 추정하는 것이라고 할 수 있다.

홍수예보가 발령되기까지 우량 및 수위관측소 등에서 매 10분 단위로 수문자료를 수집하고 강우에 따른 유출량 계산, 댐 저수량을 고려하여 주요 지점의 수위와 홍수 규모를 판단한 뒤 기상과 상하류수위를 고려하여 댐 예비방류 등 홍수량을 조절한다. 조절 후에도 수위가 주의보수위 또는 경보수위 이상으로 상승할 것이 예상되면 홍수예보가 발령하게 된다.

2) 홍수예보의 실시

홍수예보가 효과를 나타내려면 정확성(accuracy), 신뢰성(reliability), 적시성(timeliness)의 3가지 조건을 만족해야 한다. 정확한 홍수예보는 홍수피해를 경감시키는 데 많은 도움을 준다. 한편, 부정확한 홍수예보는 잘못된 예보를 발령하게 하거나 필요한 경우에 예보를 발령하지 않아 악영향을 미치게 된다. 홍수예보의 신뢰성은 근본적으로 관측기기, 통신망 및 절차 등에 관련되어 있다. 홍보예보 방식은 무선국의 기능장애 및 자료 결측 등이 발생해도 적절한 유효성 점검 등을 통해 대처할 수 있도록 단순(simple)하고 강건(robust)해야 한다. 홍수예보의 적시성은 매우 중요하다. 아무리 정확한 예보라 하더라도 홍수가 발생한 후에야 가능하다면 아무런 도움이 되지 않는다. 예보선행시간(lead time)은 홍수예보시스템의 효율성과 밀접한 관계를 맺고 있다. 따라서 실무적인 측면에서는 '충분한 예보선행시간을 갖지만 부정확한 홍수예보 방법'과 '정확한 예보가 가능하나 예보선행시간이 충분치 못한 홍수예보 방법' 사이의 타협점을 찾는 것이 중요하다. 예보선행시간은 유역의 수문 및 지형 특성, 자료 송신시설, 홍수예보모형과 전산기 구성, 예보 발령 방법 등에 제한을 받는다.

홍수예보는 공간적인 특성에 따라 하천, 도시, 산지 홍수예보로 분류할 수 있고, 홍수예측방법에 따라 기상법, 수위법, 강우−유출법 등 3가지를 고려할 수 있다. 기상법은 강우를 정량적으로 예측하여 홍수 발생가능량 이상이면 예보를 발령하는 방법이고, 수위법은 홍수가 상류의 수위관측 지점에서 홍수예측 지점까지 도달하는 데 걸리는 유하시간이 충분히 길 때 상류의 수위관측 지점의 수위로 홍수예측 지점의 수위를 예측하는 방법이다. 강우−유출법은 현재 우리나라에서 사용되고 있는 방법으로 1) 유효우량, 2) 유역유출, 3) 하도유출을 구하는 과정으로 구성되며, 각 부분마다 많은 방법이 제안되고 있어 이를 조합하면 홍수해석에 사용되는 모형의 종류는 수없이 많다고 할 수 있다.

홍수예보는 「수자원의 조사·계획 및 관리에 관한 법률 시행규칙」 제2조에 의거하여 홍수통제소장이 홍수예보지점에 홍수주의보와 홍수경보를 발령하거나 해제를 통해 실시되며, 홍수예보 발령기준은 표 8.11과 같다.

표 8.11 홍수예보 발령기준

구분	발령기준
주의보	가. 홍수주의보 발령: 하천의 수위가 계속 상승하여 다음 각 사항에 따른 수위를 고려하여 정한 홍수특보지점의 기준수위(이하 "주의보수위"라 한다)에 가까워지거나 이를 초과할 것이 예상되는 경우 1) 계획홍수량의 100분의 50에 해당하는 유량이 흐를 때의 수위 2) 최근 5년의 평균 저수위로부터 계획홍수위까지 100분의 60에 해당하는 수위 3) 1) 및 2)에 따른 기준을 적용하기 곤란한 경우에는 주변상황 및 제방 정비상태를 고려한 수위 나. 홍수주의보 변경발령: 홍수경보가 발령된 지점의 수위가 계속 하강하여 경보수위 이하로 내려갈 것이 예상되는 경우
경보	가. 홍수경보 발령: 하천의 수위가 계속 상승하여 다음 각 사항에 따른 수위를 고려하여 정한 홍수특보지점의 기준수위(이하 "경보수위"라 한다)에 가까워지거나 이를 초과할 것이 예상되는 경우 1) 계획홍수량의 100분의 70에 해당하는 유량이 흐를 때의 수위 2) 최근 5년의 평균 저수위로부터 계획홍수위까지 100분의 80에 해당하는 수위 3) 1) 및 2)에 따른 기준을 적용하기 곤란한 경우에는 주변상황 및 제방 정비상태를 고려한 수위 나. 홍수경보 변경발령: 홍수주의보가 발령된 지점의 수위가 주의보수위를 넘어 계속 상승하여 경보수위에 가까워지거나 이를 초과할 것이 예상되는 경우
해제	가. 홍수주의보 해제: 홍수주의보가 발령된 지점의 수위가 계속 하강하여 주의보수위 이하로 내려갈 것이 예상되는 경우 나. 홍수경보 해제: 홍수경보가 발령된 지점의 수위가 계속 하강하여 주의보수위 이하로 내려갈 것이 예상되는 경우
비고	1. 계획홍수량 및 계획홍수위는 각각 「하천법 시행령」 제24조 제2항 제6호 나목 및 다목에 따른 계획홍수량 및 계획홍수위를 말한다. 2. 홍수특보지점 상류의 유역면적이 1천100제곱미터 이하인 경우에는 제1호·제2호에도 불구하고, 수위가 급격히 상승할 우려가 있는 등 급박한 상황인 경우에는 홍수주의보의 발령 없이 바로 홍수경보를 발령하고, 수위가 계속 하강하여 주의보수위 이하로 내려갔을 경우 또는 홍수피해의 우려가 없다고 인정되는 경우에는 홍수경보를 해제한다.

홍수예보 대응체계는 ① 홍수상황 모니터링 → ② 홍수예측 및 댐·보의 조절 → ③ 홍수예보 및 발령 → ④ 홍수상황전파 순으로 구성된다. 관할 유역 내에 설치된 수위, 우량 등 수문관측소로부터 자동관측된 수위 및 강수량자료가 초단파(VHF), 위성(VSAT), 상용망(CDMA, 인터넷) 등으로 홍수통제소에 전송되면 하천상황을 모니터링하고, 그림 8.32와 같이 예측프로그램을 통해 시나리오, 댐·보 방류량, 하류수위·유량 등에 대한 신속하고 정확한 홍수분석을 수행한다. 상하류상황을 고려한 댐·보 등의 운영을 통해 홍수량을 조절하고 조절 후에도 기준지점 수위가 주의보·경보 수위

에 도달할 것이 예상되면 주의보 또는 경보를 발령하게 된다. 예측결과에 따라 홍수정보를 웹 페이지, SMS, FAX 등을 통해 중앙재난안전대책본부, 유관기관, 언론기관 등에 통보하여 사전대응책을 강구하고, 지역주민에게 홍수정보를 제공할 수 있도록 한다.

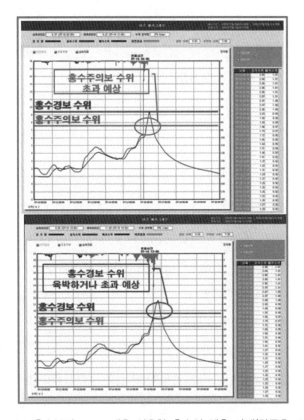

그림 8.32 홍수분석 프로그램을 이용한 홍수위 예측 사례(차준호, 2015)

홍수 시는 댐·보 조절을 통해 홍수량을 조절하게 되는데, 댐은 저류에 의한 배수영향으로 인한 상류 침수와 방류로 인한 하류 영향을 종합적으로 고려하여 운영하게 되며, 보는 홍수소통에 지장이 없도록 수문조작을 실시하게 된다. 홍수기(6.21.~9.20.)에는 그림 8.33과 같이 홍수조절공간 확보를 위해 댐수위를 제한수위 이하로 낮추어 운영하게 되며, 강우예상 시 홍수조절공간이 적은 댐 또는 보는 예비방류를 실시하여 선제적으로 홍수에 대처할 수 있도록 조치하고 있다.

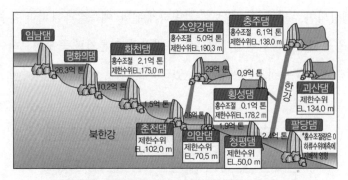

그림 8.33 한강수계 댐 현황

8.4.3 홍수예보모형

1) 개요

홍수예보모형은 수문학적 예측모형과 수리학적 예측모형으로 구성되어 있다. 수문학적 예측모형은 일본 토목연구소에서 제안한 저류함수법(storage function method)을 기반으로 수위관측소 설치상황, 컴퓨터의 전산처리 속도 등을 고려하여 한강 수계에 최초 구축되었으며, 다른 수계에 홍수통제소가 설치되면서 확대 구축되었다. 수리학적 예측모형은 미국 기상청(National Weather Service, NWS)에서 개발한 DWOPER 모형을 기반으로 한강을 대상으로 1997년부터 개발·구축되었으며, 이후 조석영향과 배수영향을 받는 하천으로 확대 구축되었다.

이와 같이 홍수통제소별로 수문관측소 자동화 및 신규 수문관측소 설치, 하천 내 대규모 구조물이 설치되는 등의 유역과 하천에서 변화가 발생하는 경우 부분적으로 반영하는 수준에서 홍수예보모형의 보완이 이루어졌다. 이 과정에서 수문학적 예측모형의 분할유역의 규모와 분할하도의 길이와 개수에 대한 표준화가 이루어지지 못하였다. 또한 수리학적 예측모형은 개발된 당시 최신모형으로 구축하였으나, 확대과정에서 하천마다 다른 최신모형을 적용하여 구축하였고, 일부 구간은 하류부를 대상으로 구축하여 활용성이 낮은 하천도 있었다. 2011년 4대강 살리기 사업이 추진되면서 4개 홍수통제소의 홍수예보모형을 일괄적으로 개선하게 되었다. 따라서 홍수통제소별로 개발하여 보완하던 홍수예보시스템의 일관성을 확보하고 수문학적 예측모형과 수리학적 예측모형의 표준화를 이루었다. 본 서에서는 현행 홍수예보 시스템의 수문학적 예측모형에 대해서만 다루기로 한다.

수문학적 예측모형의 매개변수를 산정 또는 추정하기 위해서는 어느 정도 균등한 분할유역 면적이 요구된다. 이를 해결할 수 있는 방안은 수자원단위지도를 이용하는 것이다. 이 지도는 국가 차원의 수자원 개발·계획 및 관리업무의 효율적 추진을 위하여 물 관련 기관이 공동으로 작성한 것이다. 이 지도는 21개 대권역과 117개 중권역으로 구성된 공통유역도가 기본이다. 117개 중권역은 840개 표준유역으로 세분화된다. 표준유역의 분할 기준을 살펴보면 다음과 같다.

표준유역의 분할 기준

표준유역은 국가, 지방하천의 합류점과, 주요 댐, 수위관측소 등을 고려하여 다음과 같은 사항을 기준으로 분할한다.

- 자연하천
  - 중권역을 기준으로 중권역 내의 자연하천의 합류지점과 수자원 시설물 및 주요통제 지점을 유역출구 지점으로 하되 유역의 경계는 분수계를 따른다.
  - 자연하천의 분할은 하천법상의 경계를 따른다.
  - 면적이 50 km^2 미만인 작은 섬 지역은 행정경계단위로 유역을 통합한다.
  - 내륙 해안 지역은 유역면적이 최소 40 km^2 이상이 되도록 하며 행정경계 단위로 유역을 통합한다.

- 댐 지점
  - 유효저수용량이 5백만 m^3 이상이면서 유역면적이 50 km^2 이상인 댐에서 분할한다.
  - 상기 기준에 해당되지 않은 댐 중에서 유역면적이 40 km^2 이상이면서 유효저수용량이 10백만 m^3 이상인 댐에서 분할한다.

- 수위표 지점
  - 분할된 유역면적이 50 km^2 이상이 되는 지점에 위치한 수위관측소에 대해 분할한다. 단, 5대강 본류 중 이수 및 치수 목적 상 중요 수위관측소에 대해서는 예외로 한다.
  - 홍수통제소별 최소 2개 이상의 주요 수위관측소에 대해서 분할한다.

이 기준을 살펴보면 표준유역이 수문학적 예측모형에 적합하게 분할되었음을 알 수 있다. 분할된 표준유역의 크기는 50~200 km^2 정도이다. 홍수통제소에서는 주로 저류함수법에 의한 수문학적 예측모형을 이용하고 있으며, 정확도를 유지하기 위한 저류함수법의 분할유역 면적 범위는 10~1,000 km^{2}로 알려져 있다.

2) 모형이론

(1) 수문학적 예측모형

　강우-유출 모형은 사상모형(event model)과 연속모형(continuous model)으로 구분된다. 연속모형은 수문과정의 각 과정 변수를 추정하기 위하여 장기간의 유출을 모의하는 반면, 사상모형은 각 과정 변수 중 단기간에 직접적으로 강우-유출 특성에 영향을 미치는 인자만을 선택하여 단기간의 흐름 형태나 첨두 특성을 모의한다. 홍수예보는 일정 기간의 홍수를 대상으로 하므로 사상모형이 적합하다.

　강우-유출 모형을 홍수예보에 적용하기 위해서는 먼저, 유효우량(침투 및 손실, 직접유출 체적, 지하수 유출 분리) 모형, 유역유출 모형, 하도추적 모형 및 저수지추적 모형에 대한 세부 모형을 결정해야 한다. 여러 가지 강우-유출 모형의 세부모형 구성은 표 8.12에 제시된 바와 같다. 이로부터 각 강우-유출 모형마다 여러 가지 세부 모형을 조합하여 사용하고 있음을 알 수 있다.

표 8.12 강우-유출 사상모형의 종류

모형	개발자	개발 연도	기저유출 분리	직접유출 계산	침투·손실	직접유출 수문곡선	하도추적	저수지추적	매개변수 최적화
HEC-1	Hydrologic Engineering Center	1981 1982	Yes	SCS CN & two other methods	Variable loss rate method	Clark's & Snyder's UH methods	Muskingum method & five other method	Storage-indication method	Automatic calibration capability
TR-20	Soil Conservation Service	1973	Constant rate	SCS CN method	SCS CN method	UH method	Convex method	Storage-indication method	No
USGS	Dawdy et al.	1972	Constant rate	Soil moisture accounting	Philip equation	Clark's UH	Translation method	No	Rosenbrock's method
HYMO	Williams & Hann	1973	No	SCS CN method	SCS CN method	Nash model	Variable storage coefficient method	Storage-indication method	No
SWMM	Metcalf & Eddy, lnc. et al.	1971	No	Loss accounting	Horton's equation	Hydraulic method	Hydraulic routing method	No	No
WAHS	Singh	1983	Recession equation	SCS CN method	Philip's equation	Geomorphological UH method	Linear reservoir	No	Rosenbrock-Palmer method
RORB	Laurenson & Mein	1983	Two options	No	Constant & variable loss rate method	Nonlinear storage routing	Nonlinear storage routing	Yes	No

표 8.12 강우 - 유출 사상모형의 종류(계속)

모형	개발자	개발 연도	기저유출 분리	직접유출 계산	침투·손실	직접유출 수문곡선	하도추적	저수지추적	매개변수 최적화
WBNM	Boyd et al.	1979	No	Yes	Φ-index	Linear or storage element for routing	Storage routing	No	Yes
FHSM	Foroud & Broughton	1981	Yes	Yes	Modified Horton's equation	Time area curve+linear reservoir	No	No	Nonlinear least square curve fitting
XJM	Zhao et al.	1980	Yes	Yes	Storage capacity curve	UH method	Muskingum method	No	No
GAWSER	Ghate & Whiteley	1977 1982	Yes	Yes	Holtan's equation	Time area curve+conv olution	HYMO method	No	No
MIT	Maddaus & Eagleson	1969	No	No	Any suitable model	Linear channel & reservoir	Linear	No	Optimization
HM	Huggins & Monke	1968	No	Yes	Holtan's equation	Kinematic wave method	No	No	No
Kansas	Smith & Lumb	1966	Yes	Yes	Soil moisture accounting	Lag and route method	No	No	No
IHM	Morris	1980	Yes	Yes	Richards equation	St. Venant equation	St. Venant equation	No	No
SFM	Kimura	1961	Yes	No	Saturated Rainfall	Nonlinear Storage routing	Nonlinear Storage routing	Storage- indication method	No

① 유효우량 모형

초기강우의 대부분은 초목이나 건물에 의해 차단되고 지면에 도달한 강우는 지면을 통하여 땅속으로 침투한다. 차단(interception)은 식물의 수관과 줄기에 강우가 저류되는 현상이다. 차단이 만족된 후 강우가 계속되어 침투로 인한 표토층이 포화 상태에 달하면 침투능을 초과하는 강우는 지표면의 오목한 부분인 요부(凹部)에 저류되는 요부저류(depression storage) 상태가 있게 된다. 강우가 계속되어 요부를 넘치는 물은 지표면에 수막으로 형성한다. 수막의 두께가 증가하면 중력에 의하여 수로에 유입된다. 유출(runoff)은 이와 같이 수로흐름을 나타나는 강우를 말한다. 유출성분은 그림 8.34에 제시된 바와 같이 여러 가지 성분으로 구성된다. 지표면을 흐르는 흐름을 지표유출(surface runoff)이라 하고 수로에 유입되는 흐름을 직접유출(direct runoff)이라 한다.

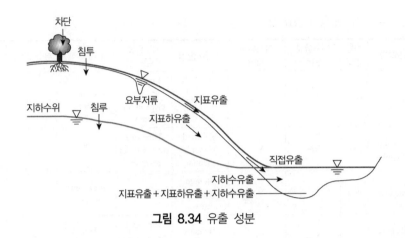

그림 8.34 유출 성분

지면보류(surface retention)는 지면 또는 지면 상부에 남아 있는 강우로 차단, 요부저류 등을 포함한다. 이에 반하여 수문손실(hydrologic loss)은 지면보류 이외에도 토양침투를 포함한다. 지표유출을 형성하지 않는 강우량을 강우손실(abstraction)이라 한다. 그러나 이들 양이 수문순환계에서 실제로 손실되는 것이 아니다. 강우량 중 지표유출에 기여하는 부분을 초과강우라고 한다. 반면에 강우량 중 직접유출에 기여하는 부분을 유효강우(effective rainfall)라고 한다.

지표하유출(subsurface runoff) 또는 중간유출(interflow)은 땅속으로 침투하여 표토층을 통하여 하천에 이르기까지 횡적으로 이동하는 흐름이다. 따라서 이는 지표유출과 같이 빨리 흐르지 않고 지표유출보다 늦게 수로에 도달하고 첨두(peak)에 기여하지 않는다. 지표하유출은 그 일부가 단시간에 수로에 이르는 신속지표하유출(prompt subsurface runoff)과 장기간 후에 지하수 형태로 수로에 합류하는 지연지표하유출(delayed subsurface runoff)로 구분된다. 신속지표하유출을 직접유출에 포함시키지 않으면 유효강우와 초과강우는 같다. 이럴 경우에 일반적으로 양자는 동의어로 사용된다.

직접유출은 강우 후 비교적 단시간에 수로에 흘러 들어가는 유출로서 지표유출, 신속지표하유출 및 하천강우(channel rainfall)로 구성된다. 기저유출(baseflow)은 지하수유출과 지연지표하유출로 구성된다. 기저유출은 갈수기에 하천 흐름을 형성하고 이를 유발한 강우와는 수일, 수개월의 지체를 갖는다. 강우 이전 하천의 평상시 흐름은 기저유출에 기인하고 강우 기간 동안 기저유출은 침투를 통하여 증가된다.

이상과 같은 유출 특성은 지역별로 구분되어 나타날 수도 있지만 한 유역 내에서도 다양한 형태로 나타날 수 있고 계절에 따라 또는 같은 호우기간 중에서도 다른 형태로 나타날 수 있다. 그러나 이러한 제 현상을 모두 고려하여 홍수예보에 이용할 수 있는 강우손실 또는 유효우량 산정 모형은 없으며 기존 모형은 대부분 개념적 또는 경험적 관계에 의한 것이다. 강우손실 또는 유효우량 산정 모형에는 여러 가지가 있으며 주로 사용하는 방법으로 1) 침투지수(infiltration) 모형, 2) 해석적 침투모형, 3) SCS 모형, 4) 포화우량 모형 등이 있다.

규모가 큰 유역의 경우 강우에 대한 유출의 응답이 늦고 지속기간이 긴 호우에 대한 침투의 시간분포는 크게 중요하지 않다. 이러한 조건에서는 강우가 지속되는 동안 침투율이 일정하다고 가정할 수 있다. 이러한 침투율을 침투지수(infiltration index)라 한다. 침투지수에는 ϕ-지수와 W-지수가 있다. ϕ-지수는 우량주상도에서 시간축에 평행선을 그어 윗부분의 강우량이 직접유출과 같게 구분하는 직선으로 표시되는 강우강도로 정의된다. W-지수는 강우강도가 침투능을 초과하는 시간 동안의 평균 침투율이다. W-지수는 ϕ-지수에서 시간평균된 지면보류를 뺀 값과 동일하다.

해석적 침투모형에서는 침투율을 토양특성과 경과시간의 함수로 나타낸다. 강우기간에 지면보류가 무시할 정도로 작다는 가정이 도입된다. 이에 따라 강우량은 침투와 유효강우의 2개 성분으로만 구성된다. 해석적 침투모형에는 Horton 모형, Philip 모형, Holtan 모형 및 Green-Ampt 모형이 있다. 최근에는 Green-Ampt 모형이 자주 이용되고 있다.

SCS 모형은 미국 토양보존국(Soil Conservation Service)에서 작은 농경지의 유출 산정을 위한 유출곡선(Curve Number, CN)에 기반한 모형이다. SCS는 현재는 자연자원보존청(Natural Resources Conservation Service, NRCS)로 바뀌었다. 포화우량 모형은 유역유출 계산을 위한 저류함수법을 개발하며 사용한 모형이다.

수문곡선(hydrograph)은 유출에 영향을 주는 모든 인자들의 특성을 반영한다. 포괄적 의미의 수문곡선은 유량뿐만 아니라 수위와 유속의 시간적인 변화도 포함한다. 따라서 이들을 특별히 구분할 때에는 유량수문곡선, 수위수문곡선이라 한다. 그러나 일반적인 수문곡선은 유량수문곡선을 지칭한다. 단일 호우에 의하여 유발되는 수문곡선은 유량이 증가하는 증수부(rising limb), 유량이 가장 큰 첨두부, 유량이 감소하는 감수부(recession limb)로 구성된다. 특히 감수부는 강우 특성에 무관한 특징이 있다. 즉, 중간유출과 지하수감수곡선에 영향을 주는 침투와 토양에 따라 달라진다.

한 호우에 대한 수문곡선은 호우 이전의 기저유량과 호우로 인한 유출량을 합한 것이다. 따라서 특정 호우와 이로 인한 유출 간의 관계를 해석하기 위해서는 총유량으로부터 호우에 의하여 발생된 직접유출을 분리하는 것이 필요하다. 즉, 총유량을 구하기 위해서는 직접유출에 기저유출을 구하여 더해야 한다.

② 유역유출 모형

지표류는 지표면 위를 흘러 수로에 도달하는 흐름으로 정의된다. 지표류는 수심이 작으나 지표면을 덮는 물의 양은 상당한 양에 이른다. 이를 지표면저류(surface detention)라 한다. 지표류의 위치별 수문곡선에 관심을 두는 경우에는 수학적인 연속 방정식과 운동량 방정식을 수리학적으로 해석하여야 한다. 그러나 지표류의 말단인 수로 입구점에 대한 유역유출의 수문곡선에만 관심을 두는 경우에는 수문순환을 수문계(hydrologic system)로 간주하여 해석하는 것이 편리하다. 단위유량도(unit hydrograph), 간단히 단위도(unitgraph)는 이와 같은 방법으로 유효강우를 직접유출로 변환하는 매우 편리한 방법이다. 저류함수법은 지표면저류와 유역유출의 관계를 표시하는 비선형 저류함수를 홍수파의 운동량 방정식에 대입한 후 연속 방정식을 통해 직접유출을 구하는 방법이다.

③ 하도유출 모형

추적(routing)은 하천구간이나 저수지를 통해 이동하는 물의 시간·공간적 수심 또는 유량의 변화를 저류와 흐름 저항을 고려하여 예측하는 수학적 기법이다. 하도추적(channel routing)은 하도구간 상류에서 유입되는 유입량(또는 유입수문곡선)과 하도 중간에서 유입하는 측방유입량에 대한 하류에서 유출량(또는 유출수문곡선)을 계산하는 과정이다. 하도구간을 통과하는 홍수파(flood wave)는 하도의 저항과 저류효과에 의해 홍수파의 첨두는 감쇠되고 지체된다. 홍수예보에서 하도추적의 목적은 특정 지점의 홍수예보 기준수위 도달시간 및 지속시간을 예보하는 것이다.

하도추적에는 수문학적 하도추적과 수리학적 하도추적의 2가지 방법이 있다. 수문학적 추적은 저류 개념의 연속 방정식에 근거하고 수리학적 추적은 질량과 운동량 보전의 원리에 근거한다. 수문학적 하도추적은 수정 Pulse 방법, Muskingum 방법, Muskingum-Cunge 방법 및 저류함수법으로 대표된다. 이들 방법은 수문학 분야의 대부분의 문제에서 만족할 만한 결과를 제공한다. 그러나 역류가 발생하거나 합류점이나 삼각주와 같은 복잡한 수로 계통 및 배수(backwater)가 발생하는 경우에는 적합하지 않다. 댐 파괴로 인한 홍수파도 수문학적 추적 방법에 의해서는 다루어질 수 없다. 연속 방정식과 운동량 방정식을 이용하는 수리학적 추적은 위에 언급된 복잡한 흐름을 추적할 수 있다. 그러나 많은 입력 자료, 복잡한 절차와 많은 계산시간을 필요로 한다.

수정 Pulse 방법은 저수지추적을 위하여 개발된 것이나 하천 수위별 저류량을 알 수 있다면 하도추적에도 적용할 수 있다. 수위별 저류량을 구하기 위해서는 정확한 하천 횡단면 측량과 부정류 수문곡선 계산이 필요하다. 그러나 측량에 많은 비용이 소요되고 부정류 계산에 많은 작업을 필요로 하기 때문에 다른 방법으로 불가능한 경우에만 채택된다. Muskingum-Cuge 방법은 흐름과 하도 특성에 의한 확산(diffusion)을 고려하여 수문곡선의 감쇠를 반영할 수 있도록 Muskingum 방법을 수정한 모형이다. 이 방법은 유량 자료의 역사적인 기록이 없어도 가능하다는 장점이 있다. 그러나 관측 유량자료와 하도 특성을 이용하여 추적 단계마다 매개변수를 갱신해야 하기 때문에 관측 유량자료가 없거나 하천 횡단면 측량 자료가 없는 경우에는 적용이 불가능하다. 저류함수법은 하도 저류량과 하도유출량의 관계를 표시하는 비선형 저류함수를 홍수파의 운동량 방정식에 대입한 후 연속 방정식을 통해 유출량을 구하는 방법이다.

④ 저수지추적 모형

저수지추적(reservoir routing)은 유입수문곡선, 초기조건, 저수지 특성 및 저수지조작규정(ROM, Reservoir Operation Method)이 주어진 조건에서 저수지로부터 방류되는 유출수문곡선을 계산하는 과정이다. 여기서 다루는 저수지는 저류시설을 통칭하는 것이다. 저수지 방류량은 수문(gate)에 의하여 조절, 비조절 또는 조절과 비조절의 조합형 중 하나이다. 조절 방류는 수문이 있는 여수로 방류로서 수문조작(gate operation)에 따라 결정된다. 대규모 저수지는 대개 조절 방류 구조이다. 수문이 없거나 완전히 개방된 상태는 비조절 방류이고 이 경우 방류량은 저수지 수위만의 함수이다. 소규모 저수지는 대부분 비조절 방류 구조이다. 조절과 비조절 방류의 조합형은 수문을 통한 조절방류와 비상 여수로를 통한 방류이다.

홍수파가 저수지를 통과하게 되면 첨두는 감쇠(attenuation)·지체(lag)되고 기저시간은 길어지는 변화를 겪게 된다. 감쇠와 지체는 홍수추적에 중요한 변수이고 저수지의 저류량과 유량의 관계를 나타내는 저류함수(storage function)의 형태에 따라 다르게 나타난다. 저수지추적을 수행하기 위해서는 1) 표고－저수량 곡선, 2) 표고－유량 곡선, 3) 저수량－유량 곡선, 4) 저수량 지시곡선(storage indication curve)의 4개 함수가 필요하다. 대규모 저수지에는 이들 자료가 구축되어 있으나 소규모 저수지에는 그렇지 못한 경우가 많다. 저수지추적 방법에는 저수량지시 방법과 수정 Pulse

방법이 있다. 대규모 저수지는 여수로에 설치된 수문을 이용하여 방류량을 조절한다. 홍수조절의 경우 저수지조작규정에 따라 설정된 방류량이 결정된다. 조절 방류량이 포함되는 경우에는 저류시설의 추적방정식을 수정하여야 한다.

⑤ 강우 – 유출 모형의 구성

최종적으로 홍수예보모형에 사용된 강우 – 유출 모형의 계산 모식도는 그림 8.35와 같다.

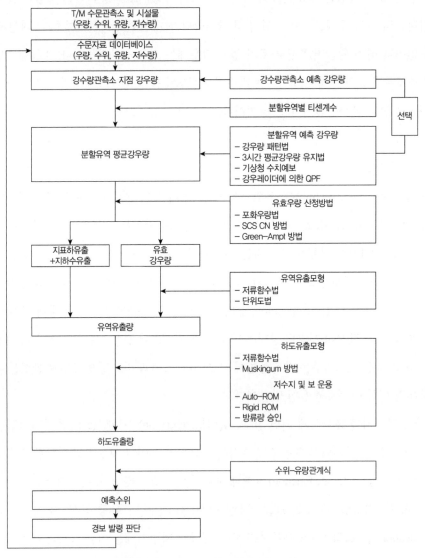

그림 8.35 강우 - 유출모형 계산 모식도

연습문제

8.1 하천유역수자원관리계획에 포함되어야 할 내용에 관하여 기술하시오. (수자원개발기술사 69회, 2003년)

8.2 홍수피해 경감을 위한 구조적 대책과 비구조적 대책에 대하여 설명하시오. (수자원개발기술사 102회, 2014년; 66회, 2002년)

8.3 다차원법을 이용한 치수경제성 분석에 대하여 설명하시오. (수자원개발기술사 92회, 2010년)

8.4 홍수예보(주의보, 경보) 발령 및 해제 기준에 대하여 설명하시오. (수자원개발기술사 116회, 2018년)

참고문헌

1) 국립방재연구소(2002), 2002 태풍 루사 피해 현장조사 보고서.

2) 소방방재청(2005), 2002년 재해연보.

3) 이기하, 박경원, 유완식, 정관수, 장창래(2011), DEM 기반의 홍수범람모형과 MD-FDA를 이용한 홍수 피해액 산정에 관한 연구, 한국방재학회논문집, 제11권, 제5호, 327~336.

4) 이기하, 이승수, 정관수: 래스터 기반의 2차원 홍수범람 모형의 개발(2010), 한국방재학회논문집, 제10권, 제6호, 155-163.

5) 이상렬(2005), 유역종합치수계획 국내 수립상황, 물과 미래 Vol. 38, No. 4, pp. 37-41.

6) 정종호, 윤용남(2009), 수자원설계실무, 구미서관.

7) 정희규(2015), 도시하천 유역종합치수대책 추진방안, 하천과 문화, Vol. 11, pp. 9-15.

8) 차준호(2015), 한강홍수통제소, 홍수예보 40년, 한국방재학회지, 29-37.

9) 최승안, 이충성, 심명필, 김형수(2006a), 다차원 홍수피해산정방법 (I): 원리 및 절차, 한국수자원학회논문집, 한국수자원학회, 제39권, 제1호, pp. 1-9.

10) 한건연, 김극수, 김병현, 박상덕(2005), 태풍루사시 장현·동막저수지 붕괴에 따른 홍수범람해석, 한국수자원학회 학술발표회논문집, 한국수자원학회, pp. 105-108.

11) 한국국제협력단(2015), 캄보디아 톤레삽 지역 홍수·가뭄대처 역량강화 연구컨설팅 사업 최종보고서.

12) Coulthard, T. J., Neal, J. C., Bates, P. D., Ramirez, J., de Almeida, G. A. M., & Hancock, G. R.(2013), Integrating the LISFLOOD-FP 2D hydrodynamic model with the CAESAR model: Implications for modelling landscape evolution, Earth Surface Processes and Landforms, doi: 10.1002/esp.3478.

13) Horritt, M.S. and Bates, P.D.(2001) Predicting floodplain inundation: raster-based modellling versus the finite-element approach. Hydrological Processes, Vol. 15, pp. 825-842.

14) MRC.(2007). Annual Mekong flood report 2006. Vientiane, Lao PDR: Mekong River Commission.

15) Sato, S., Imamura, F. and Shuto, N.(1989) Numerical Simulation of Flooding and Damage to Houses by the Yoshida river due to Typhoon No. 8610, Journal of Natural Science, Japan Society for Natural Disaster Science, Vol. 11, No. 2, pp. 1-19.

16) Sayama T., Ozawa G., Kawakami T., Nabesaka S. and Fukami K.(2012), Rainfall-runoff-inundation analysis of the 2010 Pakistan flood in the Kabul River basin. Hydrol Sci J 57, 298-312.

17) Sayama T., Tatebe Y. and Tanaka, S.(2015), An emergency response-type rainfall-runoff-inundation simulation for 2011 Thailand floods, J. of Flood Risk Management, doi: 10.1111/jfr3.12147.

18) Yamazaki, D., Kanae, S., Kim, H. and Oki, T.(2011), A physically based description of floodplain

inundation dynamics in a global river routing model, Water Resour. Res., 47, doi: 10.1029/2010WR009726.

19)　日本土木研究所(1996), 氾濫シミュレション・マニュアル(案).

20)　山崎　大, 沖　大幹, 鼎信次郎(2009), 超高解像度水文地形データを用いた全球河川流下モデルへの氾濫原浸水過程の導入, 水文・水資源学会　研究発表会.

CHAPTER 09

하천환경

CHAPTER 09 하천환경

환경(Environment)이라는 용어는 우리를 둘러싸고 있는 모든 것, 생물적·비생물적 구성요소를 의미하고, 생태계(ecosystem)는 환경 요소간의 상호 작용을 통한 통합 시스템을 의미한다. 하천환경은 하천을 구성하는 비생물적인 요소(물이나 지형), 생물적인 요소(동식물) 등을 포함하며, 하천 생태계는 하늘에서 내린 비가 지형을 따라 흐르면서 동식물에 영향을 주고받는 상호작용을 의미한다.

9.1 하천생태계의 구조

9.1.1 종단 구조

하천의 지형적 구조는 발원지에서는 경사가 급하고, 하폭이 좁으며, 수심은 낮다. 하류로 가면서 경사가 완만해지고 하폭이 넓어지며 수심은 깊어진다. 하천은 발원지에서 하구에 이르기까지 네트워크로 형성되어 있다. 온대지역의 하천유역에서는 상류에서는 주로 낙엽, 과실, 작은 동물, 토사 등에서 유래되는 유기물이 많고, 중하류에는 부착조류나 수생식물 등 하천 내부에서 생산되는 유기물이 월등히 많다. 이러한 유하방향에 따른 유기물과 저생동물 군집의 변화는 그림 6.8과 같이 하천연속성개념(River Continuum Concept)으로 정리된다. 상류에서는 낙엽과 같은 외부 유기물의

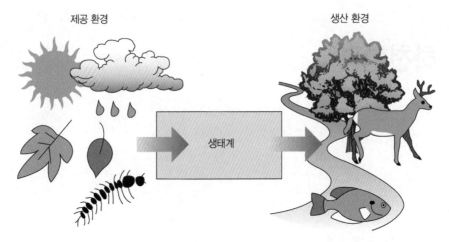

그림 9.1 하천환경(environment)과 생태계(ecosystem) (FISRWG, 1998)

공급이 많이 때문에 외부 유입형 유기물을 썰어 먹이로 하는 shredders(수생동물 중 식물체를 썰어 먹는 무리)가 우점한다. 중류에는 조류나 수생식물의 생산이 증가하기 때문에 먹이연쇄가 발달하여, 부착조류를 먹이로 하는 grazers(부착조류나 유기물을 먹는 무리)가 정착하기 쉽다. 하류에는 수심이 깊어져 1차 생산량이 감소하고, 상류에서 공급되는 비교적 세밀한 유기물에 의존하는 collectors(유기물을 걸러서 먹는 무리)가 우점하여 먹이연쇄가 다시 활발히 이루어진다.

하지만 실제 하천에서는 하천연속성개념이 유하방향에 따라 연속적으로 변화하지 않는다. 한 랭지나 건조지에서는 외부 유입형 유기물의 공급과정이 온대지역과는 다른 양상을 보이기도 하고, 온대지역이라 할지라도, 댐이나 보로 인하여 물질이나 에너지의 동태가 불연속성을 띤다. 횡단 구조물에 의한 하천의 불연속성개념(Serial Discontinuity Concept)에 따르면, 댐에 의한 하천의 분단 화가 유기물의 흐름과 수생생물군집에 변화를 미친다고 알려져 있다.

9.1.2 횡단 구조

자연 하천의 횡단은 물이 흐르는 수로(channel), 홍수 시 물에 잠기고 수목이 자라고 습지가 존재하는 홍수터(floodplain), 홍수터와 주변 지역과의 천이지역(upland fringe)으로 구성되어 있다. 홍수터는 홍수에 의해 범람하는 지역으로 퇴적과 세굴이 일어나며, 갈대나 물억새, 버드나무 등이 자라는 초지부와 물이 고여져서 생기는 습지나 웅덩이들이 다양하게 분포되어 있다(그림 9.2).

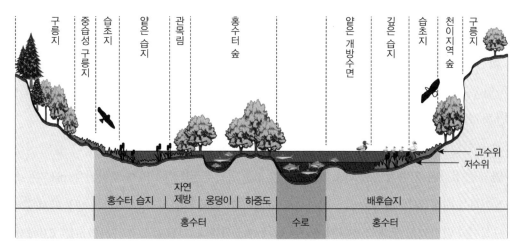

그림 9.2 하천 횡단 구조(FISRWG, 1998)

9.2 하천환경(input environment)과 생태계의 순환

9.2.1 수리·수문학적 순환

물 흐름의 변동성은 하천생태계의 생물적 비생물적 구조에 큰 영향을 미친다. 유속이나 유량의 변화는 유사 이송이나 습지와 본류의 연계 빈도를 결정짓는다. 이는 어류 및 저서무척추의 산란과 서식처를 제공하고, 조류의 서식처를 제공하는 것과 연계되어 수리학과 관련이 깊다. 반면, 수위, 유량, 수온, 수질 등 대규모 순환과정인 수문학은 생물의 번식(어류의 산란이나 식물의 종자산포 등)이나 계절변화와 같이 생활사에 영향을 미친다.

9.2.2 지형적 순환

물의 흐름은 하상 입자 분포에 영향을 미치고, 하상 입자의 구성은 수서생물이 서식하는 환경 조건을 다양하게 한다. 유속이 빠른 상류에서는 대체로 침식작용이 일어나고, 이에 따라 대체로 단단한 바닥층을 형성한다. 반면 하류에서는 바닥의 경사도가 편평하게 되고 하상에 침전물이 가라 앉아 작은 입자가 많으며 종종 매우 비옥한 범람원(floodplain)과 삼각지(delta)가 형성된다. 하천의 지형적 특징에 따라 생성되는 서식처의 유형이 다르며, 이 유형은 생물상의 변화에 기여한다.

9.2.3 물리·화학적 특징

하천에서 유황이나 지형적인 요인이 적정하다고 할지라도 물의 물리·화학적 특성이 적정하지 못하면 건강한 하천을 유지하기 힘들다. 즉, 하천에서 물리화학적 특징인 수질은 많은 생물의 서식기반을 형성한다.

수중의 알칼리성, 산성 등은 생물군과의 화학 반응 작용에 중요한 영향을 미친다. 물의 산성 또는 염기성 성질은 일반적으로 수소이온농도를 기준으로 한 pH값에 의해 표현된다. pH 7은 중성, pH 5 이하는 산성, pH 9 이상은 알칼리성으로 구분된다. 생물의 번식과 같은 많은 생물학적 공정들은 산성이나 알칼리성 상태의 물환경에서는 발생하기 힘들다. 일반적으로 하천의 pH는 6.0에서 8.5 정도로 중성을 나타내지만, 인위적인 공사나 오염물질의 방류로 pH가 산성화되거나, 알칼리화되어 물고기 집단 폐사하는 경우가 발생한다.

용존산소(DO, Dissolved Oxygen)는 건강한 수생 생태계를 위한 기본적인 필수조건이다. 대부분의 물고기들과 수생 곤충들은 수중에 용존되어 있는(녹아 있는) 산소로 호흡한다. 잉어나 진흙 속에서 사는 수생곤충이나 조개류처럼 산소가 적은 상태에서도 잘 적응하는 생물종이 있지만, 대부분의 어류나 수생동물은 DO 농도가 3~4 mg/L 이하로 낮아지면 생활하기 힘들다. 수온이 증가할수록, 유기물의 오염이 증가할수록 DO는 감소하여 오염도가 높다고 판단할 수 있다. 이와 연계되어 DO를 이용하여 산출하는 하천 수질오염의 대표적 지표인 생화학적 산소요구량(BOD, Biochemical Oxygen Demand)이 있다. BOD는 미생물이 물속 오염물질 및 유기물질을 분해할 때에 필요로 하는 산소요구량을 의미하기 때문에, BOD가 높을수록 오염도가 높다고 판단할 수 있다.

9.2.4 영양소 순환

영양소는 질소, 인, 칼슘과 같이 생물에게 필수적인 무기물질로서 그 공급량에 의하여 하천생태계에서 생물 활동이 제한된다. 영양소의 흡수, 전환 및 배출은 다양한 생물 및 생물 과정에 의하여 영향을 받는다. 영양소 공급에 영향을 미치고 이것에 의하여 영향을 받는 중요한 생물 대사과정은 식물에 의한 일차생산과 미생물에 의한 유기물 분해이다. 특히 하천생태계에서는 인과 질소가 일차생산을 촉진하는 주요한 영양소이다. 그러나 과도한 인과 질소가 하천으로 유입되면 식물생산이 증가하여 하천의 부영양화가 초래되어 수질 문제를 야기한다.

일반적으로 호소나 하천이 처음 생길 때는 영양물질이 충분하지 못하여 빈영양호가 되지만, 각종 물질이 수역으로 유입되어 질소와 인 등과 같은 영양염류가 풍부해져 부영양으로 바뀌어간다. 풍부한 질소와 인으로 인하여 식물플랑크톤이 과다 증식하게 되어 해수의 경우 붉은색으로 변하거나, 하천의 경우 녹색으로 변화는 경우가 많다. 하천 및 호소가 부영양호로 변할수록 조류의 증가로 pH는 중성에서 약알카리성을 띠게 되며, 물의 투명도가 감소한다. 과다 증식한 식물플랑크톤이 물의 표면을 가득 메워 수중으로 가는 햇빛을 차단하여 해조류와 같은 수생식물이 죽게 되며, 조류에 의하여 산소 소비량이 급격하게 증가하여 동식물이 다량으로 폐사한다. 폐사한 동식물과 플랑크톤의 사체 부패 시에도 산소가 소모되므로 산소농도는 급격하게 감소한다(그림 9.3).

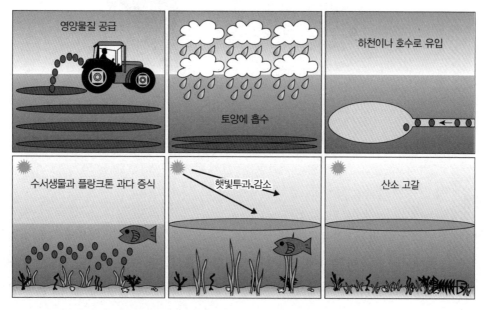

그림 9.3 하천의 부영양화 과정(https://www.tes.com/teaching-resource/full-eutrophication-lessonincluging-pp-activities-assessment-11882771)

9.2.5 생물학적 요소

1) 하상간극수역

자갈, 모래, 실트와 같은 하상 기층(substrate)은 매우 중요한 하천의 서식환경이다. 하상 기층 일부 영역인 하상간극수역(혼합대, hyporheic zone)은 하도에 인접하여 하상, 하반으로 이어지는 포화

간극수역으로, 하천수와 지하수가 혼재하고 있는 공간이다. 하상간극수역은 수생생물의 서식, 피난, 산란, 휴식처로 사용되며, 하천수온을 유지하는 데 기여한다(그림 9.4). 하도 – 지하수역 간의 동수구배가 클수록, 하상퇴적물의 투수성이 높을수록 복류수량이나 영역이 넓어진다.

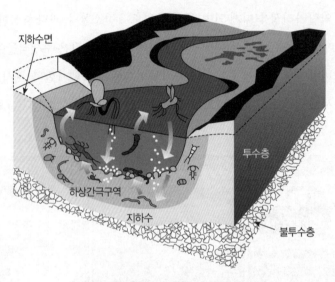

그림 9.4 하상간극수역(FISRWG, 1998)

2) 식생

자연하천의 경우는 일반적으로 하천내부 생산성과 유역에서 유입되는 외부 유기물이 미생물의 작용으로 분해됨에 따라 하천 내의 오염상태가 평형을 유지한다. 수변 전이대의 식생대와 토양은 상부 토지에서부터 흘러드는 비점오염 물질과 상류에서 하천 흐름을 따라 내려오는 오염물질을 잡아주는 소멸지(sink)로서 역할을 할 뿐만 아니라, 높은 생산성을 가지며 다양하고 풍부한 생물의 서식처로서 기능한다.

하도와 떨어져 있는 보다 건조한 곳에서는 수림이 형성되고, 이 수림대의 아래쪽에는 초본식물이 우점하는 건생 혹은 습생 초지가 전개된다. 특히 하천의 물가에는 다습한 토양에서 생육하는 수생식물(水生植物, hydrophytes)이 생육한다. 수생식물은 생육형에 따라서 정수식물(挺水植物, emergent hydrophytes), 부엽식물(浮葉植物, floating-leaved hydrophytes), 침수식물(沈水植物, submerged hydrophytes) 및 부수식물(浮水植物, free-floating hydrophytes)로 구분된다(그림 9.5). 이처럼 하안식생은 하천의 수체로부터 건조한 육상까지 뚜렷이 식물군집이 변화하는데 이를 식생의 대상분포(zonation)라고 한다. 하천 식생이 군락을 이루고 있는 수변림은 영양 공급, 수온 유지, 수질 정화, 하안 안정, 경관미 증대 등의 다양한 기능을 수행하고 있으나, 과도한 식생 발달은 홍수위 상승이나 하천 흐름에 방해를 주는 부정적인 영향을 미치기도 한다.

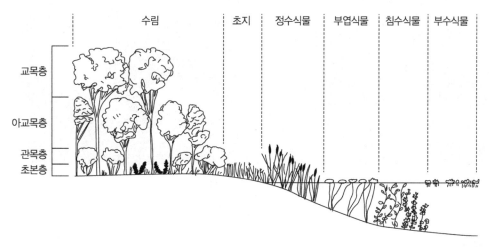

그림 9.5 하천 식생의 단면적 구조(환경부, 2002)

3) 수중 서식처(aquatic habitat)

하도 내 서식처는 그림 9.6과 같이, 물이 사행하면서 발생하는 여울과 소(riffle & pool), 홍수 시 범람으로 세굴되었다가 수위가 낮아지면서 노출되는 습지, 웅덩이, 반웅덩이(backwater) 등으로 분류할 수 있다. 일시적으로 생성된 웅덩이가 잦은 홍수로 인한 세굴 및 퇴적으로 습지화되면 본류의 생물상과 다른 습지생태계가 형성된다. 본류와 연결된 웅덩이(backwater)는 치어(어린 물고기)의 피난 및 휴식장소로 이용되고, 여울(riffle)은 수생곤충의 산란 및 서식 장소, 소(pool)는 성어의 서식 장소로 이용된다. 동일한 어류라 할지라도, 일생 동안 다양한 서식처 구조를 필요로 하게 되기 때문에, 하천 복원 및 관리에 있어서 다양한 하천 서식처 구조가 형성될 수 있는 방안이 필요하다.

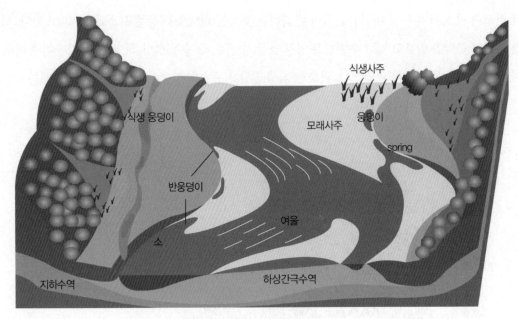

식생사주

식생 웅덩이

웅덩이

모래사주

spring

반웅덩이

여울

소

지하수역

하상간극수역

그림 9.6 하천의 수중 서식처 구조

예제 9-1

하천 서식처 중 여울과 소의 구조와 생태적 기능에 대하여 설명하시오.

풀이

▶ **여울과 소의 구조**

　유속이 빠르며 수심이 얕고 물길의 경사가 급하여 비교적 큰 저질이 분포하는 것이 여울이며, 수심이 깊고 물길의 경사가 비교적 평탄하며 주로 물길의 바깥으로 휘는 부분에 형성되는 지형을 소라고 한다. 자연형 하천에서는 여울과 소가 번갈아 가며 나타난다.

▶ **여울과 소의 생태적 기능**

　날도래유충과 같은 저서무척추동물은 여울에 산란 및 서식하며, 은어와 같은 일부 어류의 경우 여울에서 산란하고 소에서 성장하기 때문에, 여울과 소는 생태적으로 중요한 서식처 기능을 한다.

9.3 하천생물의 생태

9.3.1 조류(藻類, algae)

조류는 하천의 일차 생산자로서 수생태계의 유지에 중요한 역할을 하며, 대부분은 하천이나 호수의 물속에 서식한다. 하상에 붙어 군락을 형성하는 생활형을 가진 조류를 부착조류라고 하고, 수면에 부유하여 서식하는 생활형을 가진 조류는 식물플랑크톤(phytoplankton)이라고 한다. 식물성플랑크톤 중에는 규조류, 녹조류 및 와편모조류와 남세균 등이 흔히 출현하는 종류이다. 남세균은 남조류, 시아노박테리아로 불리고 있다. 최근 흔히 나타나는 하천의 녹조현상은 식물성플랑크톤의 하나인 남세균이 대량 증식하여 발생하는 현상이다. 일반적으로 체류시간(7일) 또는 유속(0.2 m/s)을 기준으로 볼 때, 물 흐름이 빠른 유수환경에서는 부착성 조류가 서식하며, 물 흐름이 느린 정수환경에서는 부유성 조류(식물플랑크톤)가 우점하여 서식하게 된다.

그림 9.7 (좌) 돌에 부착되어 있는 부착조류(저자 촬영), (우) 식물플랑크톤의 일종인 남조류 번성으로 인한 녹조현상(http://water.nier.go.kr/front/algaeInfo/algaeInfo04_02_03.jsp: 물환경정보시스템)

9.3.2 저서성 대형무척추동물

대형무척추동물이란 육안으로 식별되는 크기인 0.5 mm 이상의 무척추동물로 주로 하천이나 호수의 밑바닥에서 생활하는 생물군이다. 저서성 대형무척추동물의 대부분(95%)이 수서곤충으로 하천생물의 종다양성과 풍부성을 결정하게 되며, 서식 특성상 이동이 적고 채집이 용이하여 수질오염의 지표종으로 이용되고 있다. 강도래류, 하루살이류, 잠자리류, 날도래류, 갑각류 등이 저서성 대형무척추동물로 분류된다. 일반적으로 강도래나 하루살이, 날도래 등이 서식하는 환경은 어느 정도 환경이 양호한 지역이라는 것을 반증하기도 한다. 일부 지역에서 동양하루살이가 대량 출몰하여 인근 주거나 상가에 피해를 주기도 하는 것은 하천의 환경이 좋아졌다는 증거이기도 하며, 하천생태계 안에서 하루살이를 섭취하는 개체의 감소로 하천의 먹이사슬이 불안전해지고 있다는 것을 의미하기도 한다.

하루살이의 성충은 수면이나 수중의 돌 위에 산란을 하고, 하천 바닥에서 생활하다가 우화하여 사주 위의 식생 잎면에서 탈피를 하고, 성충이 되어 수면 위를 날아다니다 산란이 끝나면 곧바로 죽게 된다. 하루살이와 같이 단일 생물종이라고 하더라도 일생 동안 여러 서식처 구조에서 삶을 살아간다.

그림 9.8 (좌) 강도래 유충, (우) 하루살이 생활사(http://www.southerntrout.com)

9.3.3 어류

어류는 물에서 사는 아가미가 있는 척추동물이다. 어류는 알에서 부화하여 변태에 이르는 시기를 자치어(fish larvae) 단계라고 한다. 어류의 생활사에서 성장이 가장 활발하며 습성, 형태, 기능 등의 변화가 가장 빠르게 나타난다. 클로렐라와 같은 식물성플랑크톤을 시작으로, 동물성플랑크톤, 소형 규조류, 작은 새우 등을 섭취하며 성어로 성장하게 된다. 배스와 같은 강한 포식성을 가진 외래 위해종은 다양한 종류의 먹잇감을 섭식하기 때문에, 국내 토종 어류, 양서파충류나 수생곤충 등과 같은 수생생물의 강압적인 감소를 야기하기도 한다.

수생태계의 건강성은 하천 각 구간 단위의 건강성뿐만 아니라 종적으로 연속적으로 연결되어 회유성 어종이 강의 하류에서 상류까지 이동할 수 있어야 한다. 대게 연어과 어류는 여름기간에는 낮시간에 활동하며 가만히 기다리는 포식자인 반면, 겨울에는 낮시간에는 강바닥에 숨고, 밤시간에 활동하는 전략을 취한다고 한다.

9.3.4 양서류 및 조류

대부분의 양서류(도롱뇽, 두꺼비, 개구리 등)는 번식과 월동에 수중서식지가 필요하다. 반면에 대부분의 파충류(도마뱀, 뱀, 거북이 등)는 물에 의한 생육지 제한이 적으므로 주로 하천변과 하안 서식처에서 발견된다.

조류는 하천변에서 가장 흔히 관찰되는 소비자이다. 특히 하천과 수변지역의 서식환경에 따라 수면에는 오리류와 물닭류가 서식하고, 얕은 물에서는 도요새류, 물떼새류, 백로류 및 왜가리 등이 이용한다. 물가의 초지 갈대밭에는 개개비류의 산란, 번식장소가 되며, 모래 섞인 자갈밭과 관목이 있는 곳에서는 꼬마물떼새, 종다리, 알락할미새, 노랑할미새, 제비, 참새 등이 번식 혹은 먹이를 취하는 장소로 이용하고 있으며, 하천회랑의 상공에는 맹금류가 서식하기도 한다.

9.3.5 수생태계 건강성 평가

국내에서는 전국 하천의 공공수역에 대한 부착조류, 저서성 대형무척추동물, 어류 및 서식처에 대한 모니터링 조사를 통하여 물환경 현황을 종합적으로 평가하기 위하여 수생태계 건강성 평가를 실시한다. 특히 수생태계 건강성 통합평가에서는 부착조류 영양염지수, 저서성 대형무척추동물 한국청정생물지수, 어류 생물지수를 산술평균하여 등급을 A(최적)~D(불량)로 구분한다.

표 9.1 수생태계 건강성 평가 예시(국립환경과학원, 2011)

생물 등급	환경 상태	생물지수			생물통합지수
		부착조류(TDI)	저서성 대형무척추동물(KPI)	어류(IBI)	
A	최적	$60 \leq \sim \leq 100$	$80 < \sim \leq 100$	$87.5 \leq \sim < 100$	$75 \leq \sim \leq 100$
B	양호	$45 \leq \sim < 60$	$52 < \sim \leq 80$	$56.2 \leq \sim < 87.5$	$50 \leq \sim < 75$
C	보통	$30 \leq \sim < 45$	$28 < \sim \leq 52$	$25 \leq \sim < 56.2$	$25 \leq \sim < 50$
D	불량	$0 \leq \sim < 30$	$0 < \sim \leq 28$	$0 \leq \sim < 25$	$0 \leq \sim < 25$

9.4 수리·지형적 변수와 생물다양성

9.4.1 교란의 중요성

생물개체를 제거함으로써 생태계, 군집, 개체군의 구조를 파괴하고, 공간, 섭식자원이나 물리적 환경을 변화시키는 시간적으로 다소 불연속성을 가지는 것을 교란이라고 한다. 하천에 강우나 강설 등으로 하천유량이 증가하는 현상은 자연적인 교란이라고 하며, 홍수교란이라고 불리기도 한다. 교란의 정도는 규모(magnitude), 빈도(frequency), 지속시간(duration), 타이밍(timing) 혹은 예측가능성(predictability), 변화율(rate of change)의 5가지 구성요소가 있다. 평수시 유속이나 하상에 작용하는 힘으로는 하상의 이동이 크게 일어나지 않는다. 유량이 소규모로 증가하면 입경이 작은 하상이 선택적으로 이동을 시작한다. 이동하는 작은 입경의 하상은 보다 크고 안정적인 하상의 표면을 마찰하여, 부착조류를 마모시킨다. 유량이 대규모로 증가하면, 유영성 어류는 유속이 극히 증가하여 평수시의 위치를 유지하는 것이 힘들어지고, 하상에 작용하는 힘이 증가하여 입경이 큰 하상도 이동을 시작한다. 하상의 자갈이나 모래에 서식하고 있던 부착조류나 저생동물은 제거되거나, 입자 간 충돌로 사망한다. 유량변동은 직접적으로 하천생물에 영향을 미칠 뿐만 아니라, 서식처 환경을 변화시킨다. 홍수 시 모래나 자갈의 이동은 하천지형을 변화시키고, 하천생물의 물리적인 서식환경을 창출하기도 한다. 입상유기물의 이동의 대부분은 대규모의 홍수에 의해 발생하고, 이것을 섭취하는 생물의 섭식자원 환경 변화를 유도한다.

1) 교란의 적응

홍수는 생물의 생존에 큰 위협이 되기 때문에, 홍수에 적응하기 위한 전략이 필요하다. 홍수 발생 시 생물개체가 대응하는 방법으로는, 본래의 장소에서 견디는 것(내성), 교란의 영향이 적은 곳으로 회피하는 것(회피), 혹은 살아남은 개체들이 교란 후 적정한 서식장소로 이동하는 것(회복)이 있다.

2) 중규모 교란 가설

교란은 생물의 개체수를 급격하게 줄임에 따라, 경쟁배제(競爭排除)를 억제하여 하천의 종다양성을 높게 유지하는 원인으로 주목받고 있다. Connell에 의한 중규모 교란 가설(Intermediate Disturbance Hypothesis, IDH)이 대표적으로, 교란빈도가 과소 혹은 과대되지 않은 적정한 규모의 교란이 하천의 종다양성을 증가시킨다는 가설이다.

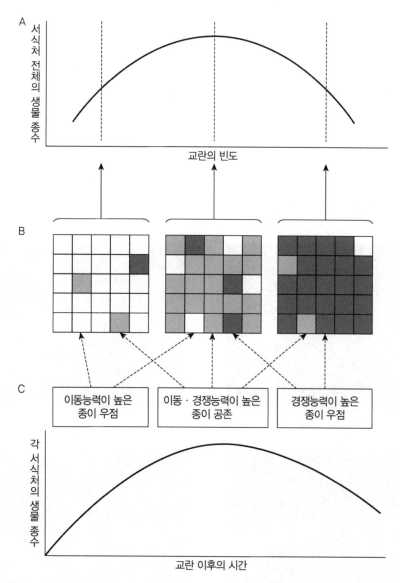

그림 9.9 중규모교란가설이 산정하는 다양성 패턴과 프로세스. A. 서식처 전체의 교란빈도에 관한 종수의 변동, 중규모의 교란을 기준으로 종수가 최대가 된다. B. 서식처 전체(패치의 집합)의 패치 구성. 교란은 부분적으로 공란의 패치를 형성한다. C. 서식처 내의 각 패치의 시간적 변동. 종수는 교란 후에 중빈도의 시간이 경과한 후 최대가 된다(中村, 2013).

9.4.2 댐의 영향

유역분지에서 사면류(slope wash)나 산사태(landslides)에 의하여 퇴적물이 하천에 공급되고, 이 것은 콘베이어벨트(conveyor belt)처럼 하천에 실려 바다로 공급된다. 이와 같은 유역분지 - 하천 - 바다로 구성되는 지형체계는 그 지역의 환경 조건에 적응하여 평형(equilibrium)을 유지한다(Kondolf, 1997). 하지만 댐이나 보와 같은 하천의 종단을 단절시키는 인공구조물은 하천의 종적 연속성을 감소시키고, 유량을 안정화시키고 유사 이송을 방해한다. 인간의 삶은 풍부한 물의 이용과 더불어 재해에 안전해졌으나, 교란에 적응되어 있는 하천환경에는 부정적인 영향을 미치기도 한다. 주로 댐 상류인 저수지에는 토사가 퇴적되어 장기적으로 저수지와 댐의 기능을 약화시켜 준설을 필요로 하게 되고, 댐 하류부에는 유량과 유사의 감소를 겪는다. 댐에서 방류되는 유수는 통제되고 있고, 입자가 큰 대부분의 토사는 퇴적되어, 윗부분의 물이 하류로 이동한다. 이러한 유량과 유사의 감소로 하상이 깊어지고, 하폭이 좁아지며, 하상의 일부가 조립화된다.

댐 건설 전 　　　　　　　　　　　　　　댐 건설 후

댐 건설 2년 후 　　　　　　　　　　　　댐 건설 4년 후

그림 9.10 댐 건설 후 하상 변화(일본 나라현 오오타키댐 하류 2 km 지점)(ⓒ Takemon Yasuhiro)

9.5 환경생태유량

이수 및 치수를 목적으로 하천은 인위적으로 개수되어 왔으며, 하천 시설물과 하천 주변의 토지이용으로 하천의 종횡단이 단절되고 수생태계가 교란되는 결과가 나타나고, 매년 갈수기의 유량부족으로 하천의 건천화 현상에 따른 수질악화, 수생생물 서식처 감소 등 수생태계 건강성 훼손 문제가 더욱 심각해지고 있다. 수생태계 건강성 유지에 필요한 하천 유량을 확보하기 위하여 환경생태유량이 중요하게 되었고, 생태유량 산정을 위한 제도가 법적으로 도입되었다. 물환경보전법(2017. 1. 17. 개정)에서 '수생태계의 건강성 유지를 위하여 필요한 최소한의 유량'을 환경생태유량이라고 정의하였다.

국내에서 하천유량은 하천유지유량을 근간으로 한다. 하천유지유량은 하천의 유효한 이용과 유수의 정상적인 기능 및 상태의 유지하기 위한 유량이라고 정의하였다(하천법, 1999년). 하지만 2000년대 이후 친수환경에 대한 수요 증가와 함께 사회적으로 환경문제가 대두되면서 수질개선뿐만이 아닌 생태계, 경관 등 인간과 자연에게 있어 다양한 환경기능을 만족시키기 위한 유량 설정이 필요하게 되었다. 건설교통부(2000) 하천유지유량 산정 요령에 따르면 하천유지유량은 갈수량을 기준으로 산정하되, 하천 수질 보전, 하천생태계 보호, 하천경관보전, 염수 침입 방지, 하구 막힘 방지, 하천 시설물 및 취수원 보호, 지하수위 유지 등을 위한 필요유량을 감안하여 산정한다고 명시되어 있다. 이후 2007년 「하천법」에서 '환경개선용수'의 개념과 비용부담 원칙이 도입되면서 사회환경 개선을 위한 환경개선용수에 대한 법적 근거가 마련되었다.

한편, 환경부 「수질환경보전법」에서는 점오염원을 중심으로 다루었다면, 2007년 「수질 및 수생태계 보전에 관한 법률」을 제정하면서, 하천 및 호수 등의 수질과 수생태계 현황을 조사하였다. 이후 「수질 및 수생태계 보전에 관한 법률」이 일부 개정되면서, 환경생태유량 및 수생태계 연속성 등의 법안이 포함된 「물환경보전법」이 공포되었다.

9.5.1 유지유량 점증방법론(IFIM, Instream Flow Incremental Methodology)

하천생태계를 유지하기 위한 하천유량을 산정하기 위하여 수문학적 방법(Tennant 방법, 7Q10 등), 수리적 방법(윤변법, R2 Cross 방법 등), 서식처 모형을 이용한 방법 등이 사용되고 있다(2010,

강형식). 수생서식처 보전을 위한 물리서식처를 평가하고 최적의 환경유량을 제안할 수 있도록, 1980년대 미국 어류 및 야생국(Fish and Wildlife Serevice)에서 유지유량증분법을 개발하였다. 유지유량증분법은 유량을 조금씩 증가시키면서 서식처 조건을 만족시키는 최적의 유량을 산정하는 방법이다. 이 방법론의 대표적인 모의시스템으로 물리서식처모의시스템(PHABSIM, Physical Habitat Simulation System)을 들 수 있다.

1) 물리서식처모의시스템(PHABSIM)

PHABSIM은 서식처의 물리적 조건(수심, 유속, 저질 등)과 서식처적합도지수를 이용하여 생물종에 필요한 환경유량을 산정한다. 대상구간에서의 하천 단면 자료, 하상재료, 상류와 하류의 경계유량과 경계수위로 수리해석을 통하여 유량 조건별 서식처 조건 변화를 검토한다. 서식처적합도지수(HSI, Habitat Suitability Index)는 대상 생물종의 생애단계별로 유속, 수심, 기층 특성 등 서식처의 물리적 조건과 해당 생물의 서식적합도 관계를 0(나쁨)에서 1(좋음)로 나타낸다. 여기에서 생물종은 보통 그 하천에서 서식하는 생물 중에서 보호종이나 깃대종 등을 목표종으로 선정할 수 있다. 그림 9.11 A와 같이 하천 구간의 단면 A, B 사이를 셀로 나누어 각 셀의 수심, 유속, 기층 등의 서식처적합도를 평가하고, 셀에서 매겨진 물리적 인자의 서식적합도지수를 조합하여 하나의 값으로 제시하는 복합 서식처적합도지수(CSI, Composit Suitability Index)를 산정한다. 그리고 한 단위수면적에 대해 각각의 서식처적합도지수를 평가하여 전 수면적에 대해 가중평균한 것이 가중가용면적(WUA, Weighted Wsable Area)이다. 이 값을 0에서 1까지의 수치로 다른 상태와 비교평가가 용이하다. 이는 대상 어종이 대상 구간에서 가질 수 있는 서식처의 가용성을 정량적으로 표현한 값이다. WUA계산식은 다음과 같다.

$$WUA = \sum_{i=1}^{k} CSI_i \times A_i \tag{9.1}$$

여기서 k는 모의 대상의 전체 격자 수이며, A_i는 I번째 격자에서 면적이다. 유량과 가중가용면적과의 관계를 나타낸 것으로서, 가중가용면적이 최대가 되는 유량이 환경유량이 된다.

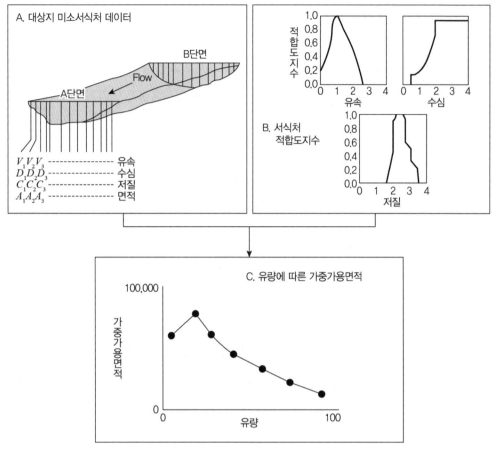

그림 9.11 PHABSIM을 이용한 환경유량 산정(Gopal, 2013)

9.6 생태계서비스

생태계 안에 포함된 물질이나 정보의 양으로 자연물을 경제적 재화 및 서비스로 이용 가능한 상태로 인식하는 개념이 증가하면서, 생태계서비스라는 용어를 사용하기 시작하였다. 생태계서비스(ecpsystem services)란, '인간이 생태계로부터 얻는 편익'을 말한다. 유엔은 새천년생태계평가(MEA, Millennium Ecosystem Assessment)에서 생태계가 인간에 제공하는 가치를 생태계서비스의 개념으로 인식하고 인류의 행복을 위한 생태계 보전, 생태계의 지속가능한 사용과 인간의 삶에 대한 기여도 등을 산정하는 데 필요한 과학적 근거를 마련하고자 하였다.

생태계 안에 포함된 물질이나 정보의 양으로 자연물을 경제적 재화 및 서비스로 이용 가능한 상태로 인식하는 개념이 증가하면서, 생태계서비스라는 용어를 사용하기 시작하였다. 2005년 새천년생태계평가(MA, Millenium Ecosystem Assessment) 보고서 발표를 통하여 4개의 범주유형과 평가지표 분류체계의 근간을 제공하였다. 생태계서비스의 4가지 범주유형은 공급서비스, 지원서비스, 조절서비스, 문화서비스로 구분된다. 공급서비스(provisioning service)는 자연생태계가 생물학적 유전자원의 다양성을 통해 인간에게 영향을 미치는 공급서비스로, 식량, 섬유, 자원, 담수 등을 통해 얻을 수 있는 서비스이다. 지원서비스(supporting service)는 생태계서비스의 다른 범주들이 제공되기 위한 부양서비스로 서식처 지원 등 있다. 조절서비스(regualating service)는 생태계의 역할과 관련하여 생물, 지리화학적 순환과 생태계를 조절하는 기후조절, 토양유실 조절, 물조절, 생물학적 조절, 홍수 방지들이 있다. 문화서비스(cultural service)는 영적인 충족, 인지발달, 레크리에이션, 미적 체험 등 비생물적인 편익 등이 있다.

MA에서 제시한 범용적 분류체계를 기반으로 공급과 수요 측면에서의 국내 하천생태계서비스는 표 9.2와 같다. 공급서비스에는 식량, 에너지생산, 담수제공, 원료, 광물자원, 유전자원이, 조절서비스에는 기후조절, 수질정화, 물공급/수량조절, 재해방지, 생물학적 조절이, 지지서비스에는 서식처 제공, 생물종다양성이, 문화서비스에는 생태관광, 휴양/레저, 교육/과학, 경관미, 종교/문화유산 항목이 포함된다.

생태계서비스를 이용한 가치 평가는 자연생태계를 경제적으로 평가함과 동시에, 자연생태계 안에서 인간과 공존하며 발생하는 다양한 기능들을 분류군에 포함한 것이 의의가 있다.

표 9.2 하천의 생태계서비스 평가(안소은, 2015)

부문		
공급	식량	• 민물 양식업을 포함한 어패류 제품 • 식용 동물, 식물과 섬유질
	에너지	• 생물적, 비생물적 에너지 자원 • 수력 • 바이오매스 에너지
	담수제공	관개, 음용, 산업용수 등과 같은 담수 사용
	원료	섬유질, 목재와 같은 원료
	광물 자원	메탈, 비메탈, 석탄 등
	유전 자원	잠재적으로 사용 가능한 원료
조절	기후조절	미시적 기후 조절
	수질정화	하천 흐름이나 수중·하안 식물에 의한 수질정화 능력
	물공급/수량조절	물의 흐름과 순환을 통한 유량 조절
	재해방지	홍수, 가뭄, 산림화재 등의 방지 및 저감
	생물학적 조절	비자연적인 생물종의 조절, 유전자원 강화
지원	서식처 제공	• 서식처 제공 • 연속성 유지를 통한 생태계 지지
	생물다양성	생물종, 생물군 등의 다양성 유지
문화	생태관광	하천 생태관광
	휴양/레저	낚시, 수영과 같은 휴양 활동
	교육/과학	담수 생태계의 교육적·과학적 활용
	경관미	눈에 보이는 경관
	종교/문화유산	담수 생태계 기반 종교적 경험과 문화유산

연습문제

9.1 하천이나 호소의 부영양화에 대하여 설명하고, 해결방안을 제시하시오.

9.2 생태계서비스의 4가지 범주유형에 대하여 설명하시오.

9.3 댐 설치로 인한 댐 하류 하천환경의 변화를 설명하시오.

9.4 물환경의 정의를 설명하고, 물환경관리를 위한 방안을 제시하시오.

9.5 국내에서 하천생태유량을 산정하는 방법에 대하여 설명하시오.

참고문헌

1) 강형식(2017). "수생태 복원·관리를 위한 환경생태유량 정책 개선 방향", 물정책경제, Vol. 28, 한국수자원공사, pp. 43-55.

2) 강형식(2010). 어류의 물리적 서식 적합도 지수 산정방안 고찰, 한국환경정책평가연구원.

3) 건설교통부(2000). 하천유지유량 산정요령, 건설교통부 하계 71500-873, 2000.

4) 김범철(2017). "녹조현상의 원인과 대책", 한국수자원학회지, Vol. 50, No. 6, pp. 8-14.

5) 안소은(2015). 생태계서비스 측정체계 기반구축 2: 하천생태계를 중심으로, 환경정책평가연구원, 2015.

6) 우효섭, 오규창, 류권규, 최성욱(2018), 하천공학, 청문각.

7) 환경부(2011). 국립환경과학원 수생태계 건강성 조사 및 평가 요약보고서.

8) 환경부(2002). 하천복원 가이드라인, 2002.

9) Connell J. H.(1978). "Diversity in Tropical Rain Forests and Coral Reefs", Science, New Series Vol. 199, pp. 1302-1310.

10) Federal Interagency Stream Restoration Working Group(FISRWG) (1998). Stream corridor restoration-principles, processes, and practices. USDC. National Technical Information Service. Springfield.

11) Gopal, B.(2013). Methodologies for the Assessment of Environmental Flows Chapter 6.

12) Kondolf G. M.(1997). "Profile: Hungry water: effects of dams and gravel mining on river channels", Environmental Management, Vol. 21, No. 4, pp. 533-551.

13) 川那部 浩哉, 水野 信彦, 中村 太士(2013). 河川生態学, 講談社.

하천시설물

CHAPTER 10 하천시설물

하천시설물은 하천의 이수, 치수, 하천환경기능을 위하여 하천에 인위적으로 설치하는 시설물이다. 일반적으로 이수기능을 하는 시설물은 보, 취수설비, 주운시설 등이 있고, 치수기능을 하는 시설물은 제방, 호안, 수제, 하상유지시설 등이 있다. 어도는 하천환경기능에 필요한 시설물이다. 사방시설은 유역에서 토사의 생산 및 유출에 대한 토사재해를 방지하는 시설이므로, 하천의 안정성을 유지한다는 점에서 하천시설물에 포함되었다. 이 장에서는 치수기능에 해당하는 제방, 호안, 수제, 하상유지시설과 이수기능에 해당하는 보, 하천환경기능에 해당하는 어도 그리고 토사재해방지를 위한 사방시설에 대하여 살펴본다.

10.1 제 방

제방(levee)은 하천에서 흐름을 하도 내에 한정해서 하류로 안전하게 흐르도록 하고, 홍수범람을 방지하며 제내지를 보호하기 위하여 하천을 따라 토사 등으로 축조한 공작물이다. 제방은 홍수범람을 방지할 뿐만 아니라, 홍수소통을 원활히 하도록 한다. 제방은 토사 등을 주된 재료로 축조하고, 표면이나 기초부에는 호안공을 설치한다. 토사로 축조한 둑 혹은 제방은 구조 안정성을 확보하기 위해 어느 정도 둑의 폭을 필요로 하기 때문에 하천 부근까지 주택이 이어져 있는 시가지에서는 콘크리트나 널말뚝(시트파일) 등 연직벽의 특수제방(non-soil embankment)이 설치된다.

(a) 제방, 제외지 및 제내지   (b) 하천의 횡단면도

그림 10.1 전형적인 하천과 횡단면(대전, 갑천)

10.1.1 제방의 종류와 구조

1) 제방의 종류

제방은 그 기능, 규모, 형태 등에 따라 명칭이 붙여진다. 제방은 아래와 같이 다양한 종류가 있다 (그림 10.2).

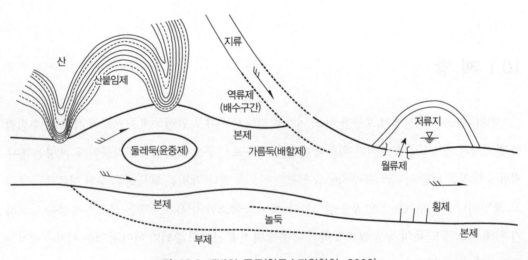

그림 10.2 제방의 종류(한국수자원학회, 2009)

(1) 본제(本堤, main levee)

본제는 홍수범람을 방지하기 위하여 하도의 좌안(左岸)과 우안(右岸), 즉 양안(兩岸)에 축조하는 축조하는 연속체로 된 제방이며, 가장 일반적인 형태이고, 중요한 제방이다.

(2) 부제(副堤, secondary levee)

부제는 본제 뒤에 설치하여 본제가 파괴되었을 때, 2차적인 홍수방어 역할을 한다. 따라서 부제는 본제와 어느 정도 거리를 두고, 본제와 평행하게 설치되는 제방이다. 제외지에 설치되는 경우에는 본제보다 낮은 경우가 많으며, 중소형 홍수에 의한 제외지 피해를 완화시키거나 경감시키기 위해 설치된다. 제내지 부제는 본제의 하도가 충분하지 않은 경우나 확실히 방어해야 할 지구가 제내지에 있는 경우 등에 설치된다.

(3) 둘레둑(윤중제, 輪中堤, ring levee)

둘레둑은 비교적 작은 특정 지역을 홍수로부터 방어하는 것을 목적으로 해당 지역을 둘러싸듯이 설치된 제방이다. 그림 10.3은 여의도의 둘레둑으로 둘러싸인 모습이다. 둘레둑은 메콩 델타 등 홍수가 빈번하게 범람하는 지구에 설치되어 있는 경우가 많다.

그림 10.3 둘레둑(윤중제)으로 둘러싸인 서울 여의도(1978)(http://map.vworld.kr/map)

(4) 눌둑(open levee)

눌둑은 하상경사가 급하거나 어느 정도의 범람을 허용할 수 있는 구간이 하천역에 인접하고 있는 경우에 설치된 제방이다. 눌둑은 불연속 제방의 대표적 예이다. 눌둑의 설치 구간에는 그림 10.4에서 보듯이 제방이 이중으로 설치되어 있어 상류측 제방이 제외지 쪽에서 중단되고, 하류측 제방은 제내지 쪽에서 중단되어 있다. 눌둑의 중복 구간 길이는 제방 설치 구간의 종단경사와 본천의 배수위로 결정된다. 이 때문에 완경사 하천에서는 중복구간이 매우 길어져 경제적이지 않다. 눌둑은 내수 배제(drainage behind levee)가 용이하기 때문에, 예전에는 많은 하천에 설치되었다. 그러나 최근 제내지가 개발됨에 따라 재검토되는 추세이다. 여기에서 내수(內水, inland water)란 강우 등에 의해 제내지에 고인 물이고, 외수(外水, river water)란 제외지에 있는 하천의 물이다.

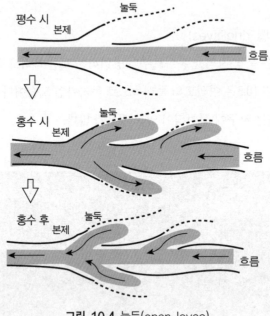

그림 10.4 눌둑(open levee)

(5) 배할제 혹은 가름둑(separation levee)

두 하천이 합류하는 경우에 각각 하천의 홍수기간, 하상경사, 홍수규모가 다를 때, 곧바로 합류시키면, 합류부에 많은 토사가 퇴적되어 유로가 변동되기 쉽다. 이 때문에 두 하천을 완만하게 합류시켜 합류점에서 토사 퇴적이나 유로 변동을 억제하기 위해 축조한다. 또한 2개의 하천유역에서 홍수 도달시간이 크게 달라 한쪽 하천의 수위가 다른 한쪽 하천의 배수에 의해 크게 상승하는 경우에도 배할제 혹은 가름둑이 설치된다.

(6) 월류제(over flow levee)

월류제는 홍수 시에 흐름의 일부를 범람시켜 첨두홍수 유량을 감소시키기 위하여 설치되며, 강변저류지와 같이 제방의 높이를 일부 낮춘 구조를 갖는다. 월류부는 홍수류의 월류에 견딜 수 있는 구조이어야 한다.

(7) 도류제(guide wall)

도류제는 하천의 합류점, 분류점이나 하구 등에서 흐름 및 유사를 조절하여 물과 토사를 신속하게 하류로 이송시키는 것을 목적으로 설치된다(그림 10.5). 하구에서는 강폭이 급격하게 확대되므로 소류력이 감소해 유사가 퇴적하기 쉽다. 하구에서 유사의 퇴적은 하구 폐색을 가져오는 경우가 있다. 이를 막기 위하여 하구에서 제방(도류제)을 설치해 유사가 퇴적되는 구간을 하구에서 바다 쪽으로 이동시키는 작용을 한다. 도류제는 가름둑(배할제)과 같은 평면 형상을 갖지만, 배할제가 2개 하천의 완만한 합류를 목적으로 한다는 점에서 도류제와 배할제의 기능 차이가 있다.

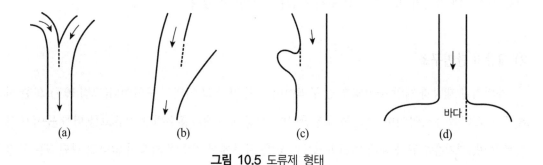

그림 10.5 도류제 형태

(8) 역류제(over flow levee)

역류제는 지류가 본류에 합류할 때, 지류에는 본류로 인한 배수가 발생하므로, 배수의 영향이 미치는 범위까지 본류 제방을 지류로 연장하여 설치한다.

(9) 고규격 제방

고규격 제방(슈퍼 제방, super levee)은 제내지측 법면이 완만하고 경사(3% 경사)의 폭이 넓은 토사로 만든 제방이며, 홍수에 의한 월류 피해를 경감시키기 위하여 축조된다(그림 10.6).

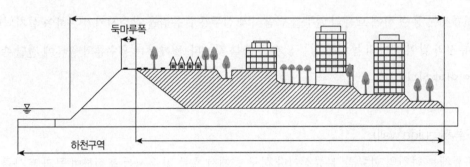

그림 10.6 대규격제방의 형태(일본 사례)(한국수자원학회, 2009)

제내지측의 제방 법면 경사를 완만하게 함으로써, 월류수의 유속을 감소시켜 범람수의 유체력을 줄인다. 이를 통해 제내지의 건물 등 시설 피해가 경감됨과 동시에 인명을 지킬 수 있다. 또 제체를 침식하는 소류력이 저하되어 제체 폭이 넓어짐에 따라 침식부의 침식 깊이가 얕아지고, 물 및 토사의 범람 유량을 줄일 수 있다. 고규격 제방 위의 특별구역은 제방 법면 경사가 완만하기 때문에, 보통 시가지와 마찬가지로 빌딩 등 도시 시설을 건설할 수 있다.

2) 제방의 단면구조

제외지란 제방과 제방 사이의 하천 구역이며, 제내지란 그 이외의 구역이다(그림 10.7). 또한 하류 쪽으로 왼쪽이 좌안이며, 오른쪽이 우안이다. 제방고는 계획홍수위에 여유고를 더한 높이 이상으로 하며, 계획홍수위가 제내지 지반고보다 낮은 지형에서 치수에 지장이 없다고 판단되는 구간에서는 예외로 한다.

제방의 둑마루는 도로나 통로로 이용되는 경우가 많다. 둑마루 폭은 침투수에 대한 안전 확보, 평상시 하천을 살펴보는 활동, 홍수 시 방재활동, 친수 및 여가공간 마련 등을 고려하여 결정한다. 일반적으로, 둑마루 폭은 최소 4.0 m 이상 확보해야 하며, 계획송수량에 따른 둑마루 폭을 결정한다(한국수자원학회, 2009). 그러나 친수 및 여가공간을 조성할 때는 계획홍수량에 따른 최소폭보다 크게 할 수 있다.

제방은 하천유수의 침투에 대해 안정한 비탈면을 가져야 하는데, 제방고와 제내지반고의 차이가 0.6 m 미만인 구간을 제외하고는 1 : 3 또는 이보다 완만하게 설치한다.

측단은 제방의 안정, 뒷비탈의 유지보수, 제방 둑마루의 차량 통행에 의한 인위적 훼손 방지, 경작용 장비 등의 통행, 비상용 토사의 비축, 생태 등을 위해 필요한 경우에는 제방 뒷기슭에 설치하며, 안정측단, 비상측단, 생태측단으로 구분할 수 있고 현장여건을 감안하여 포괄적인 기능을 갖는 측단으로 설치할 수 있다(그림 10.8). 안정측단은 생태측단의 역할도 할 수 있다. 그 폭은 국가하천에는 4.0 m 이상, 지방하천에서는 2.0 m 이상으로 한다. 비상측단의 폭은 제방부지(측단제외) 폭의 1/2 이하(20 m 이상 되는 곳은 20 m)로 한다. 제방 위에 나무를 심는 것은 제방의 보호를 위해 원칙적으로 금지하지만, 치수상 지장이 없는 범위에서는 가능하다. 생태측단은 하천의 환경보전기능을 유지하기 위해 필요한 제방의 한 요소로서, 그 폭은 제방부지(측단제외) 폭의 1/2 이하(20 m 이상 되는 곳은 20 m)로 한다.

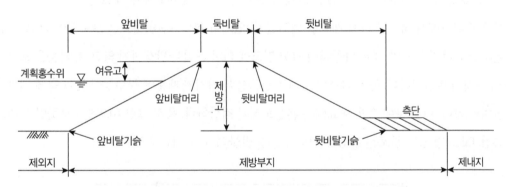

그림 10.7 제방단면의 구조와 명칭(한국수자원학회, 2009)

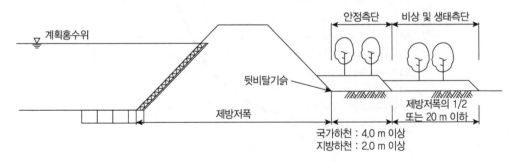

그림 10.8 측단의 설치 예(한국수자원학회, 2009)

3) 제방의 축제 재료

토사로 축조하는 제방의 경우, 수압에 의한 활동(滑動)의 가능성이 매우 낮고 법면 경사는 축제 재료의 토질 역학적 특성과 누수 대책을 고려해 결정된다. 바깥쪽 법면(제외지 쪽)의 경사는 축제 재료의 안식각보다 완만하게 설정할 필요가 있다. 또, 유수에 의한 침식을 받기 때문에 잔디나 콘크리트, 블록 등으로 표면을 피복한다.

안쪽 법면은 제체 내 침투류의 습윤선(浸潤線)이 안쪽 법면과 교차되지 않는 형상으로 설정할 필요가 있다.

기초 지반 혹은 둑 내에 침투류가 발생하면 지반 내 또는 둑 내의 흙 입자가 이동해 물길을 형성하고 마침내 파이핑 현상(piping phenomena)이 발생한다. 제체 및 기초 지반의 누수에 주의해야 하는 이유는 침투류에 의한 제내지의 침수보다 침투류가 제체 혹은 제방 기초를 파괴해서 제방 본체가 붕괴되면서 외수 범람을 발생시키기 때문이다.

제방을 건설하는 데에는 매우 많은 토사가 필요하다. 이 때문에 제체 재료는 현장에서 가급적 가까운 토취장에서 적절한 축제 재료를 채집할 수 있어야 한다. 축제 재료는 보수성이 작고, 수용 성분을 포함하지 않으며, 내부 마찰각이 크고 건조에 의한 균열이 발생하지 않고, 유기물을 포함하지 않는 것이 바람직하다. 균일 입경의 모래는 공극률이 커지기 때문에 침수성이 높아 축제 재료로 적합하지 않다. 이 때문에 축제 재료에는 혼합모래가 적합하다. 특히 그림 10.9에서 보듯이 아래로 볼록한 Talbot형 입도 분포는 흙입자들이 서로 잘 맞물려 축제 재료로 적합하다.

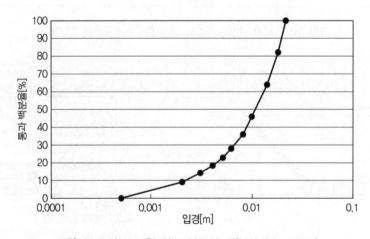

그림 10.9 Talbot형 입도 분포의 예(竹林洋史, 2017)

10.2 호 안

호안(護岸, revetment)은 제방이나 하안을 유수에 의한 파괴와 침식으로부터 보호하기 위해 제방 앞비탈에 설치하는 구조물이다. 호안은 하안을 피복해 유수로부터 침식을 직접 막는다. 그러나 호안의 정비에 따라서는 요철이 있는 하안을 평활화해서 조도를 감소시키고, 하안 근처에서 유속을 증가시키고 하상 세굴심을 증가시키는 경우가 있으므로 호안의 구조 설계와 재료 선정에 주의가 필요하다.

자연 하안이나 토제라 할지라도 하안 부근에서 유속이 작은 경우나 하안 재료에 점착성 토사가 포함되어 침식이 잘 되지 않는 경우에는 호안이 필요하지 않다. 이 때문에 하안침식 한계를 미리 파악하는 것이 중요하다. 하안 재료가 점착성 재료인 경우에는 하안에 작용하는 최대 마찰 속도에 대한 하안침식 속도에 대한 정보가 필요하다.

10.2.1 호안의 종류와 구조

1) 호안의 종류

호안은 저수로를 고정하거나 하안침식을 방지하기 위한 저수호안(low water bank protection)과 홍수 시 고수부 및 제방의 침식을 방지하기 위한 고수호안(high water bank protection), 제방호안으로 분류한다(그림 10.10).

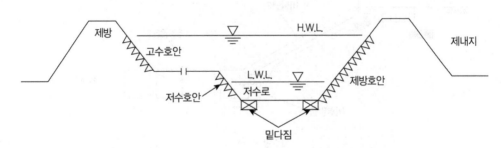

그림 10.10 호안의 설치위치별 종류(한국수자원학회, 2009)

(1) 고수호안

하천이 복단면일 경우 고수부지 위의 앞비탈을 보호하기 위해 설치한다.

(2) 저수호안

저수로에서 발생하는 난류와 고수부지 세굴을 방지하기 위해 저수로 하안에 설치하며, 일반적으로 홍수 시에는 수중에 잠기므로 세굴에 대한 고려가 필요하다.

(3) 제방호안

단단면하도인 경우 혹은 복단면하도에서 고수부 폭이 좁고, 제방과 저수로 하안을 일체로 해서 보호해야 하는 경우에 설치하는 것으로써, 고수호안과 저수호안이 일체화된 것을 말한다.

2) 호안의 구조

호안의 일반적 구조는 비탈면을 보호하는 비탈덮기, 비탈덮기 상부를 보호하는 호안머리 보호공, 비탈을 받쳐주는 비탈멈춤공, 비탈멈춤 앞쪽 하상에 설치하여 기초, 비탈덮기를 보호하는 밑다짐과 차수판으로 구성되어 있다. 차수판은 호안의 끝부분에 설치하여 호안의 유실을 방지하고 안정적으로 제방을 보호하도록 한다(그림 10.11).

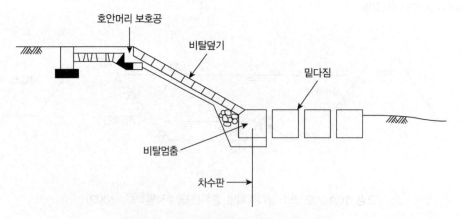

그림 10.11 호안의 구조(한국수자원학회, 2009)

(1) 비탈덮기

제방 또는 하안의 비탈면을 보호하기 위해 설치하는 것으로써 하상의 수리조건, 설치장소, 비탈면경사 등에 의해 공법을 선정한다.

(2) 호안머리 보호공

저수호안의 상단부와 고수부지의 접합을 확실하게 하고, 저수호안이 흐름에 의해 이면에서 파괴되지 않도록 보호하는 것이다. 하안의 토질, 높이, 유황 등에 따라 다르지만, 일반적으로 망태공, 연결콘크리트 블록, 콘크리트 깔기, 잡석 등을 1.5~2.0 m 정도의 폭으로 설치한다.

(3) 비탈멈춤

비탈덮기의 활동과 비탈덮기 이면의 토사 유출을 방지하기 위해 설치하며, 기초와 겸하는 경우도 있다.

(4) 기초

비탈덮기 밑부분을 지지하기 위해 설치한다.

(5) 밑다짐

비탈멈춤 앞쪽 하상에 설치하여 하상세굴을 방지함으로써, 기초와 비탈덮기를 보호한다.

3) 호안 재료에 따른 분류

호안을 이루는 재료의 특성에 따라 다음과 같이 분류한다.

(1) 식생호안

스스로 보호하는 식생의 자생력을 이용하는 것으로써, 떼심기와 식재표면에 매트, 펠트 등으로 보강하는 공법이다.

(2) 연결블록호안

콘크리트블록을 철근이나 철사 등으로 연결한 형태로, 경관적 특성이나 생태적 측면에서는 양호하지 않으나, 내구성이 커서 유속이 빠른 곳에 저항력이 크다.

(3) 석재호안

석재를 사용하는 공법으로 유속 및 유수력에 저항이 크고, 재료 취득이 용이하기 때문에 오래전부터 많이 사용해온 공법이다. 돌쌓기공, 돌붙임공, 사석공과 최근 크기가 작은 석재를 서로 연결하거나 앵커를 이용하여 유수력에 대한 저항력을 높인 연결자연석 호안, 앵커석 호안 등이 있다.

(4) 블록호안

여러 가지 형태로 콘크리트 블록을 제작하여 만들어진 호안이다.

(5) 목재호안

자연석이나 사석 등 석재 및 식생과 조합하여 하안을 보호하는 공법으로 나무 상자 틀에 돌을 채우는 방법과 나무말뚝, 나무널울타리공 등이 있다.

(6) 바구니호안

철망에 돌을 채우거나 돌무더기를 철망으로 고정하는 방법 등으로 만들어진 호안으로 돌망태와 식생망태 등이 있다.

(7) 복합형호안

다양한 환경을 창출하기 위하여 두 가지 이상의 공법을 조합하여 적용한 호안이다.

10.3 수 제

수제(水制, dike)는 하안 부근의 유속을 저감시키거나 흐름의 방향을 제어하여 하안 전면의 하상세굴 혹은 하안침식을 방지하기 위하여 설치하는 구조물이다(그림 10.12). 수제는 흐름을 저수로에 집중시킴으로써 저수로 이동을 방지하거나 선박 운항에 필요한 수심을 확보한다. 또한 수제는 흐름 및 수심의 공간적 변화를 만들어냄으로써 다양한 물리 환경을 형성해 다양한 동식물의 서식·생육 공간을 제공하기도 한다. 따라서 수제는 하안침식 및 호안 파손을 방지하거나, 저수로나 유로를 고정시키거나, 생태계의 보전, 경관개선, 주운을 위한 수심을 확보하기 위하여 설치한다. 수제의 기능은 다음과 같다(한국수자원학회, 2009).

그림 10.12 금강의 수제(금강과 미호천 합류부. 유수는 오른쪽에서 왼쪽으로 흐른다.)(http://map.daum.net/)

(1) 유로제어 기능

저수로 폭이 넓은 구간과 좁은 구간이 반복되는 구간이나 흐름상태가 흐트러져 있는 저수로를 수제에 의해 원활한 형상으로 고정하는 것이다.

(2) 하상세굴 방지 기능

하안과 하상에 역효과를 발생시키지 않고 하도의 유하능력을 충분하게 확보하게 한다.

(3) 토사퇴적 기능

수제를 설치함으로써 유속과 유사이송능력이 감소된다. 제방에서 멀리 흐름을 유지하고 토사의 퇴적을 유발하여 제방을 세굴로부터 보호한다.

(4) 수위상승 기능

물 이용 목적으로 유량일부를 전환하거나 취수를 위하여 충분한 수심이 확보되도록 흐름의 유하폭을 좁혀서 저수 시에도 수심을 확보할 수 있다.

10.3.1 수제의 종류

1) 투과 수제와 불투과 수제

수제는 형상이나 기능 등에 따라 몇 가지 종류로 분류된다. 침수성에 주목하면 물을 투과시키지 않는 불투과형 수제(impermeable spur dike)와 물의 투과를 허용하는 투과형 수제(permeable spur dike)가 있다(그림 10.13).

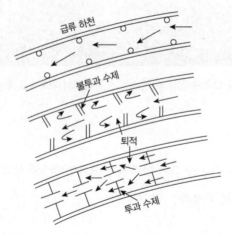

그림 10.13 투과 수제와 불투과 수제(한국수자원학회, 2009)

불투과형 수제는 유향(流向)을 제어하는 효과가 높다. 그러나 강력한 유체력이 작용하기 때문에 수제 둑마루나 연속 수제 안에서 최상류단에 배치된 수제의 주변에 국소세굴이 크게 발생하는 특징이 있다. 이 때문에 수제 주변을 사석이나 시멘트 블록 등으로 보호하는 등 홍수 시에도 쉽게 파괴되지 않는 구조로 만들 필요가 있다.

투과형 수제는 불투과형 수제에 비해 유향을 변화시키는 효과가 작기는 하지만, 수제 주변의 국소세굴은 완만하며 유체력이 비교적 작고 유수에 대한 안정성이 높다.

2) 월류 수제와 비월류 수제

수제는 물이 둑마루로부터 월류하는 월류 수제(overflow groin)와 수면이 둑마루보다 낮은 비월류 수제(non-overflowgroin)로 나눌 수 있다. 우리나라 하천은 평수 시와 홍수 시에 유량과 수위가 크게 다르기 때문에, 평수 시는 비월류 수제, 홍수 시는 월류 수제로 기능하는 경우가 많다. 월류 시와 비월류 시는 수제 주변의 유동 및 유사의 거동이 크게 다르기 때문에, 적어도 두 조건에 대한 수제 주변의 하상변동 특성이나 유동의 특성을 고려해 제원을 결정할 필요가 있다.

3) 횡수제와 평행수제

수제는 하안으로부터 돌출된 각도에 따라서도 분류된다. 즉, 수제의 배치와 흐름과 관련하여 어떻게 배치되는가에 따라, 횡수제, 평행수제, 혼합형 수제로 분류한다.

(1) 횡수제

하안에서 하천의 중심부로 돌출된 방향에 따라 분류하면 상류로 향한 상향수제, 하류로 향한 하향수제, 직각인 직각수제가 있다. 상향수제는 하안과 수제의 접속 부분에 흐름이 집중되므로 하안과 수제의 접속 부분의 침식에 주의할 필요가 있다. 또, 월류 시에는 유동이 수제를 직각 방향으로 횡단하는 특성이 있다. 이 때문에 하향 월류 수제의 경우, 월류수가 수제 하류측 하안에 집중하기 때문에 하안침식 대책이 필요하다. 유수가 수제본체를 직각으로 통과하는데 수제 하류측 하상의 세굴과 퇴적의 위치관계는 그림 10.14와 같다. 또한 이러한 배치상 분류에 의한 수제의 장단점은 표 10.1과 같다.

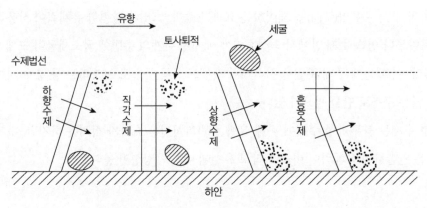

그림 10.14 수제의 방향(한국수자원학회, 2009)

표 10.1 수제방향에 따른 장단점(한국수자원학회, 2009)

	상향수제	직각수제	하향수제
장점	• 수제의 하류측 하안에 토사의 퇴적상태가 양호하다. • 유수를 전방으로 밀어내는 힘이 크므로, 제방 및 호안 보호에 효과적이다.	• 길이가 가장 짧고 공사비가 저렴하다. • 경사가 완만하고 흐름이 느린 하천의 감조부 등에서 효과적이다.	• 수제 앞부분에서의 흐름에 의한 수충력이 비교적 약하다. • 완류부에서 용수취수구의 유지와 선착장의 수심 유지에 비교적 효과적이다.
단점	• 수제 앞부분에서 수류에 대해 저항하게 되므로 세굴에 의해 수제 자체가 손상될 위험이 크다.	• 하향수제에 비해서 수제 하류의 세굴에 대한 영향이 적지만 상향수제에 비해서는 위험이 크다.	• 월류에 의해 소용돌이가 발생하기 쉽다. • 수제 하류에 세굴이 발생하기 쉬우므로 제방에 위험이 크다.

(2) 평행수제

유수에 거의 평행하게 설치되므로 유수의 확산을 막을 수 있고 수로를 고정하는 데 효과가 있다. 그러나 시간이 경과에 따라 수제 기초부에서 세굴이 발생하므로, 장래의 유지비와 수심 증가에 따른 공사비의 증가를 충분히 검토해야 한다.

(3) 혼합형 수제(T자형 수제)

횡수제의 경우는 앞부분이 격심한 수류의 영향을 받기 때문에 강화시킬 필요가 있고, 그 방법은 일종의 평행수제와 조합되어 혼합형 수제로 하는 경우가 많다.

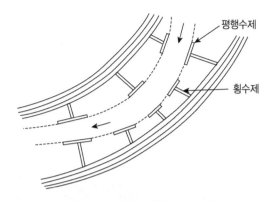

그림 10.15 횡수제와 평행수제(한국수자원학회, 2009)

수제를 설치하면 그 하류역에서 유속이 감속되어 토사가 퇴적하는 경우가 많다. 또 수제 하류역의 경우, 소류력이 작기 때문에 토사의 교환이 적어진다. 이 때문에 수제의 설치를 통해 저서동물의 서식처(공간)를 형성하는 경우에, 수제 설치 당초에는 저서동물의 서식처(공간)로 적절할지라도 서식 조건이 시간의 흐름에 따라 악화되어 저서동물이 감소하는 경우도 있다. 이 때문에 동식물의 서식처(서식장소)를 형성할 목적으로 만드는 경우, 수제를 대형 모래망태 등으로 구축해 수제의 설치 장소나 높이 등을 몇 년 주기로 변화시킴으로써 수제 주변의 토사 교환을 촉진하는 등 수제 형상에 대한 순응적 적응 관리가 필요하다.

10.3.2 수제 공법

수제를 시공하는 경우에는 유황, 하상 형상, 하상재료, 생물 등에 대한 사전 조사와 함께 수제가 이들에 미치는 영향을 검토한다. 또한 사후 모니터링도 필요하다. 수제 공법은 이러한 검토와 더불어 경제성이나 시공성 등을 고려해서 채택되며 다음에 몇 가지 수제 공법을 소개하기로 한다.

(1) 말뚝박기 수제

투과수제의 대표적인 공법으로써, 나무말뚝이나 철근 콘크리트 말뚝을 사용하며 완경사하천에 많이 설치된다. 각각의 말뚝은 가급적 균등하게 흐름에 대한 저항을 받도록 배열하고, 세굴에 대하여 충분히 견딜 수 있어야 한다(그림 10.16).

그림 10.16 말뚝박기 수제설치 예(건설기술연구원, 2011)

(2) 침상 수제

침상 수제에는 섶침상 수제, 목공침상, 콘크리트 방틀, 개량목공, 말뚝상치 수제 등이 있다. 침상 수제는 불투과 수제로 설치되는 경우가 많기 때문에 비교적 굴요성이 부족하고 채움돌이 유실될 우려가 있으므로 주의해야 한다.

① 섶침상 수제: 대·소하천의 구별 없이 횡수제, 평행수제로서 주로 중류부의 하상경사가 완만한 곳이나 완류하천에서 많이 사용된다(그림 10.17).

② 말뚝박기 수제(Krippen 수제): 섶침상 위에 말뚝을 박고 침상 위에 조약돌을 놓은 것으로써 말뚝의 열수, 열간격, 말뚝지름, 말뚝길이, 채움돌의 높이, 돌망태와 섶침상의 층수 등은 설치장소의 하천상태를 고려하여 결정한다(그림 10.18).

③ 목공침상 수제: 하상경사가 급한 급류하천에서 섶침상은 가벼워 유실되기 쉬우므로 목공침상이 사용된다(그림 10.19).

④ 콘크리트 방틀상 수제: 목공침상의 채움돌들을 콘크리트 블록으로 대체하거나 또는 물 밖으로 노출되는 부분의 방틀재나 전체 방틀재를 철근 콘크리트로 대체한 것이다(그림 10.20).

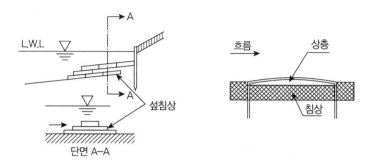

그림 10.17 섶침상 수제설치 예

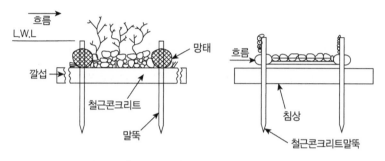

그림 10.18 말뚝박기 수제설치 예

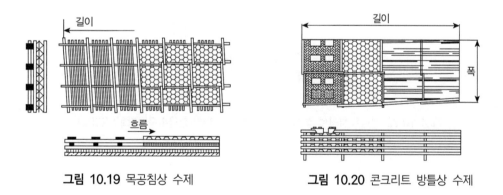

그림 10.19 목공침상 수제　　　　　**그림 10.20** 콘크리트 방틀상 수제

(3) 뼈대·틀류 수제

투과수제로서 하천 중류로부터 상류에 걸쳐 자주 사용되며 하상이 말뚝박기가 곤란한 자갈, 조약돌 등으로 되어 있을 경우와 급류부에 주로 사용된다. 뼈대·틀류 수제는 다른 수제와 비교해서 일반적으로 연속체를 이루지 않고 단독으로 설치하므로 유수저항에 대해 고려할 필요가 있다.

최근에는 내구성과 강도가 큰 철근 콘크리트 테트라포드(tetrapod)를 사용하기도 한다(그림 10.21).

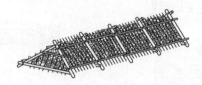

그림 10.21 뼈대·틀류 수제의 형태(한국수자원학회, 2009)

(4) 콘크리트블록 수제

콘크리트블록을 사용한 수제로써 형태, 치수, 투과도 등을 자유로이 변경시킬 수 있는 장점을 갖고 있지만 블록 주변에서 세굴이 깊어져서 전도, 유실의 위험을 내포하고 있다. 사용되는 블록의 형태는 그림 10.22와 같이 Y자블록, 십자블록, 테트라포드(tetrapod) 등이 있다.

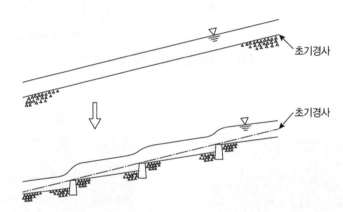

그림 10.22 하상유지시설 설치로 인한 하상의 변화(한국수자원학회, 2009)

10.4 하상유지시설

하상유지시설은 하상경사를 완화시키고 하천의 종단과 횡단형상을 유지하기 위해 하천을 횡단하여 설치하는 구조물이며, 구체적인 목적은 다음과 같다.

- **하상세굴 방지**: 하천의 인위적 유로변경(첩수로, 방수로 등)이나 하류부 대규모 준설공사 시에는 하상경사와 하천 폭의 변화에 의해 유속이 증가하여 소류력이 증대하게 되고, 그로 인해 하상 평형이 파괴되어 하상이 세굴될 수 있으므로 이를 방지하기 위해 하상유지시설을 설치한다.

- **하상저하 방지**: 댐과 같은 구조물이 상류에 설치되면, 유사 공급이 감소되어 하상이 저하하게 된다. 이를 방지하기 위해 하상유지시설을 설치한다(그림 10.22).

- **국부세굴의 방지**: 만곡부 등에서 발생하는 국부적인 세굴에 대한 대책으로 하상유지시설을 설치하는데, 특히 대공은 유수의 집중과 난류의 발생을 감소시켜 국부적인 세굴을 방지할 수 있다.

- **하천구조물 보호**: 유속을 감소시킴으로써 교각 등의 하천구조물을 보호하고 고수부지의 세굴을 방지한다.

하상유지시설은 주위에서 발생하는 국부세굴을 방지할 수 있어야 한다. 세굴은 하상유지시설 직하류에서 발생할 뿐만 아니라, 하상유지시설의 돌출에 의해 소용돌이가 발생하여 하상유지시설 직상류에도 국부적으로 세굴이 발생한다. 이로 인해 구조물의 안전이 위협받는 경우가 있다. 세굴에 견디고 하상변동이 큰 홍수 시에도 구조물이 안전할 수 있도록 하상유지시설 본체 상하류에 바닥보호공을 설치하는 것이 바람직하다. 하상유지시설은 하천환경 측면에서 중요한 시설이 될 수 있다. 그러므로 주변 경관과 조화를 충분히 고려하여 설계해야 한다.

10.4.1 하상유지시설의 종류와 구조

1) 하상유지시설 종류

하상유지시설의 종류는 다음과 같다(그림 10.23).

- **낙차공**: 낙차가 큰(보통 50 cm 이상) 하상유지시설이며, 낙차공의 낙차는 치수 및 구조적 안정성을 고려하여 2 m 이내로 한다.

- **대공(帶工, 띠공)**: 낙차가 없거나 매우 작은(보통 50 cm 이하) 하상유지시설로서, 영구적인 콘

크리트 구조보다는 하상변동에 쉽게 대응할 수 있는 콘크리트 블록 등 굴요성(屈撓性) 구조로 한다. 굴요성 구조란 여러 개의 작은 구조물이 서로 분리되어 외력에 의해 변형이 일어날 수는 있지만 구조물 자체의 파괴는 잘 일어나지 않는 구조를 말한다.

- **경사낙차공**: 하천의 일정한 구간에 돌과 목재로 급경사 구간을 두어 하상경사를 완화시키는 시설이다.

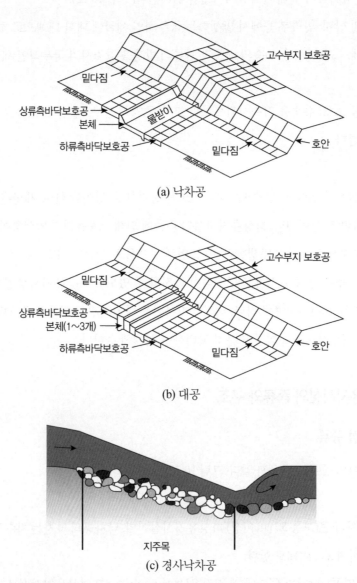

(a) 낙차공

(b) 대공

(c) 경사낙차공

그림 10.23 하상유지시설 각 부분의 명칭(한국수자원학회, 2009)

하상유지시설 중 낙차공은 하상경사를 완화하는 목적으로 낙차를 가지도록 한 것이며, 대공은 하상의 저하가 심한 경우에 하상이 계획하상고 이하가 되지 않도록 하기 위해 설치하는데 낙차공보다 구조가 간단하다.

2) 하상유지시설 구조

하상유지시설은 일반적으로 본체, 물받이, 바닥보호공 등으로 구성되며 필요에 따라 여러 부분으로 구성될 수 있다(그림 10.23). 하상유지시설의 본체와 물받이는 하나의 구조로 이루어지지만 기능상 본체와 물받이로 구분한다. 생태계 보호를 위해 필요하다고 인정되는 경우에는 어도를 설치해야 한다.

(1) 본체

하상유지시설의 본체는 상류측 하도의 하상고를 유지하기 위한 시설로써, 낙차공과 대공이 있다. 하상유지시설의 본체는 전도, 활동, 침하에 대해 안정하도록 설계한다. 낙차공인 경우에는 일반적으로 콘크리트 구조로 만든다. 대공의 경우에는 영구적인 콘크리트 구조보다는 하상변동에 쉽게 대응할 수 있는 콘크리트 블록 등 굴요성(屈撓性) 구조로 한다. 굴요성을 가진 하상보호공은 구조상 양압력이 작용하지 않고, 지지하는 하상재료가 서서히 세굴되어도 굴요성에 의해 하상 변형에 부합되면서 안정시켜 나가는 점이 최대 장점이다. 그러나 상하류의 하상변동이 심한 경우에는 하상보호공으로서의 기능이 상실되므로 하상변동에 대해서 충분히 검토해야 한다.

3) 평면형상

하상유지시설의 평면형상은 하도에 직각방향으로 설치하는 것을 원칙으로 한다. 하상유지시설은 그림 10.24와 같은 형태로 설치할 수 있으며 각 형태의 특징은 다음과 같다.

- **직선형**: 하상유지시설 바로 아래 부분의 하안에 세굴이 발생할 수 있지만, 다른 형태에 비해 하도형상을 유지하는 데 가장 효율적인 형태이며, 치수상 지장이 적고 공사비도 싸다.
- **경사형**: 하천의 만곡부에서 상류의 유향을 하류의 유향에 일치시키기 위해서 사용된다. 직선

부에 사용하면 하류우안에 유수가 집중하여 하안이 침식되므로 주의해야 한다.

- **굴절형**: 유심을 하천 중앙부로 향하게 하여 하상유지시설 바로 아래 양안의 세굴을 방지하는 목적으로 설치한다. 그러나 하도중앙으로 유수가 집중하여 하도 중앙부에 세굴이 발생하게 되며 그로 인해 하류 하상 및 바닥보호공의 유지가 어렵게 된다. 특히 하류에는 세굴된 토사가 퇴적되어 하도의 유지가 곤란해진다.

- **원호형**: 굴절형과 마찬가지로 하안의 세굴을 방지하기 위해 설치한다. 그러나 이 형태도 하상유지시설 하류에 유수가 집중하여 세굴이 발생하고 이로 인해 바닥보호공의 유지와 하류하도의 단면 유지가 곤란하게 된다.

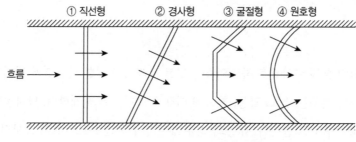

그림 10.24 하상유지시설의 평면형상

4) 횡단형상

하상유지시설의 횡단형상은 수평으로 하는 것을 원칙으로 한다. 하상유지시설의 횡단형상 중에는 양쪽 하안 부근에서 하상유지시설의 둑마루 높이를 높게 하여 하안침식을 방지하는 형태가 있다. 이 경우에는 하상유지시설 주변에 소용돌이가 발생하여 고수부지나 하상이 국부적으로 세굴될 수 있다. 따라서 수리모형실험에 의해 최적형상이 얻어진 경우 외에는 하상유지시설 본체의 횡단형상은 수평으로 한다.

5) 종단형상

- **폭**: 본체 둑마루 폭은 콘크리트 구조나 석조일 경우에 최소한 1 m로 한다.
- **하류측 비탈면 경사**: 본체의 비탈면 경사는 1:0.5 이상으로 하며, 물의 낙하 등에 의해 생길 수

있는 소음을 방지할 목적으로 1 : 1 이하의 완만한 경사로 할 수도 있다. 이 경우에 낙차가 크면 하상세굴을 증대시킬 수 있으므로 주의해야 한다.

- 상류측 비탈면 경사: 상류측 비탈면 경사는 하류측과 같이 1 : 0~1 : 0.5로 한다.

(2) 물받이

물받이는 도수(跳水)를 발생시켜 유수력을 완화시킬 목적으로 설치하며, 흐름에 안정성이 있는 구조로 하여야 한다. 물받이는 콘크리트 블록 및 석재, 목재 등과 같은 자연재료도 가능하지만 도수가 발생할 때는 유수의 난류 현상이 크게 나타나고, 유속이 빠르다. 그러므로 하상유지시설 본체와 일체가 된 콘크리트 구조를 표준으로 하여 본체를 월류하는 유수의 침식작용 및 양압력에 견딜 수 있도록 설계한다. 물받이는 세굴을 방지할 수 있는 길이로 결정되어야 한다. 흐름의 상태가 상류(Fr < 1)인 완경사 하천에서는 낙차의 2~3배 또는 하류측 바닥보호공 길이의 1/3 정도로 할 수 있다. 물받이의 두께는 양압력에 견딜 수 있는 중량을 가지도록 설계하여야 한다. 물받이의 최소두께는 35 cm로 한다. 유사량이 많은 급경사 하천에서는 마찰에 의해 물받이가 손상될 가능성이 있으므로 내마모성이 큰 콘크리트를 사용하거나 미리 콘크리트의 마모량을 예측하여 콘크리트의 두께를 크게 하는 등의 대책이 필요하다.

감세공은 낙차로 인해 발생하는 에너지를 감소시키기 위해 설치된다.

(3) 바닥보호공

바닥보호공은 상류측 바닥보호공과 하류측 바닥보호공으로 나눌 수 있다(그림 10.25). 상류측 바닥보호공은 하상유지시설 직상류에서 발생하는 국부세굴을 방지하여 하상유지시설 본체를 보호한다. 하류측 바닥보호공은 하상유지시설을 통과한 흐름의 난류현상을 감소시켜 하류하도의 국부세굴을 방지하고 본체 및 물받이를 보호한다. 또한 홍수 시 하류하도의 변동에 따라 변형되어 본체 및 물받이를 보호하고, 하류하도의 하상저하에 따라 발생하는 구조물과 하상의 표고차를 줄인다.

일반적으로 바닥보호공은 굴요성 구조로 설계함을 원칙으로 하며 돌망태, 블록공, 사석 등을 하천의 종방향으로 설치한다. 굴요성 구조의 하상유지시설은 그 자체를 바닥보호공으로 볼 수 있으므로 별도의 물받이나 바닥보호공을 설치하지 않아도 된다.

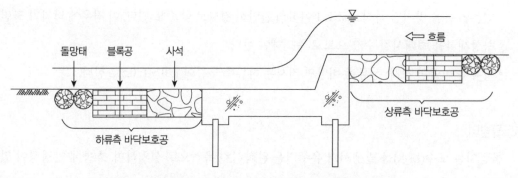

그림 10.25 바닥보호공의 설치의 예(한국수자원학회, 2009)

10.4.2 자연형 하상유지시설

자연형 하상보호시설은 자연재료를 이용한 하상유지시설이며, 하상보호공인 돌붓기와 부직
포깔기, 하안기초공인 섶단과 돌놓기 또는 돌망태 등이 있다.

하상보호공법은 대상하천의 소류력이 최대 한계소류력보다 클 때와 누수가 발생하는 하천에
설치할 수 있다. 재료는 물속 미생물의 서식에 유리하지 못하므로 사용하지 않는다. 부득이 하상보
호를 위한다면 쇄석 또는 부직포를 이용하여 국부적으로 설치할 수 있다(그림 10.26).

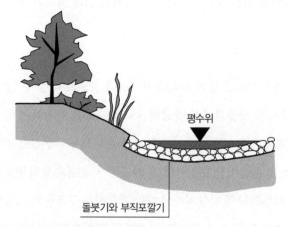

그림 10.26 돌붓기와 부직포깔기(한국수자원학회, 2009)

수륙구역은 물과 육지가 만나는 곳으로 물의 유동과 수심의 변화에 따라 연중 물리적, 생태적

변화가 심한 하천의 횡단구역이다. 정수역을 보호하지 않을 경우에는 원하지 않는 하안침식이 발생할 수 있기 때문에 정수역 보호는 하안밑 보호와 병행한다. 공법의 종류는 그림 10.27 및 10.28과 같이 추수역(抽水域)은 무생명 재료와 생명재료를 혼합한 공법과 무생명 재료만을 이용한 공법으로 나눌 수 있는데, 하안 밑에는 주로 무생명 재료만을 이용할 수 있다.

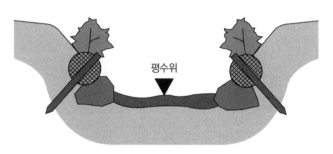

그림 10.27 섶단과 돌놓기(Fascines and poured stones)(한국수자원학회, 2009)

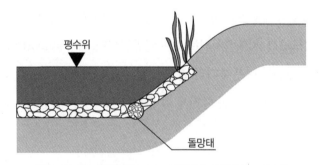

그림 10.28 돌망태(Gabion)(한국수자원학회, 2009)

공법 및 재료의 선택은 하천의 특성, 즉 하천의 종류, 하도의 사행성, 또는 기대효과 등에 따라 다르다. 일반적으로 산지형 하천, 평지하천의 상류 등에서 공법선택은 시공 후 빠른 효과가 있는 무생명 재료의 비율이 높은 강력한 공법을 결정하여야 하지만, 산지하천의 하류나 평지하천의 중·하류에는 생명재료의 비율이 높은 공법을 선택한다.

10.5 보

보는 각종 용수의 취수, 주운 등을 위하여 수위를 높이고 조수(潮水)의 역류를 방지하기 위하여 하천의 횡단방향으로 설치하는 구조물이며, 제방의 기능을 갖지 않는 시설이다(한국수자원학회, 2009). 일반적으로 보는 하천의 수위를 조절하는 경우는 많지만, 유량을 조절하는 경우는 적다. 하천설계기준(한국수자원학회, 2009)에 의하면, 다음과 같은 조건을 만족하는 경우는 보라고 할 수 있다.

① 기초지반에서 고정보 마루까지의 높이가 15 m 미만인 경우
② 유수 저류에 의한 유량조절을 목적으로 하지 않는 경우
③ 양끝 부분을 제방이나 하안에 고정시키는 경우

고정보(fixed weir)와 낙차공은 형태가 비슷하여 쉽게 구별할 수 없으나, 낙차공은 하상안정을 위해 설치되므로 고정보보다 낮게 설치되는 것이 일반적이다. 가동보(movable weir)와 수문의 구분은 제방의 기능을 갖고 있는가 여부에 따라 결정된다. 제방의 기능을 가지는 것은 수문이며 그렇지 않은 것은 가동보이다. 국내에서 기존 하천에 설치된 보의 높이는 일반적으로 2 m 이내이다(우효섭 등, 2018).

10.5.1 보의 종류

설치목적에 따른 분류는 아래와 같다.

① **취수보**: 하천의 수위를 조절하여 생활용수, 공업용수, 발전용수 등을 취수하기 위하여 설치하는 보
② **분류보**: 하천의 홍수를 조절하고 저수를 유지하기 위해 하천의 분류점 부근에 설치하여 유량을 조절 또는 분류함으로써 수위를 조절하는 보
③ **방조보**: 하구 또는 감조구간에 설치하여 조수의 역류를 방지하고 유수의 정상적인 기능을

유지하기 위하여 설치하는 보로서 하구둑은 여기에 속한다.

④ **기타:** 하천의 수위 및 유량(유황)을 조절하기 위한 보 등이 있다.

10.5.2 고정보와 가동보

구조와 기능에 따라 고정보(fixed weir)와 가동보(movable weir)로 분류된다. 고정보는 수위를 자재로 조절할 수 없기 때문에 설치 후 하상 지형의 변화를 사전에 충분히 고려해 유량과 수위의 관계를 예측한 다음 둑의 제원을 결정할 필요가 있다.

가동보는 수문을 설치하여 수위를 인위적으로 조절할 수 있고, 크게 배사구와 배수구로 이루어진다. 작동 방식에 따라 유압식, 공압식, 수압식 및 무동력 가동보로 분류한다. 가동보는 취수량이나 지천으로의 유량 배분 등의 관리가 용이하다. 그러나 수위를 조절하면, 보 상류측의 수위 변동이 감소해 육역과 수역의 천이대가 좁아지고, 이 때문에 하도 내 생태계에 부정적 영향을 미칠 수 있기 때문에 수위 조절에 주의가 필요하다.

가동보는 다음과 같이 3가지 다양한 종류가 있다(우효섭, 2018).

- **강제 전도식 보:** 상판에 수문 하단을 힌지로 연결하여 회전 조작이 가능하게 한 보이다. 취수가 필요하지 않은 시기에 보의 높이를 하상과 일치시켜 보가 없는 것과 같은 효과를 만들 수 있다. 일반적으로 유압실린더를 이용하여 보의 높이를 조절한다.

- **자동 수문식 보:** 상하류의 수위차에 의하여 자동으로 수문이 전도되거나 열리게 하는 구조를 하고 있다. 특히, 하단부 배출식 자동수문은 유사 배출, 수질 개선, 생태 보전에 기여한다. 무동력 자동 수문은 홍수 시 개방이 원활하지 않은 사례가 있어 주의해야 하며, 홍수 시 유송잡물이 집적되어 통수가 원활하지 못한 점은 개선되어야 할 사항이다.

- **고무보:** 합성고무에 공기 또는 물을 주입하여 타원형의 단면을 만들어 상판에 고정시켜 가동보와 같은 기능을 한다.

10.6 어 도

어도는 하천을 가로막는 수리구조물에 의하여 이동이 차단 또는 억제된 경우에 물고기를 포함한 동물의 소상(遡上)을 목적으로 만들어진 수로 또는 장치를 말한다. 따라서 소상하려는 생물의 이동을 저해하는 시설물이 설치된 기존의 시설물에는 어도를 설치하는 것을 원칙으로 하며, 물고기를 비롯한 수생동물의 이동 및 서식생태에 미치는 영향을 최소화하여야 한다.

일반적으로 하천 상류로 소상하는 물고기는 바다에서부터 소상하는 회유성 어류라고 알려져 있으나 실제로는 하천에 서식하는 모든 어종이 산란시기뿐만 아니라, 연중 소상하는 특성을 갖는다. 따라서 어도는 이러한 물고기의 생태적 특성을 고려하여 조성되어야 한다.

어도(fishpass, fish ladder, fish way)는 바닥다짐이나 둑 등으로 어류 등이 하천을 상하류로 이동하는 것이 방해를 받는 경우에 생물의 이동을 보조하는 역할을 수행하는 구조물이다. 바닥다짐이나 둑의 측안부 혹은 중앙부에 설치되어 둑·바닥다짐공 등 횡단 공작물보다 완만한 경사가 되도록 설계되어 있다.

10.6.1 어도의 종류

어도에는 많은 종류가 있으며 이를 분류하면 표 10.2와 같다. 다양한 어도가 개발되어 있는데, 우리나라에서는 계단식 어도가 가장 많이 설치되어 있다. 풀(pool) 타입이란, 어도에 복수의 격벽을 마련한 후 격벽 사이에 물을 저류해 저류속부(低流速部)를 만든 어도이다. 저류속부는 소상 시 물고기가 휴식하는 장소를 제공한다. 수로 타입은 풀 타입과 같은 격벽을 마련하지 않고 물고기가 단번에 소상할 수 있도록 하는 어도이다. 어도 저부에 돌기를 마련해 유속을 줄여 물고기의 소상을 용이하게 한다. 표 10.2에서 몇 가지 어도 형식에 대하여 설명한다.

표 10.2 어도의 종류 및 주요 특징

어도 형식의 구분	주요 특징
• 풀형식(Pool Type) 　− 계단식(계단형, 노치형, 노치＋잠공형, 잠공형) 　− 버티컬슬롯식(Vertical Slot) 　− 아이스하버식(Ice Harbor)	• 풀이 계단식으로 연속되어 있음
• 수로형식(Channel Type) 　− 도벽식 　− 인공하도식 　− 데닐식(Denil)	• 낙차가 없이 연속된 유로형상
• 조작형식(Operation Type) 　− 갑문식(Lock Gate) (갑문형, 볼랜드형) 　− 리프트(Lift)/엘리베이터식 　− 트럭식(Truck)	• 시설이 인위적인 조작으로 작동
• 기타형식 　− 암거식(Culvert) 　− 혼합식(병용식) 　− 복합식(Hybrid)	

1) 풀형식(Pool Type)

풀형식 어도는 풀이 계단식으로 연결된 형태의 어도로써, 각 풀은 격벽으로 나뉘어져 있다. 풀형식 어도는 다시 격벽의 전면으로 물이 넘는 전면월류형과 격벽의 일부분만으로 물이 넘어 흐르는 부분월류형으로 나누어진다. 전면월류형에는 계단식 어도가 있으며, 부분월류형에는 아이스하버식과 버티컬슬롯식 어도가 있다. 격벽에 설치된 수직의 틈새(vertical slot)를 빠지는 흐름에 의해서 각 풀이 연결되는 방식의 어도를 버티컬슬롯식 어도라고 한다. 격벽에 만들어진 오리피스(orifice)를 통한 흐름에 의해서 각 풀이 연결되는 형식의 어도를 오리피스식이라고 한다. 여기에서는 계단식과 아이스하버식 어도에 모두 오리피스를 설치하는 것을 기본으로 한다.

(1) 계단식 어도

계단식 어도는 격벽 위를 물이 월류하는 어도이다. 그림 10.29(a)에 계단식 어도의 2가지 특징적 흐름의 패턴을 나타내었다. 유량이 작을 때에는 낙하류 상태이며, 격벽을 월류한 물의 대부분이 곧바로 풀로 흘러들어 회전류가 형성된다. 한편, 유량이 클 때는 풀에 유입되지 않고 그대로 표층을 통과하는 표면류 상태가 된다. 풀에 유입된 물은 격벽 상류측으로부터 풀 하부로 흘러들면서 유량이 작을 때와는 반대 방향의 회전류가 형성된다. 이처럼 계단식 어도의 경우, 유량에 따라 완전히 다른 2개의 흐름이 형성되기 때문에 각각의 경우, 유동 구조와 물고기 소상 특성의 연관성에 대해 검토할 필요가 있다.

계단식 어도의 경우, 풀 부의 저류속부에 토사가 퇴적되기 쉬우므로 격벽 하부에 배사구를 마련하는 경우가 있다. 배사구는 너무 작으면 토사에 의해 막히고, 너무 크면 격벽부에서 충분한 월류수심을 확보 가능할 수 없다. 이 때문에 배사구 제원은 이러한 제반 조건을 고려해 결정할 필요가 있다. 또, 어도의 상류단은 토사가 잘 퇴적되지 않는 장소에 설치함과 동시에 하상고와 어도 유입구의 높이에는 단차를 마련해 어도 안으로 토사 유입을 억제하는 방법 등을 연구할 필요가 있다.

계단식 어도는 Vertical-Slot식 어도나 잠공식 어도에 비해 격벽문의 수위차를 크게 설정할 수 있기 때문에 어도 경사를 비교적 크게 할 수 있다. 이 때문에 어도 길이를 짧게 해 경제적으로 설치할 수가 있다.

(2) Vertical-Slot식 어도

Vertical-Slot식 어도는 계단식 어도와 같은 격벽을 월류하게 하는 구조가 아닌, 격벽에 마련한 연직 슬롯으로부터 물을 통과시키는 방식이다(10.29(b)).

하천 유량의 증감과 함께 어도로의 통과 유량이 변동하기 때문에 그 조정이 쉽지 않다. 계단식 어도의 경우, 격벽 상류부에서 발생하는 최대 유속이 하천 유량에 따라 크게 변화하므로 물고기의 소상이 하천 유량의 영향을 받기 쉽다. Vertical-Slot식 어도의 경우, 어도 내 최대 유속이 계단식 어도만큼 클 경우 하천 유량의 영향을 받지 않기 때문에 물고기 소상은 하천 유량의 영향을 크게 받지 않는다.

계단식 어도에 비해 Vertical-Slot식 어도는 풀 부의 유속이 작기 때문에 격벽문의 수위차가 작아진다. 그 결과, 어도의 경사가 완만해져 어도가 비교적 길어지기 때문에 건설비용이 커지는 결점이 있다. 또 Vertical-Slot식 어도는 수목이나 쓰레기에 의해 슬롯이 막히면 Vertical-Slot식 본래의 기능을 발휘할 수 없게 되므로 어도에 유입되는 협잡물에 대한 대책이 필요하다.

(3) Ice Habor식 어도

계단식 어도와 마찬가지로 격벽 위로부터 물을 월류시키는 방식인데, 격벽의 일부를 높게 만들어 월류 영역과 비월류 영역이 함께 형성되도록 개발되어 있는 점에서 계단식 어도와 다르다 (10.29(c)). 비월류 영역의 하류부에는 유속이 느린 구역이 형성되어 있어 어류 휴식처로써 기능한다.

Ice Habor식 어도 또한 계단식 어도와 마찬가지로 배사구를 격벽 하부에 마련하는 경우가 많다. Ice Habor식 어도는 월류역 폭이 계단식 어도보다 좁고 큰 배사구를 설치하기 쉬워 배사구를 제2의 소상 경로로 이용하는 것까지 가정하는 경우가 있다.

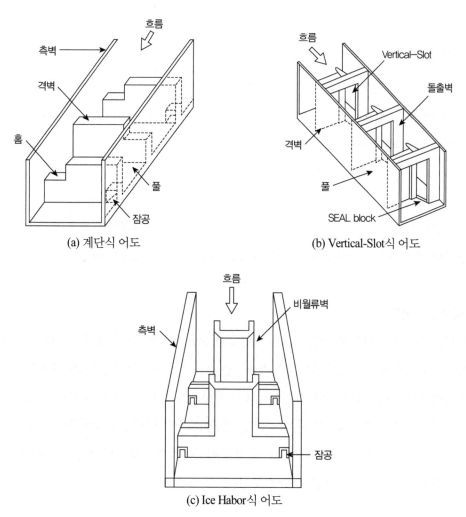

(a) 계단식 어도

(b) Vertical-Slot식 어도

(c) Ice Habor식 어도

그림 10.29 어도의 예(한국수자원학회, 2009)

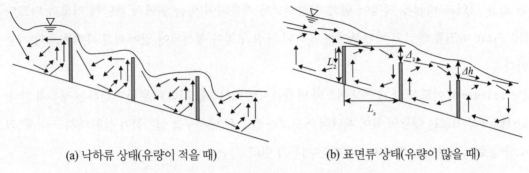

(a) 낙하류 상태(유량이 적을 때)   (b) 표면류 상태(유량이 많을 때)

그림 10.30 계단식 어도에 유량의 변화에 따른 흐름 상태

2) 수로형식 어도

수로형식 어도는 어도 내의 도벽(도류벽)과 측벽 사이의 틈으로 흐름이 연속되는 형식으로 도류벽에 의하여 유속 분포를 줄이는 방법이다. 소상이 가능한 경로를 부여하는 형태를 수로형식이라고 하며, 도벽식과 인공하도식이 있다.

(1) 도벽식 어도

수로 내에 물의 흐름을 유도하기 위한 도류벽을 설치한 것을 도벽식이라 하고 어도 내부의 바닥면은 굴곡이 없이 일정한 경사도를 갖는다. 그림 10.31은 도벽식 어도의 개략도이다.

(2) 인공하도식 어도

수리시설물을 우회하는 완만한 흐름을 갖는 소하천을 인공적으로 조성하여 어도로 사용하는 것을 인공하도식이라 한다. 인공하도식의 기울기는 자연 하천에서 보이는 1/100~1/300 정도의 기울기로 조성하는 것이 일반적이다. 기본적으로 그 자체는 휴식장소를 가지고 있지 않으므로 긴 거리의 어도에는 중간에 휴식장소를 두기도 한다. 인공하도식은 막대한 조성비용이 소요되고 하천변의 여유공간을 필요로 하는데 국내에서는 조성에 어려움이 있다고 판단되어 표준형식에서 제외한다. 그림 10.32는 인공하도식 어도의 모식도이다.

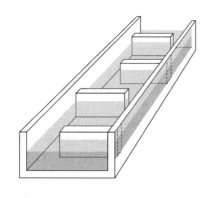
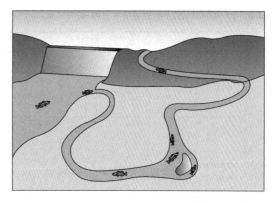

그림 10.31 도벽식 어도(한국수자원학회, 2009)   **그림 10.32** 인공하도식 어도(한국수자원학회, 2009)

3) 조작형식 어도

상하류의 낙차가 크거나 방조제처럼 외조위가 높을 때는 수로형식이나 풀형식으로 설치하기가 곤란하다. 이때 물고기를 올려 보내는 방법에 따라 갑문식, 엘리베이터식 등으로 나눌 수 있다.

(1) 갑문식 어도

갑문식은 다시 낙차가 크지 않은 곳에 설치하는 갑문식과 낙차가 큰 곳은 무한정 갑문의 크기를 늘릴 수 없어 하류측 갑문과 상류측 갑문을 샤프트로 연결한 볼랜드식으로 나눌 수 있다.

(2) 엘리베이터식 어도

엘리베이터식은 물고기가 든 용기를 끌어올리는 방법에 따라 수직으로 끌어올리는 엘리베이터식, 사면에 설치한 레일 위로 끌어올리는 리프트식으로 크게 나눌 수 있으며, 물고기가 들어 있는 용기를 트럭으로 운반하는 트럭식도 포함된다.

10.6.2 어도의 형식별 장단점

어도 설치 시 검토사항으로는 경제성과 관계없이 피라미, 뱀장어 등의 모든 어종과 참게 등의 모든 하천생물에 끼치는 영향을 고려해야 한다. 또한 구조가 간단해 운영이 쉽고 홍수기에는 하천 통수량에 영향을 주지 않아야 한다. 어도의 형식별 장단점을 비교해보면 표 10.3과 같다.

표 10.3 어도형식별 장단점(한국수자원학회, 2009)

형식		장점	단점
풀형식	계단식	• 구조가 간단하다. • 시공이 간편하다. • 시공비가 저렴하다. • 유지관리가 용이하다.	• 어도 내의 유황이 고르지 못하다. • 풀 내에 순환류가 발생할 수 있다. • 도약력, 유영력이 좋은 물고기만 이용 이용하기 쉽다.
	버티컬 슬롯식	• 좁은 장소에 설치가 가능하다.	• 구조가 복잡하고, 공사비가 많이 든다. • 어도 내의 수심을 20 cm 이상으로 할 경우 수리시설물에서 배출되는 수량이 많아 용수 손실이 크다. • 다양한 물고기가 이용하기 어렵다. • 경사를 1/25 이상으로 급하게 할 경우 빠른 유속으로 어류의 이동이 제한된다.
	아이스 하버식	• 어도 내의 유황이 고르다. • 회유 중인 물고기가 쉴 휴식 공간을 따로 둘 필요가 없다.	• 계단식보다는 구조가 복잡하여 현장 시공이 어렵다.
수로 형식	도벽식	• 구조가 간편하여 시공이 쉽다.	• 유속이 빨라 적당한 수심을 확보하기 어렵다. • 어도 내의 수심을 20 cm 이상으로 할 경우 수리시설물에서 배출되는 수량이 많아 용수 손실이 크다. • 어도 내의 유속이 고르지 못하다.
	인공 하도식	• 모든 어종이 이용할 수 있다.	• 설치할 장소가 마땅치 않다. • 길이가 길어져서 공사비가 많이 든다.

10.7 사방댐과 사방시설

10.7.1 사방댐

사면 붕괴나 토석류 등 산지 유역으로부터의 토사 유출은 하류역에 심대한 피해를 가져오는 재해 잠재성을 갖고 있다. 이 때문에 급격한 토사 유출을 억제하기 위해서 사방댐이 설치된다. 사방댐은 계류에서 흐름에 직각 방향으로 설치되는 하도 횡단 구조물이며 콘크리트, 강재, 석재 등으로 건설된다.

사방댐은 그 목적에 따라 저사댐, 유출 토사 조정댐, 토사 생산 억제댐으로 분류된다.

(1) 저사댐

저사댐은 토사를 저류해 하류로의 유출 억제를 목적으로 하며, 구조 형식은 투과형과 불투과형으로 분류된다. 그림 10.33은 투과형 사방댐인 격자형 사방댐을 보여주고 있으며, 그림 10.34는 불투과형 사방댐의 예를 보여주고 있다. 사방댐이 건설되기 시작한 당시 사방댐의 대부분이 불투과형이었지만, 그 후 불투과형 사방댐에 슬릿(slit)을 만든 슬릿형 사방댐, 둑을 격자로 축조한 격자형 사방댐 등 투과형 사방댐이 개발되고 보급되었다. 불투과형 사방댐은 저사부에 유입된 토사 전부를 포착하는 것을 목적으로 한다. 한편, 슬릿형 사방댐이나 격자형 사방댐은 대재해를 가져올 수 있는 거대한 돌을 큰 홍수 시에 포착하고, 작은 홍수나 유량이 적을 때에는 입경이 작은 토사를 하류로 안전하게 통과시키는 것을 목적으로 건설된다. 이는 사방댐에 모든 토사가 퇴적되어 하류로의 토사 공급이 끊어지면, 하류역에서 하상이 저하되어 교각 기초부나 호안이 불안정해지기 때문이다. 또한 하류에서 하상재료나 지형이 변화함에 따라 동식물의 서식·생육 환경이 크게 변화해서, 본래의 생태계가 훼손되기 때문이다. 또 세립토사 성분을 하류에 통과시킴으로써 저사부의 퇴사를 억제하고, 다음 토사 유출에 대비해 퇴사용량을 확보할 수 있다.

그림 10.33 투과형 사방댐(竹林洋史, 2017)

그림 10.34 불투과형 사방댐(竹林洋史, 2017)

(2) 유출 토사 조정댐

유출 토사 조정댐은 그림 10.35에서 보여주고 있는 것처럼, 하도 내에 토사를 퇴적시키는 토사 공간을 마련하여, 토석류 등에 의해서 유입되는 토사를 포착하고, 하상경사를 완만하게 하여 유사량을 저감시키는 것을 목적으로 하는 구조물이다. 홍수 시에 유입 토사량이 많을 때, 댐 상류부에서 퇴사 경사는 원래 하상경사에 가깝게 형성된다. 그러나 유출 토사량은 홍수가 발생되는 중이나 혹은 홍수 직후에 매우 많지만, 그 후에는 시간이 지남에 따라 감소한다. 따라서 평수 시 혹은 중소형 홍수 시에 사방댐 내의 하상고는 저하되는 경향이 나타난다. 큰 홍수 시에는 퇴사면 종단경사보다 평수 시 퇴사면 종단경사가 완만해진다. 그 결과, 둑마루부까지 퇴사가 진행되더라도 홍수 시와 평수 시 퇴사면 종단경사의 차이에 상당하는 퇴사용량 만큼 홍수의 유출 토사를 포착하는 기능이 있다. 또한 사방댐 설계 시에는 퇴사경사를 원래 하상경사의 절반 정도로 설정하는데, 경험적인 설계 방법이다.

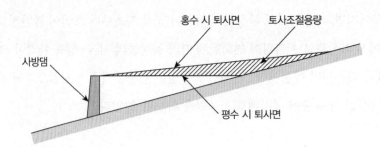

그림 10.35 유출 토사 조절댐의 토사조절용량

(3) 토사 생산 억제댐

토사 생산 억제댐은 그림 10.36에서 보듯이 계곡 바닥 이상 산각부(山脚部)를 고정해, 유수에 의한 세굴이나 계곡 붕괴에 의한 토사 생산을 억제하기 위해 설치된다. 전술한 불투과형 사방댐이나 유출 토사 조정댐에 대해서도 이 기능을 기대할 수 있다.

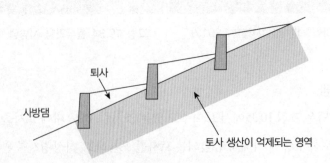

그림 10.36 토사 생산 억제댐

10.7.2 기타 사방 관련 시설

(1) 유로공

유로공은 급경사 하천이나 천연댐 하류 법면에서 유로 침식을 억제해 홍수를 안전하게 하류로 유도하기 위해 설치된다. 유로공은 일반적으로 바닥다짐공, 대공(帶工), 호안공 등과 함께 시공된다. 또한 유로공의 월류수를 유로에 유도시키기 위해서, 유로공의 시공 구간에는 축제를 하지 않고 하도를 굴착해서 유도하는 것이 원칙이다.

(2) 유사지

유사지는 골짜기의 출구나 유로공의 상류단 등에 토사를 퇴적시켜 하류로 유출되는 토사를 억제하기 위해 설치되는 시설이다. 일반적으로 강폭이 넓은 장소에 설치되며, 저사용량을 확보하기 위한 넓은 공간을 갖추고 있다.

(3) 산복공(山腹工)

산복공은 산허리 사면으로부터의 토사 생산을 억제하기 위한 사방 시설로 정의할 수 있다. 산복공은 붕괴 등에 의해 형성된 나지 지표면을 안정화시키기 위해 식생을 복원해 토사 생산을 억제함을 목적으로 한다. 산복공은 붕괴 철거지에 잔존하는 사면의 불안정 토사 덩어리를 제거하거나 고정하고, 배수 처리를 추가해서 지표면의 침식을 막는 것과 동시에 토양 수분을 적절히 유지하면서 식생을 복원하는 기능을 갖는다.

주요 산복공의 종류를 그림 10.37에 나타내었다. 산복공에서는 식생의 빠른 성장을 통해 지표면의 안정을 기하기 위해 성장이 빠른 식생을 이용하는 경우도 있다. 이러한 식물들이 산복공 시공 이전부터 성장하는 식물일 경우, 유역의 생태계에 미치는 영향은 적지만, 시공 장소 부근에 성장이 빠른 적합한 재래종이 서식하고 있는 경우는 드물다. 이 때문에 성장이 빠른 외래 식물을 산복공에 이식하는 경우가 있다. 하천 상류역에 외래종이 도입되면 유역 전체로 생육역이 퍼지면서 유역의 생태계를 파괴하는 경우가 있다.

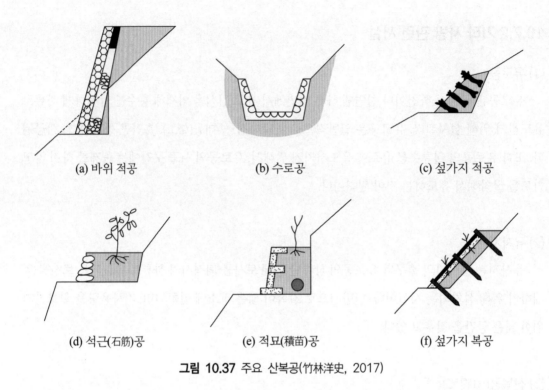

(a) 바위 적공

(b) 수로공

(c) 섶가지 적공

(d) 석근(石筋)공

(e) 적묘(積苗)공

(f) 섶가지 복공

그림 10.37 주요 산복공(竹林洋史, 2017)

연습문제

10.1 제외지와 제내지의 차이에 대하여 설명하시오.

10.2 가름둑의 역할에 대하여 설명하시오.

10.3 낙차공과 대공의 차이에 대하여 설명하시오.

10.4 풀 타입 어도와 수로 타입 어도의 차이를 설명하시오.

10.5 유출 토사 조절댐의 토사 조절 메커니즘(퇴사 메커니즘)을 설명하시오.

참고문헌

1) 우효섭, 오규창, 류권규, 최성욱(2018), 하천공학, 청문각.

2) 한국수자원학회(2009), 하천설계기준·해설.

3) http://map.daum.net/

4) 竹林洋史(2017), 河川工學, CORONA PUBLISHING.

CHAPTER 11

하천수질관리

CHAPTER 11

하천수질관리

9장에서 언급된 환경이라는 용어는 인간을 둘러싸고 있는 모든 것(생물적·비생물적 구성요소)을 의미하고, 물환경이란 사람의 생활과 생물의 생육에 관계되는 물의 질(수질) 및 공공수역의 모든 생물과 이들을 둘러싸고 있는 비생물적인 것을 포함한 수생태계(水生態系)를 총칭하여 말한다(물환경보전법). 물환경의 대표적인 요소인 물은 지구 전체를 연속적으로 순환하며 넓게는 자연환경과 가깝게는 인간의 생활환경과 밀접하게 상호작용을 하고 있다. 하천이나 강을 구성하는 환경요소들은 개개의 특성을 보여줄 뿐만 아니라 물이라는 매체를 통해 상호 작용하여 연속적으로 시스템(하천 수생태계)을 유지하는 역할을 한다. 하천이나 강과 같은 하천 수생태계에 존재하는 물은 전체의 약 0.0001%에 불과하지만 사람의 생활에 필요로 하는 수자원의 대부분을 하천 수생태계에서 얻고 있다. 이러한 측면에서 물을 확실하게 관리하는 것이 인간의 생존과 번영, 그리고 더 나아가 지구상의 모든 생물들이 더불어 살아갈 수 있는 필수조건임을 알아야 한다.

우리나라는 물관리에 불리한 기상과 지형 조건, 급속한 도시화와 산업화에 따른 영향을 단기간에 성공적으로 극복한 나라로 평가된다. 연평균 강수량은 세계 평균 강수량의 약 1.6배(1,277 mm, 1987~2007년 평균)에 이르지만 강우가 여름철에 집중되어 실제 가용수량은 1인당 연 강수총량의 58%에 불과하다. 국토의 65%가 산악지형이라 홍수가 일시에 일어나기도 한다. 또한 도시화와 산업화가 급속하게 진행되어 수질오염에 취약했고, 대규모 수질오염 사고를 겪기도 했다. 하지만 지난 30여 년간 대규모 투자와 환경규제의 강화, 혁신적인 정책 도입과 과학기술 발전에 힘입어 성공적인 물환경관리 제도를 정착시켰고 이는 경제·사회적 발전을 견인해왔다(환경부, 2016). 본 장에서는 우리나라의 물관리, 특히 하천수질관리를 위한 노력들이 어떠한 것들이 있는지 알아보기로 한다.

11.1 하천 수질의 이해

11.1.1 하천의 오염현상

대표적인 공공수역(하천, 호소, 항만, 연안해역, 그 밖에 공공용으로 사용되는 수역)인 하천은 대부분 인간의 활동으로 인해 수질에 영향을 받게 된다. 수질오염물질(수질오염의 요인)의 배출원은 크게 폐수배출시설, 하수발생시설, 축사 등 관거(管渠)·수로 등을 통하여 일정한 지점으로 배출하는 점오염원과 도시, 도로, 농지, 산지, 공사장 등으로서 불특정 장소에서 불특정하게 배출하는 비점오염원으로 나눈다. 이러한 수질오염물질은 하천에 유입되어 수자원으로의 가치를 떨어뜨리거나 독성물질 등이 포함된 하수를 배출시켜 어류폐사 등 하천 수생태계에 악영향을 주기도 한다. 오염된 수체를 하천에 직접 유입되지 않도록 최대한 배제하거나 일정 기준 이하의 오염도를 유지하여 하천에 내보내는 등의 하천수질관리에 많은 노력이 필요하다.

표 11.1 수질오염물질(물환경보전법)

1. 구리와 그 화합물, 2. 납과 그 화합물, 3. 니켈과 그 화합물, 4. 총 대장균군, 5. 망간과 그 화합물, 6. 바륨화합물, 7. 부유물질, 8. 브롬화합물, 9. 비소와 그 화합물, 10. 산과 알칼리류, 11. 색소, 12. 세제류, 13. 셀레늄과 그 화합물, 14. 수은과 그 화합물, 15. 시안화합물, 16. 아연과 그 화합물, 17. 염소화합물, 18. 유기물질, 19. 유기용제류, 20. 유류(동·식물성을 포함한다), 21. 인화합물, 22. 주석과 그 화합물, 23. 질소화합물, 24. 철과 그 화합물, 25. 카드뮴과 그 화합물, 26. 크롬과 그 화합물, 27. 불소화합물, 28. 페놀류, 29. 페놀, 30. 펜타클로로페놀, 31. 황과 그 화합물, 32. 유기인 화합물, 33. 6가크롬 화합물, 34. 테트라클로로에틸렌, 35. 트리클로로에틸렌, 36. 폴리클로리네이티드바이페닐, 37. 벤젠, 38. 사염화탄소, 39. 디클로로메탄, 40. 1, 1-디클로로에틸렌, 41. 1, 2-디클로로에탄, 42. 클로로포름, 43. 생태독성물질(물벼룩에 대한 독성을 나타내는 물질만 해당한다), 44. 1,4-다이옥산, 45. 디에틸헥실프탈레이트(DEHP), 46. 염화비닐, 47. 아크릴로니트릴, 48. 브로모포름, 49. 퍼클로레이트, 50. 아크릴아미드, 51. 나프탈렌, 52. 폼알데하이드, 53. 에피클로로하이드린, 54. 톨루엔, 55. 자일렌, 56. 스티렌, 57. 비스(2-에틸헥실)아디페이트, 58. 안티몬

11.1.2 하천수의 자정작용

인간의 몸은 외부에서 이물질이 침투하면 스스로 인체를 보호하기 위한 치유 활동을 시작한다. 하천도 인간의 몸과 유사하게 오염물질이 유입되면 스스로 정화하는 힘을 발휘한다. 이러한 힘은 크게 물리적 작용, 화학적 작용, 생물학적 작용으로 나눌 수 있다.

1) 물리적 작용

물리적 작용에는 대표적으로 희석, 침전, 여과 등이 있다. 하천에 오염물질이 유입되어 많은 양의 물과 섞이게 되면 오염도가 떨어지는 현상을 보이는데 이를 희석 작용이라 한다. 또한 시간이 지남에 따라 오염물질이 하상으로 가라앉는 침전, 하상의 모래층 등을 통과하는 여과 작용 등에 의해 오염물질이 정화된다. 이러한 작용들은 일반적으로 흐름이 정체된 물보다는 원활한 흐름이 있는 하천에서 잘 발생한다.

2) 화학적 작용

화학적 작용은 햇빛에 의해 산화·환원의 화학적 반응으로 오염물질이 분해되는 현상을 말한다. 화학적 작용이 차지하는 비중은 다른 자정작용(물리적·생물학적 작용)에 비해 적은 것으로 알려져 있다.

3) 생물학적 작용

생물학적 작용은 수중에 서식하는 여러 생물(특히, 유기 오염물질을 영양분으로 살아가는 미생물)에 의해 오염물질이 분해되는 작용을 말한다. 생활하수나 산업폐수 내에 유기 오염물질 함유가 큰 비율을 차지하기 때문에, 자정작용 중에 오염물질의 농도를 낮추는 가장 큰 역할을 하는 것으로 알려져 있다. 생활하수나 폐수 등의 수질오염물질을 미생물로 처리하여 하천에 방류하는 하수처리 시설은 이러한 생물학적 작용을 이용한 대표적인 예로 볼 수 있다. 생물학적 작용은 미생물들의 활동 정도에 의해 좌우되기 때문에 수체에 존재하는 산소의 양도 큰 영향 인자에 해당된다. 일반적으로 하천의 용존산소(DO)가 높을수록 생물학적 작용이 활발하게 일어나는 이유이기도 하다.

11.1.3 수질오염의 측정지표

하천의 오염도를 관리하는 가장 좋은 방법은 하천 스스로가 자연정화가 가능한 범위 내에서 오염원을 관리하는 것이다. 그래서 오염의 상태와 단계를 파악하는 것은 반드시 필요하다. 이를 위해 물속의 오염 정도를 쉽게 파악하기 위해 설정해놓은 지표들이 있는데 대표적으로 수체의 산성 및 알칼리성의 정도를 나타내는 수소이온농도(pH), 물이 전류를 전달할 수 있는 능력을 나타내는 전기전도도(EC, 일반적으로 물이 오염되면 증가), 수중에 녹아있는 산소량을 나타내는 용존산소

(DO, 일반적으로 오염된 하천일수록 낮은 농도를 보임), 물속에 있는 유기물을 미생물이 분해하는데 필요한 산소의 양을 나타내는 생물화학적 산소요구량(BOD, 높을수록 오염이 심한 물), 유기물 등의 오염물질을 산화제로 산화 분해시킬 때 요구되는 산소량을 나타내는 화학적 산소요구량(COD), 수체에 존재하는 전체 탄소(유기물질의 주된 구성 물질)량을 나타내는 총 유기탄소(TOC), 입자 지름이 2 mm 이하로 물에 용해되지 않는 물질의 양을 나타내는 부유물질(SS), 하천 및 호소 등의 부영양화 정도를 나타내는 지표로 물속에 포함된 인의 농도를 의미하는 총인(TP), 질소화합물의 총량을 나타내는 총질소(TN), 대장균군 등이 있다.

11.2 물환경의 측정

하천의 수질 및 수생태계의 실태를 파악하기 위해서는 수질오염지표들의 지속적인 모니터링이 반드시 필요하다. 국내에서는 법으로 물환경측정망 설치·운영 계획(환경부, 2019)을 수립하여 설치, 운영 및 관리에 대한 사항을 규정하고 이를 근거로 수질을 상시 측정한다. 또한 생물측정망을 통해 수생태계 정보를 수집, 관리, 제공하고 있다. 물환경측정망의 종류 및 운영 목적에 대한 사항은 표 11.2, 조사기관 및 운영체계는 그림 11.1, 조사항목과 측정주기는 표 11.3과 같다.

표 11.2 물환경측정망의 종류 및 운영 목적(환경부, 2019)

종류	운영 목적
수질측정망	• 하천·호소 등 공공수역에 대한 수질현황 및 추세 파악 • 주요 환경정책의 효과분석 및 정책수립을 위한 기초자료 확보
총량측정망	• 오염총량관리 시행지역의 수질현황 및 수질오염총량제 이행사항 평가 • 단위유역의 수질, 유량 등 수질오염물질의 총량관리에 필요한 기초자료 확보
자동측정망	• 수질오염사고 시 신속한 대응조치를 위한 수질감시경보 체계 운영 • 수질예보제 운영 지원 등 일반측정망의 보완적 기능
퇴적물측정망	• 수저 퇴적물의 환경질(Sediment Quality) 현황 조사 및 평가 • 퇴적물이 수질과 수생태계에 미치는 영향에 대한 기초자료 확보
방사성물질측정망	• 공공수역 방사성물질(134Cs, 137Cs, 131I) 현황 조사 • 방사성물질, 방사성폐기물의 하천·호소 등의 공공수역 유입 여부 조사
생물측정망	• 하천, 하구, 호소 등에 대한 수생태계 현황 및 추세 파악 • 주요 환경정책의 효과분석 및 정책수립을 위한 기초자료 확보
비점오염물질측정망	• 강우에 의해 유출되는 비점오염물질의 실측자료 확보 및 추세 파악 • 비점오염물질 정량화, 유출 특성 파악을 통해 정책수립 기초자료 확보 및 비점오염 저감대책에 대한 효과 평가 수행

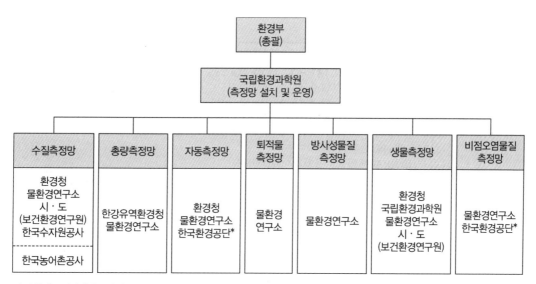

* 한국환경공단은 「한국환경공단법」 제17조 제1항에 따른 환경측정망 설치·운영 기관으로서 수질자동측정망과 비점오염물
질측정망에 대한 설치·관리 업무를 대행
* 한국농어촌공사는 「농어촌정비법」 제21조 제4항에 따라 농업용수 수질측정망 운영

그림 11.1 물환경측정망 조사기관 및 운영체계(환경부, 2019)

표 11.3 조사항목과 측정주기(환경부, 2019)

구분			조사항목 및 측정주기
① 수질측정망	일반지점	하천	[12회/년(매월)] 수온, pH, DO, BOD, COD, TOC, SS, 총질소, DTN, NH_3-N, NO_3-N, 총인, DTP, PO_4-P, 페놀류, 분원성대장균군수, 총대장균군수, 전기전도도, 클로로필-a [4회/년(3,6,9,12월)] Cd, CN, Pb, Cr^{6+}, As, Hg, Sb, ABS ※ 석포제련소 인근 '석포1(결둔교)', '석포2(승부역)', '봉화' 지점의 경우 중금속에 대해 산단하천의 조사항목 및 측정주기에 준하여 측정
		산단하천	[24회/년(매월 2회)] 수온, pH, DO, BOD, COD, TOC, SS, 전기전도도 [12회/년(매월)] Cd, CN, Pb, Cr^{6+}, As, Hg, Cu, Zn, Cr, Ni, Ba, Se, F, Sb, ABS, 색도, 총질소, 총인, 페놀류, 노말헥산추출물질, 용해성 망간, 용해성 철, 총대장균군수 [1회/년(11월)] TCE, PCE, 사염화탄소, 1,2-디클로로에탄, 디클로로메탄, 벤젠, 클로로포름, 1,4-다이옥세인 [1회/년(7월)] PCB, 유기인 [1회/년(10월)] 디에틸헥실프탈레이트(DEHP) ※ 색도항목은 염색폐수가 배출되는 측정지점에 한함
		도시관류	'하천수'와 같음
		호소	[12회/년(매월)] 수온, pH, DO, BOD, COD, TOC, SS, 총질소, DTN, NH_3-N, NO_3-N, 총인, DTP, PO_4-P, 페놀류, 분원성대장균군수, 총대장균군수, 전기전도도, 클로로필-a, 투명도 [4회/년(분기별)] Cd, CN, Pb, Cr^{6+}, As, Hg, Sb, ABS
		농업용수	[4회/년(분기별)] 수온, pH, DO, BOD, COD, TOC, SS, 총질소, 총인, 전기전도도, 클로로필-a, 투명도 [1회/년] Cd, CN, Pb, Cr^{6+}, As, Hg, Cu, Cl^-

표 11.3 조사항목과 측정주기(환경부, 2019)(계속)

구분			조사항목 및 측정주기
① 수질측정망	중권역대표지점	하천	[12회/년(매월)] 수온, pH, DO, BOD, COD, TOC, SS, 총질소, DTN, NH₃-N, NO₃-N, 총인, DTP, PO₄-P, 페놀류, 분원성대장균군수, 총대장균군수, 전기전도도, 클로로필-a [4회/년(분기별)] Cd, CN, Pb, Cr⁶⁺, As, Hg, Sb, ABS [2회/년(3월,9월)] TCE, PCE, 사염화탄소, 1,2-디클로로에탄, 디클로로메탄, 벤젠, 클로로포름, 1,4-다이옥세인, 포름알데히드, 헥사클로로벤젠 [1회/년(7월)] PCB, 유기인 [1회/년(10월)] 디에틸헥실프탈레이트(DEHP)
		호소	[12회/년(매월)] 수온, pH, DO, BOD, COD, TOC, SS, 총질소, DTN, NH₃-N, NO₃-N, 총인, DTP, PO₄-P, 페놀류, 분원성대장균군수, 총대장균군수, 전기전도도, 클로로필-a, 투명도 [4회/년(분기별)] Cd, CN, Pb, Cr⁶⁺, As, Hg, Sb, ABS
	주요지점	하천	[48회/년(매주)] 수온, pH, DO, BOD, COD, TOC, SS, 총질소, DTN, NH₃-N, NO₃-N, 총인, DTP, PO₄-P, 페놀류, 분원성대장균군수, 총대장균군수, 전기전도도, 클로로필-a [12회/년(매월)] Cd, CN, Pb, Cr⁶⁺, As, Hg, Sb, ABS [2회/년(3월, 9월)] TCE, PCE, 사염화탄소, 1,2-디클로로에탄, 디클로로메탄, 벤젠, 클로로포름, 1,4-다이옥세인, 포름알데히드, 헥사클로로벤젠 [1회/년(7월)] PCB, 유기인
		호소	[12회/년(매월)] 수온, pH, DO, BOD, COD, TOC, SS, 총질소, DTN, NH₃-N, NO₃-N, 총인, DTP, PO₄-P, 페놀류, 분원성대장균군수, 총대장균군수, 전기전도도, 클로로필-a, 투명도 [4회/년(분기별)] Cd, CN, Pb, Cr⁶⁺, As, Hg, Sb, ABS [2회/년(3월,9월)] TCE, PCE, 사염화탄소, 1,2-디클로로에탄, 디클로로메탄, 벤젠, 클로로포름, 1,4-다이옥세인, 포름알데히드, 헥사클로로벤젠 [1회/년(7월)] PCB, 유기인
	보구간		[48회/년(매주)] 수온, pH, DO, BOD, COD, TOC, SS, 총질소, DTN, NH₃-N, NO₃-N, 총인, DTP, PO₄-P, 페놀류, 분원성대장균군수, 총대장균군수, 전기전도도, 클로로필-a [12회/년(매월)] Cd, CN, Pb, Cr⁶⁺, As, Hg, Sb, ABS
② 총량측정망			[36회 이상/년(평균 8일)] 수온, pH, DO, BOD, COD, TOC, SS, 총질소, 총인, 전기전도도, 유량 ※ 석포제련소 인근 '황지3' 지점의 경우 중금속에 대해 산단하천의 조사항목 및 측정주기에 준하여 측정
③ 예보지원		하천	[36회 이상/년(평균 8일)] 수온, pH, DO, BOD, COD, SS, 총질소, DTN, NH₃-N, NO₃-N, 총인, DTP, PO₄-P, 전기전도도, 클로로필-a, 유량 ※ 유량측정은 지류 조사지점에 한함
		호소	[1회/월] TOC, 페놀류, 분원성대장균군수, 총대장균군수, 투명도 [36회 이상/년(평균 8일)] 수온, pH, DO, BOD, COD, SS, 총질소, DTN, NH₃-N, NO₃-N, 총인, DTP, PO₄-P, 전기전도도, 클로로필-a [1회/분기] Cd, CN, Pb, Cr⁶⁺, As, Hg, Sb, ABS
④ 자동측정망			[실시간측정] (공통)수온, pH, DO, 전기전도도, TOC (선택) 총질소, 총인, NH₃-N, NO₃-N, PO₄-P, 탁도, 클로로필-a, 페놀, Cu, Pb, Zn, Cd, VOCs(9종 10개 항목), 생물감시(물벼룩, 조류, 미생물, 황산화미생물, 발광박테리아 등) ※ 세부측정항목은 측정소별로 별도 설정(별표1 물환경측정망 조사지점 참조) ※ VOCs(9종 10개 항목): Dichloromethane(디클로로메탄), Trichloroethylene(트리클로로에틸렌)(테트라클로로에틸렌), 1,1,1-trichloroethane(1,1,1-트리클로로에탄), Carbontetrachloride (사염화탄소), Benzene(벤젠), Toluene(톨루엔), Ethylbenzene(에틸벤젠), m,p-Xylene(m,p-자일렌), o-Xylene(o-자일렌)

표 11.3 조사항목과 측정주기(환경부, 2019)(계속)

구분		조사항목 및 측정주기
⑤ 퇴적물 측정망	하천	[1회/반기(상반기 3~6월, 하반기 9~11월)] (최고 수심, 표층, 저층 현장항목) 수심, 수온, DO, pH, 전기전도도(퇴적물) 입도, 함수율, 완전연소가능량, CODsed, TOC, 총질소, 총인, 수용성 인(SRP), Pb, Zn, Cu, Cr, Ni, As, Cd, Hg, Al, Li ※ 저층현장항목은 최고 수심이 5 m 이상일 경우 시행
	호소	[1회/년(상반기 3~6월)] 퇴적물 하천 조사항목 외에 투명도, PCBs(10동족체), PAHs(16종), DDTs(6종), VOCs(12종) ※ PCBs(10동족체): Chlorobiphenyl, Dichlorobiphenyl, Trichlorobiphenyl, Tetrachlorobiphenyl, Pentachlorobiphenyl, Hexachlorobiphenyl, Heptachlorobiphenyl, Octachlorobiphenyl, Nonachlorobiphenyl, Decachlorobiphenyl ※ PAHs(16종): Naphthalene(나프탈렌), Acenaphthylene(아세나프틸렌), Acenaphthene(아세나프텐), Fluorene(플루오렌), Phenanthrene(페난트렌), Anthracene(안트라센), Fluoranthene(플루오란텐), Pyrene(피렌), Benzo[a]anthracene[벤조(a)안트라센], Chrysene(크라이센), Benzo[b]fluoranthene[벤조(b)플로란텐], Benzo[k]fluoranthene[벤조(k)플로란텐], Benzo[a] pyrene[벤조(a)피렌], Indeno[1,2,3-cd]pyrene [인데노(1,2,3-cd)피렌], Dibenzo[a,h]anthracene [다이벤조(a,h)안트라센], Benzo[g,h,i]perylene[벤조(g,h,i)페릴렌] ※ DDTs(6종): o,p'-DDE, p,p'-DDE, o,p'-DDD, p,p'-DDD, o,p'-DDT, p,p'-DDT ※ VOCs(12종): Carbon tetrachloride(사염화탄소), 1,2-Dichloroethane(1,2-디클로로에탄), Tetrachloroethylene(테트라클로로에틸렌), Dichloromethane(디클로로메탄), Benzene(벤젠), Chloroform(클로로포름), 1,1,1-trichloroethane(1,1,1-트리클로로에탄), Trichloroethylene(트리클로로에틸렌), Toluene(톨루엔), Ethylbenzene(에틸벤젠), m,p-자일렌(m,p-Xylene), o-자일렌(o-Xylene)
	보구간	'하천'과 같음
⑥ 방사성물질 측정망		[1회/반기] 134Cs, 137Cs, 131I

⑦ 생물측정망	하천	분야	조사항목	세부 조사항목	횟수	주기
		수생생물	부착돌말류	출현 종수 및 개체밀도	연 2회 (봄, 가을)	3년
			저서성 대형 무척추동물	출현 종수 및 개체밀도		
			어류	출현 종수 및 개체수, 국내종·여울성저서종·민감종·내성종·충식종·비정상종·잡식종 등의 출현 종수 및 개체수		
		하천환경	수변식생	출현 종수, 수변식물 전체 생육면적, 일년생 초본 및 덩굴·버드나무속·물푸레나무속·귀화종·재배종의 우점면적, 각 습지 출현빈도 우점면적, 내성종 출현종수, 현존식생도, 식생단면도	연 1회 (봄에서 가을 중 생육이 왕성한 시기)	6년
			서식 및 수변환경	종횡사주, 하천변 폭, 하안공, 횡구조물, 제외지 및 제내지 토지이용, 제방하안 재료, 저질상태, 하도 자연성, 유속 다양성	연 1회 (봄 또는 가을)	3년

※ 상시지점(중권역 대표지점, 주요 현안지점 등)은 모든 항목을 매년 조사

표 11.3 조사항목과 측정주기(환경부, 2019)(계속)

구분	조사항목 및 측정주기					
⑦ 생물측정망	보구간	분야	조사항목	세부 조사항목	횟수	주기
		수생생물	식물플랑크톤	출현 종수 및 개체밀도	월 4회 (매주)	1년
			동물플랑크톤	출현 종수 및 개체밀도	월 4회 (매주)	
			저서성 대형 무척추동물	출현 종수 및 개체밀도	연 3회 (봄, 여름, 가을)	
			어류	출현 종수 및 개체수	연 2회 (봄, 가을)	
		육상생물	양서류	출현 종수 및 개체수, 세부 출현위치, 군집지수	연 3회 (봄, 여름, 가을)	
			파충류	출현 종수 및 개체수, 세부 출현위치, 군집지수		
			포유류	출현 종수, 세부 출현위치		
		하천환경	수변식생	식생구조, 식물상, 현존식생도, 식생단면도	연 2회 (봄, 가을)	
	하구	분야	조사항목	세부 조사항목	횟수	주기
		하구생물	부착돌말류	출현 종수 및 개체밀도	연 2회 (봄, 가을)	3년
			저서성 대형 무척추동물	출현 종수 및 개체밀도		
			어류	출현 종수 및 개체수, 회유성종·기수성종·해산종·내성상주종 등의 출현 종수 및 개체수		
		하구환경	식생	외래 식물·절대육상식물·임의육상식물·양성식물 군락면적, 절대습지식물·임의습지식물 군락 면적, 염습지 환경에 적합한 식물군락 수, 현존식생도, 식생단면도	연 1회 (봄에서 가을 중 생육이 왕성한 시기)	
	호소	분야	조사항목	세부 조사항목	횟수	주기
		수생생물	식물플랑크톤	출현 종수 및 개체밀도, 탄소량	연 4회 (계절별)	3년 (환경부 조사대상) 5년 (지자체 조사대상)
			동물플랑크톤	출현 종수 및 개체밀도, 탄소량	연 4회 (계절별)	
			저서성 대형무척추동물	출현 종수 및 개체밀도	연 2회 (봄, 가을)	
			어류	출현 종수 및 개체수	연 2회 (봄, 가을)	
		호소환경	수생식물 및 수변환경	출현종 및 피복면적, 관속식물상, 식생단면도, 대상조사구 외 군집구조, 현존식생도	연 2회 (봄, 가을)	
				토지이용도 및 호안구조	연 1회 (가을)	

표 11.3 조사항목과 측정주기(환경부, 2019)(계속)

구분		조사항목 및 측정주기
⑧ 비점 오염 물질 측정망	자동 측정	[실시간측정(1시간 간격)] (공통)수온, pH, DO, 전기전도도, 탁도 (중권역규모) 총질소, 총인, TOC ※ 대상지역의 수질문제에 따라 항목 추가 가능
	수동 분석	[평상시 36회 이상/년(평균 8일)] BOD, SS, 총질소, 총인, TOC, 유량 [강우시 12회 이상/년(2시간 간격)] BOD, SS, 총질소, 총인, TOC, 유량 ※ 대상지역의 수질문제에 따라 항목 추가 가능 ※ 유량측정은 기존 실시간 유량자료 확보가 어려운 조사지점에 한함

이렇게 측정 조사된 자료들은 효율적인 관리, 공유·공개 등을 위하여 그림 11.2와 같은 물환경 정보시스템(http://water.nier.go.kr)을 구축·운영하고 있다.

그림 11.2 물환경정보시스템 홈페이지 화면(환경부, http://water.nier.go.kr)

또한 국가는 생태계 또는 인간의 건강에 미치는 영향 등을 고려하여 환경기준을 설정하여야 하며, 환경 여건의 변화에 따라 그 적정성이 유지되도록 하여야 한다. 여기서 환경기준이란 국민의 건강을 보호하고 쾌적한 환경을 조성하기 위하여 국가가 달성하고 유지해야 하는 바람직한 환경상의 조건 또는 질적인 수준을 의미한다(환경정책기본법). 즉, 사람의 건강을 보호하고 생활환경을 보존하기 위해 국가가 정한 기준이고, 규제기준이라기보다 정부가 지향하는 일종의 목표기준이다. 환경정책기본법 시행령에는 하천 및 호소에 대한 사람의 건강보호 기준과 생활환경 기준을 표 11.4와 표 11.5 및 표 11.6과 같이 공표하고 있다.

표 11.4 사람의 건강보호 기준(하천 및 호소, 환경정책기본법 시행령)

항목	기준값(mg/L)
카드뮴(Cd)	0.005 이하
비소(As)	0.05 이하
시안(CN)	검출되어서는 안 됨(검출한계 0.01)
수은(Hg)	검출되어서는 안 됨(검출한계 0.001)
유기인	검출되어서는 안 됨(검출한계 0.0005)
폴리클로리네이티드비페닐(PCB)	검출되어서는 안 됨(검출한계 0.0005)
납(Pb)	0.05 이하
6가 크롬(Cr^{6+})	0.05 이하
음이온 계면활성제(ABS)	0.5 이하
사염화탄소	0.004 이하
1,2-디클로로에탄	0.03 이하
테트라클로로에틸렌(PCE)	0.04 이하
디클로로메탄	0.02 이하
벤젠	0.01 이하
클로로포름	0.08 이하
디에틸헥실프탈레이트(DEHP)	0.008 이하
안티몬	0.02 이하
1,4-다이옥세인	0.05 이하
포름알데히드	0.5 이하
헥사클로로벤젠	0.00004 이하

표 11.5 생활환경 기준(하천, 환경정책기본법 시행령)

등급	상태 (캐릭터)		기준							대장균군 (군수/100mL)	
			수소 이온 농도 (pH)	생물 화학적 산소 요구량 (BOD) (mg/L)	화학적 산소 요구량 (COD) (mg/L)	총유기 탄소량 (TOC) (mg/L)	부유 물질량 (SS) (mg/L)	용존 산소량 (DO) (mg/L)	총인 (T-P) (mg/L)	총 대장균군	분원성 대장균군
매우 좋음	Ia		6.5~8.5	1 이하	2 이하	2 이하	25 이하	7.5 이상	0.02 이하	50 이하	10 이하
좋음	Ib		6.5~8.5	2 이하	4 이하	3 이하	25 이하	5.0 이상	0.04 이하	500 이하	100 이하
약간 좋음	II		6.5~8.5	3 이하	5 이하	4 이하	25 이하	5.0 이상	0.1 이하	1,000 이하	200 이하
보통	III		6.5~8.5	5 이하	7 이하	5 이하	25 이하	5.0 이상	0.2 이하	5,000 이하	1,000 이하
약간 나쁨	IV		6.0~8.5	8 이하	9 이하	6 이하	100 이하	2.0 이상	0.3 이하		
나쁨	V		6.0~8.5	10 이하	11 이하	8 이하	쓰레기 등이 떠 있지 않을 것	2.0 이상	0.5 이하		
매우 나쁨	VI			10 초과	11 초과	8 초과		2.0 미만	0.5 초과		

1. 등급별 수질 및 수생태계 상태

　가. 매우 좋음: 용존산소(溶存酸素)가 풍부하고 오염물질이 없는 청정상태의 생태계로 여과·살균 등 간단한 정수처리 후 생활용수로 사용할 수 있음

　나. 좋음: 용존산소가 많은 편이고 오염물질이 거의 없는 청정상태에 근접한 생태계로 여과·침전·살균 등 일반적인 정수처리 후 생활용수로 사용할 수 있음

　다. 약간 좋음: 약간의 오염물질은 있으나 용존산소가 많은 상태의 다소 좋은 생태계로 여과·침전·살균 등 일반적인 정수처리 후 생활용수 또는 수영용수로 사용할 수 있음

　라. 보통: 보통의 오염물질로 인하여 용존산소가 소모되는 일반 생태계로 여과, 침전, 활성탄 투입, 살균 등 고도의 정수처리 후 생활용수로 이용하거나 일반적 정수처리 후 공업용수로 사용할 수 있음

　마. 약간 나쁨: 상당량의 오염물질로 인하여 용존산소가 소모되는 생태계로 농업용수로 사용하거나 여과, 침전, 활성탄 투입, 살균 등 고도의 정수처리 후 공업용수로 사용할 수 있음

　바. 나쁨: 다량의 오염물질로 인하여 용존산소가 소모되는 생태계로 산책 등 국민의 일상생활에 불쾌감을 주지 않으며, 활성탄 투입, 역삼투압 공법 등 특수한 정수처리 후 공업용수로 사용할 수 있음

　사. 매우 나쁨: 용존산소가 거의 없는 오염된 물로 물고기가 살기 어려움

　아. 용수는 해당 등급보다 낮은 등급의 용도로 사용할 수 있음

　자. 수소이온농도(pH) 등 각 기준항목에 대한 오염도 현황, 용수처리방법 등을 종합적으로 검토하여 그에 맞는 처리방법에 따라 용수를 처리하는 경우에는 해당 등급보다 높은 등급의 용도로도 사용할 수 있음

표 11.6 생활환경 기준(호소, 환경정책기본법 시행령)

등급		상태 (캐릭터)	기준								대장균군 (군수/100mL)	
			수소이온농도 (pH)	화학적 산소요구량 (COD) (mg/L)	총유기탄소량 (TOC) (mg/L)	부유물질량 (SS) (mg/L)	용존산소량 (DO) (mg/L)	총인 (T-P) (mg/L)	총질소 (T-N) (mg/L)	클로로필-a (Chl-a) (mg/m³)	총 대장균군	분원성 대장균군
매우 좋음	Ia		6.5~8.5	2 이하	2 이하	1 이하	7.5 이상	0.01 이하	0.2 이하	5 이하	50 이하	10 이하
좋음	Ib		6.5~8.5	3 이하	3 이하	5 이하	5.0 이상	0.02 이하	0.3 이하	9 이하	500 이하	100 이하
약간 좋음	II		6.5~8.5	4 이하	4 이하	5 이하	5.0 이상	0.03 이하	0.4 이하	14 이하	1,000 이하	200 이하
보통	III		6.5~8.5	5 이하	5 이하	15 이하	5.0 이상	0.05 이하	0.6 이하	20 이하	5,000 이하	1,000 이하
약간 나쁨	IV		6.0~8.5	8 이하	6 이하	15 이하	2.0 이상	0.10 이하	1.0 이하	35 이하		
나쁨	V		6.0~8.5	10 이하	8 이하	쓰레기 등이 떠 있지 않을 것	2.0 이상	0.15 이하	1.5 이하	70 이하		
매우 나쁨	VI			10 초과	8 초과		2.0 미만	0.15 초과	1.5 초과	70 초과		

비고
1. 총인, 총질소의 경우 총인에 대한 총질소의 농도비율이 7 미만일 경우에는 총인의 기준을 적용하지 않으며, 그 비율이 16 이상일 경우에는 총질소의 기준을 적용하지 않는다.
2. 등급별 수질 및 수생태계 상태는 가목2) 비고 제1호와 같다.
3. 상태(캐릭터) 도안 모형 및 도안 요령은 가목2) 비고 제2호와 같다.
4. 화학적 산소요구량(COD) 기준은 2015년 12월 31일까지 적용한다.

11.3 수질관리를 위한 계획 및 제도

국내에서는 수질측정 자료를 기반으로 수질정책(관리계획)을 수립하고 수질오염총량제 등과 같은 제도를 운영하여 하천 수질의 개선을 위한 노력을 지속적으로 하고 있다. 이에 대표적인 관리계획과 제도에 관하여 알아보기로 한다.

11.3.1 물환경관리 기본계획

물환경관리 기본계획은 하천·호소 연안 수계 등 우리나라 전반에 대하여 물환경관리 정책의 목표와 방향을 10년마다 수립하는 최상위 계획이다. 제1차 물환경관리 기본계획(2006~2015년)의 추진실적에 대한 평가를 토대로, 제2차 물환경관리 기본계획(2016~2025년)에서는 향후 10년간 경제·사회·문화부문의 변화를 전망하고 물환경관리에 영향을 미칠 이슈들을 분석하여 정책의 목표와 방향을 제시한다. 또한 대·중·소권역 물환경관리 계획, 오염총량관리기본방침 및 기본·시행계획, 비점오염원관리 종합대책 등 주요 물환경관리 대책 수립의 지침서 역할을 한다(환경부, 2016).

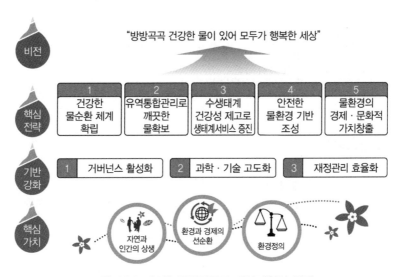

그림 11.3 제2차 물환경관리 기본계획의 체계

제2차 물환경관리 기본계획은 2025년까지 "방방곡곡 건강한 물이 있어 모두가 행복한 세상" 달성이라는 비전을 가지고 있다. 방방곡곡, 즉 하천의 발원지에서 하구 연안까지, 본류부터 지류·지천까지 물리·생물·화학적으로 맑고 깨끗한 물을 확보하여 자연과 상생하는 건강한 물순환을 달성하는 것이 기본전제이다. 또한 물환경이 제공하는 혜택과 풍요를 현세대의 인간과 생물은 물론 앞으로 태어날 미래세대까지 모두가 누릴 수 있도록 하고, 일상생활에서도 물환경 서비스와 물 문화를 온 국민이 골고루 향유토록 하며, 그 과정에서 공동체의 형성과 경제·사회 발전의 새로운 동력원을 발견해내는 행복한 세상을 실현하고자 하는 지향점을 담고 있다(환경부, 2016).

위와 같은 비전을 달성하기 위한 5개의 핵심전략과 달성 목표는 표 11.7과 같다.

표 11.7 제2차 물환경관리 기본계획의 핵심전략과 달성 목표(환경부, 2016)

구분	달성 목표
핵심전략 1	건강한 물순환 체계 확립 불투수면적률 25% 초과 51개소 소권역의 지역별 물순환 목표 설정 * 기본계획 5년차 평가 시까지 정량화된 지표 개발·산정하여 국가 목표 설정
핵심전략 2	유역통합관리로 깨끗한 물 확보 주요 상수원의 수질 좋음(I) 등급(BOD, T-P 기준) 달성 * 하천 목표기준에 TOC 도입 시('21년) 기준 변경 검토
핵심전략 3	수생태계 건강성 제고로 생태계서비스 증진 전국 수체의 수생태계 건강성 양호(B) 등급 달성
핵심전략 4	안전한 물환경 기반 조성 산업폐수 유해물질 배출량 10% 저감(2010~2015년 평균 대비) 4대강 상수원 보의 총인 농도와 남조류세포수 일정 수준 이하 유지
핵심전략 5	물환경의 경제·문화적 가치 창출 국민 물환경 체감 만족도 80% 이상 달성

11.3.2 수질오염총량제

수질오염총량제는 개념과 체계가 잘 설명된 "수질오염총량관리제도: 지속가능한 사회를 열어갑니다(환경부, 2004)" 보고서를 발췌하여 설명하도록 한다.

수질오염총량제가 도입되기 이전에는 생활하수, 산업폐수 등의 배출허용기준(농도)을 정하여 관리하였으나 도시화, 산업화 등으로 오·폐수 배출량이 많아져 개별 오염원에서 배출허용기준을 준수하더라도 하천에 유입되는 오염물질의 양이 늘어나 수질환경기준을 초과하는 등 제도적 한계에 도달하였다. 따라서 배출농도 규제방식의 수질관리로는 하천 수질개선이 어려워 오염총량관리제도를 도입하게 되었다.

오염총량관리제도는 관리하고자 하는 하천의 목표수질을 정하고, 목표수질을 달성·유지하기 위한 수질오염물질의 허용부하량(허용총량)을 산정하여, 해당 유역에서 배출되는 오염물질의 부하량(배출총량)을 허용총량 이하로 규제 또는 관리하는 제도를 말한다.

※ 부하량의 개념
농도(C) = 오염부하량(L) ÷ 폐수량(Q)
부하량(L) = 농도(C)×폐수량(Q) [단위: C(mg/ℓ), L(kg/일), Q(m³/일)]

오염총량관리제의 의의는 다음과 같이 설명될 수 있다.

1) 과학적인 수질관리를 통한 환경규제의 효율성 제고

수질목표를 달성·유지하기 위하여 수질모델링 기법 등 과학적 수단을 이용하여 유역에서 어느 정도 오염물질을 배출하여도 되는지를 산정하여, 이를 토대로 수질을 관리하기 때문에 획일적인 배출농도규제, 획일적인 토지규제의 모순과 부작용을 최소화할 수 있어 환경 규제를 보다 효율적·신축적으로 운용할 수 있다.

2) 환경과 개발을 함께 고려함으로써 유역의 지속가능성 제고

오염총량관리제는 규제만을 목적으로 고안된 제도가 아니라 지역개발계획, 오염물질 삭감계획을 함께 수립토록 함으로써 수질을 보전하면서 지역경제도 활성화시킬 수 있도록 도입된 제도로써, 우리사회의 지속가능성을 향상시키기 위한 핵심적 제도이다.

3) 광역·기초지자체별, 오염자별 책임을 명확히 하여 광역수계를 효율적으로 관리

오염총량관리제는 수질목표를 달성·유지하기 위하여 광역자치단체별, 기초자치단체별, 개별 오염자별로 배출할 수 있는 오염부하량을 할당하여 상호간에 책임을 명확히 함으로써 광역적인 유역을 효율적으로 관리할 수 있다.

4) 상하류 유역구성원의 참여·협력을 바탕으로 한 선진유역 관리

오염총량관리제 시행을 위하여 유역 구성원들의 참여와 협력을 바탕으로 목표수질 설정, 기본 계획 수립, 시행계획 수립 등의 과정이 진행되므로 보다 실효성 있게 제도를 운영할 수 있다.

오염총량관리제는 농도(C)가 아닌 부하량(L)을 지표로 관리하는 제도로 개별 오염원보다는 지역·유역을 관리하는 제도임

L_0(기준배출 부하량)
$= C_0$(목표수질)$\times Q_{09}$(기준유량)
$L_1 =$ 유역에서 배출되는 총량(배출총량)
$L_2 = C_0$를 만족하기 위해 유역에서 배출할 수 있는 총량 (허용총량)
　　* L_2가 목표지점에 유달되어 L_0가 됨
$L_3 = L_1 - L_2$(삭감총량)
L_1(배출총량)$< L_2$(허용총량)되게 관리

그림 11.4 오염총량관리제 개념도

① 관리하고자 하는 하천 하단부에 목표수질(C_0)과 기준유량(Q_0)을 정함

② 유역의 환경관리상태, 개발계획 등을 고려하여 목표년도 유역에서 배출되는 오염부하량(배출총량 L_1)을 과학적 기법을 이용하여 추정

③ 목표수질을 만족하기 위해 유역에서 배출할 수 있는 오염부하량(허용총량 L_2)을 수질모델링 기법을 이용하여 산정

④ $L_1 - L_2$는 목표수질을 달성하기 위해 줄여야 될 오염부하량(삭감총량 L_3)이 됨

⑤ 배출총량(L_1)이 허용총량(L_2) 이하가 되도록 오염물질 삭감계획과 지역 개발 계획 수립

11.4 수질오염 재난의 대응

폐수 무단방류 등 수질오염 물질의 불법배출과 수질오염사고(유류, 유독물, 농약 또는 특정수질유해물질을 운송 또는 보관 중인 자가 해당 물질로 인하여 수질을 오염시킨 때)에 의한 유해성분 유출로부터 하천·호소의 수자원 이용의 제한과 국민의 건강·재산이나 동식물의 중대한 위해에 대해 항상 예방하고 대응해야 한다. 이러한 수질오염사고에 신속하고 효과적으로 대응하기 위하여 수질오염방제센터(한국환경공단)를 운영하고 있다. 또한 수질오염사고 시 신속한 대응조치를 위한 수질오염감시경보 체계가 표 11.8의 대상 수질오염물질에 대해 운영되고 있다.

표 11.8 수질오염감시경보 발령대상 및 발령주체(물환경보전법시행령 제28조 제2항 관련)

대상 항목	발령대상	발령주체
수소이온농도, 용존산소, 총 질소, 총 인, 전기전도도, 총 유기탄소, 휘발성유기화합물, 페놀, 중금속(구리, 납, 아연, 카드뮴 등), 클로로필-a, 생물감시	법 제9조에 따른 측정망 중 실시간으로 수질오염도가 측정되는 하천·호소	환경부장관

측정항목별 측정값이 각 경보단계별(관심, 주의, 경계, 심각) 기준을 초과하는 경우 발령하고 측정값이 관심단계 이하로 낮아진 경우에 해제 된다. 수질오염감시경보를 위해 전국 주요하천에 70개의 자동측정소가 운영 중에 있다. 수질자동측정소에서 측정된 수질자료는 그림 11.5와 같이 실시간수질정보시스템(http://www.koreawqi.go.kr)에서 제공되고 있다. 단계별 수질오염감시경보 발령기준은 표 11.9와 같다.

그림 11.5 실시간수질정보시스템 홈페이지 화면(환경부, http://www.koreawqi.go.kr)

표 11.9 경보단계별 수질오염감시경보 발령기준(물환경보전법시행령 제28조 제3항 관련)

경보단계	발령 · 해제기준
관심	가. 수소이온농도, 용존산소, 총 질소, 총 인, 전기전도도, 총 유기탄소, 휘발성유기화합물, 페놀, 중금속(구리, 납, 아연, 카드뮴 등) 항목 중 2개 이상 항목이 측정항목별 경보기준을 초과하는 경우 나. 생물감시 측정값이 생물감시 경보기준 농도를 30분 이상 지속적으로 초과하는 경우
주의	가. 수소이온농도, 용존산소, 총 질소, 총 인, 전기전도도, 총 유기탄소, 휘발성유기화합물, 페놀, 중금속(구리, 납, 아연, 카드뮴 등) 항목 중 2개 이상 항목이 측정항목별 경보기준을 2배 이상(수소이온농도 항목의 경우에는 5 이하 또는 11 이상을 말한다) 초과하는 경우 나. 생물감시 측정값이 생물감시 경보기준 농도를 30분 이상 지속적으로 초과하고, 수소이온농도, 총 유기탄소, 휘발성유기화합물, 페놀, 중금속(구리, 납, 아연, 카드뮴 등) 항목 중 1개 이상의 항목이 측정항목별 경보기준을 초과하는 경우와 전기전도도, 총 질소, 총 인, 클로로필-a 항목 중 1개 이상의 항목이 측정항목별 경보기준을 2배 이상 초과하는 경우
경계	생물감시 측정값이 생물감시 경보기준 농도를 30분 이상 지속적으로 초과하고, 전기전도도, 휘발성유기화합물, 페놀, 중금속(구리, 납, 아연, 카드뮴 등) 항목 중 1개 이상의 항목이 측정항목별 경보기준을 3배 이상 초과하는 경우
심각	경계경보 발령 후 수질오염사고 전개 속도가 매우 빠르고 심각한 수준으로서 위기발생이 확실한 경우
해제	측정항목별 측정값이 관심단계 이하로 낮아진 경우

비고: 1. 측정소별 측정항목과 측정항목별 경보기준 등 수질오염감시경보에 관하여 필요한 사항은 환경부장관이 고시한다.
2. 용존산소, 전기전도도, 총 유기탄소 항목이 경보기준을 초과하는 것은 그 기준초과 상태가 30분 이상 지속되는 경우를 말한다.
3. 수소이온농도 항목이 경보기준을 초과하는 것은 5 이하 또는 11 이상이 30분 이상 지속되는 경우를 말한다.
4. 생물감시장비 중 물벼룩감시장비가 경보기준을 초과하는 것은 양쪽 모든 시험조에서 30분 이상 지속되는 경우를 말한다.

11.5 하천의 수질모의

합리적인 수질정책(관리계획)과 하천 수질상태의 상시 모니터링은 선제적 수질관리를 위하여 필수적이다. 또한 다양한 시기와 광범위한 지역에 대해 수질 모니터링이 어렵거나 미래의 수질을 예측해야 할 경우, 적절한 수질예측모형의 활용은 수질관리에 반드시 필요하다. 현재 국내에서는 수질예측모형을 이용하여 수질오염총량제 계획 수립, 수질예보서비스 등 다양한 분야에 걸쳐 활용되고 있다.

특히 수질예보서비스는 물환경 변화에 적극적으로 대응하고 수질악화의 사전 예측 및 대응에 필요한 정보를 제공하기 위해 2012년부터 시행되고 있다. 기상 및 오염원의 변화에 따른 장래의 수질변화를 수질예측모형을 이용하여 사전에 예측함으로써 물 이용자들에게 수질과 관련한 정보(물 이용에 대한 주의 및 경고 등)를 주고, 물 관리자에게는 사전에 수질을 효율적으로 관리할 수 있도록 정보를 제공한다(Shin et al., 2013).

수질모의를 위해 모형은 활용 목적에 따라 적절히 선택되고 적용되어야 한다. 수질모델링은 모의대상(유역, 하천, 호소 등)에 따라 개별적으로 적용할 수 있고, 2개 이상의 모의대상과 연계하여 적용될 수 있다. 예를 들면 수질예보서비스에서 적용된 수질예측모형은 유역에서의 유출량 및 오염부하를 모의하기 위해 유역모형과 수계 본류구간에서의 수질모의를 위한 3차원수질모형을 결합하여 운용하고 있다(Shin et al., 2013).

대표적인 유역모형으로 국내에서는 HSPF(Hydrologic Simulation Program-Fortran)와 SWAT(Soil and Water Assessment Tool) 모형이 각각의 목적에 따라 대표적으로 이용되고 있다. HSPF와 SWAT은 유역관리를 위한 환경 분석 시스템인 BASIN(Better Assessment Science Integrating point and Nonpoint Source Pollution)와 연계되어 운영되며, BASIN를 통해 모델구동에 필요한 유역의 공간적 자료의 분석시간을 줄이고, 다양한 정보를 쉽게 확보할 수 있다(Park et al., 2014).

수계 본류구간에 대한 수질모의는 모의할 수 있는 공간적 범위(1, 2, 3차원), 정상상태(Steady state) 또는 동적상태(Dynamic state) 모의, 모델을 적용할 수 있는 수체의 종류, 모형에 적용된 주요 가정, 모형이 모의할 수 있는 수질 항목의 종류 등 세부적인 검토를 사항을 기반으로 적용되어야 한다. 주요 수치모형에 대한 특성은 표 11.10~표 11.19와 같다.

표 11.10 주요 동적 수치모형(국립환경과학원, 2012)

모델	개요
CE-QUAL-RIV1	1990년 미국 육군 공병단 수리시험소(US Army, WES, Environmental Laboratory)에서 개발된 횡방향 평균 1차원 비정상상태 모델로, 수리모듈(RIV1H)과 수질모듈(RIV1Q)로 구성
CE-QUAL-W2	1974년 미공병단에서 개발된 수직 2차원 수리 및 수질모델로 현재까지 개선되어 널리 사용되고 있음. 동수역학 부분은 1979년 Edinger 등에 의해 개발된 LARM 모형이며, 그 후에 수질예측 부분을 추가하여 CE-QUAL-W2 모형으로 발전
EFDC	초기에는 수리모델로서 Virginia Institute of Marine Science(Hamrick, 1992)에서 개발되었으며 Park(1996) 등이 개발한 수질 프로 그램을 결합한 3차원 수리·수질모델로 현재는 U.S. EPA와 Tetra Tech Inc.에 의해 개발, 관리
GEMSS	JEEAI(J. E. Edinger Association, Inc.)에 의해 개발되어 현재 ERM에서 통합 운영되고 있는 3차원 시변화 수리 및 수질모델링 지원을 위한 통합 시스템으로, 수리 모듈인 GLLVHT (Generalized Lateral-Vertical Hydrodynamic and Transport Model) 모델과 수질 모듈인 WQDPM(Water Quality Dissolved Particulate Model) 모델로 구성
MIKE3	덴마크 DHI사에서 개발된 3차원 모델로서 비정상 상태의 수리, 수질, 퇴적물의 이송 등을 모의하는 통합시스템
RMA-2/RMA-4	1973년 미공병단에서 하천 및 하구의 유속분포 및 수질변화를 예측하기 위해 개발된 평면 2차원 수리 및 수질모델로 현재까지 개선되어 널리 사용되고 있음. RMA-2 모델은 수리동역학적 모델이며, RMA-4 모델은 수질모델
WASP	1981년 Di Toro 등에 의해 미국 연방환경보호청(U.S.EPA)에서 처음 개발되어 현재 수체 내 독성물성까지 분석 가능한 WASP7 모형으로 발전하였으며, 1차원 수리모델(DYNHYD)과 1, 2, 3차원 수질모델(WASP)로 구성

표 11.11 CE-QUAL-RIV1 모형(국립환경과학원, 2012)

구분	특성
공간적 범위	종방향(흐름방향) 1차원 모의
시간적 범위	동적(dynamic) 모의 및 사용자 정의 timestep
적용 수체	• 지류가 있는 하천(stream)과 강(river) • 수평방향과 수직방향 변이가 적은 수체
가정	• 수체의 횡방향 이동 없다고 가정 • 횡방향, 수심방향의 수질은 일정하다고 가정
특징	• 지배방정식은 연속방정식, 모멘텀방정식, 이송방정식으로 구성됨 • 수치해석 흐름에 four-point implicit finite difference numerical scheme을 사용 • 수질모델에서의 advection은 explicit two-point, 4th-order accurate, Holly-Preissmann scheme 을 사용하여 계산 • 갑문(lock)과 댐의 존재와 같은 다양한 조건에서의 모의가 가능 • 일반적으로 단기간 수질모의에 사용됨
수질모의 항목	수온, 염분도와 DO, BOD, N-serie, P-series, 식물성플랑크톤, benthic algae, macrophyte, 용존 철, 용존 망간, 대장균 등 12종
제한요소	• 수평적 변이 모의할 수 없음 • 성층현상 모의할 수 없음 • tidal system은 모의할 수 없음 • sediment diagenesis 과정을 포함하지 않음 • wetting and drying 기능 없음
source code	FORTRAN, open source code
입력자료	지형정보, river segmentation, 수리계수, 기상조건, 초기 및 경계 조건, external loading, benthic flux, 반응상수 등

표 11.12 CE-QUAL-W2 모형(국립환경과학원, 2012)

구분	특성
공간적 범위	흐름방향 및 수심방향 2차원 모의
시간적 범위	동적(Dynamic) 모의 및 사용자 정의 timestep
적용 수체	• 하천, 강, 호수, 저수지, 하구 • 저수지와 강을 연결하여 함께 모의 가능 • 수직적 변이가 있는 좁고 긴 수체에 적용함이 적당
가정	수체의 수평방향(횡방향) 이동 및 수질 변화가 없다고 가정
특징	• QUAL2E와 유사한 수질 알고리즘과 결합된 St. Venant 방정식에 implicit finite difference solution technique을 사용함 • branching 알고리즘으로 인해 지형적으로 복잡한 수체를 모의 가능 • 다수의 유입 및 방류를 고려할 수 있음 • segment 길이와 깊이를 다양하게 설정하여 필요한 grid의 해상도를 만들 수 있음 • 다양한 수리학적 구조물이 있는 댐, 강, 호수가 있는 유역 전체의 수리 및 수질을 모의할 수 있음 • 수온, 부유물질, 용존 물질에 따른 물의 밀도 변화를 모의
수질모의 항목	수온, 염분도와 pH, DOM, CBOD, NBOD, total inorganic carbon, SS, N-series, P-series, DO, silicon, 식물성플랑크톤, bacteria, total active metal 등 총 26항목 모의
제한요소	• 수평적으로 변이가 크지 않은 수체에만 적용 가능 • 식물성플랑크톤만 모의하고 동물성플랑크톤과 macrophyte 모의 안 함, toxic 모의 안 함 • 단순한 SOD 기작, sediment diagenesis 과정을 포함하지 않음 • wetting and drying 기능 없음
source code	FORTRAN, open source code
입력자료	비점 부하를 포함하는 유입, 유출자료, 초기 및 경계조건, 지형자료, 기상조건, benthic flux, 수질 반응계수, 확산 정보 등

표 11.13 EFDC(Environmental Fluid Dynamic Code) 모형(국립환경과학원, 2012)

구분	특성
공간적 범위	1, 2, 3차원 모의
시간적 범위	동적(Dynamic) 모의
적용 수체	강, 호수, 저수지, 하구, 습지
가정	three-dimensional hydrostatic hydrodynamic equation과 conservative transport equation에 기초함
특징	• 수리, 수질, sediment transport, toxic contaminant transport 모듈이 결합되어 있으며, 각각을 따로 실행하거나 한꺼번에 실행이 가능 • advective transport를 위해 "centered in time and space" scheme과 "forward in time and upwind in space" scheme 등 다양한 선택을 할 수 있음 • 계산효율이 높음. active cell만 저장하여 저장 효율을 높임 • 조석, 밀도, sediment transport 등을 모의 가능 • wetting and drying 기능 포함 • sediment diagenesis, sediment nutrient flux 포함 • cohesive, noncohesive sediment와 그와 관련된 침전, 재부유 과정이 모의됨
수질모의 항목	수온, 염분도와 DO, COD, 유기탄소, SS, N-series, P-series, 다양한 종류의 algae 등 총 27개 항목
제한요소	• 입력 자료가 방대하고 모의 항목이 지나치게 세분화되어 모델 수행이 비교적 복잡함 • POC, DOC, TOC 모의 후 환산하는 방식으로 BOD 모의
source code	FORTRAN, open source code
입력자료	지형자료, segmentation, 기후자료, open boundary water surface elevation, 바람 및 대기 열역학 조건, open boundary 염분도 및 수온, 유입유량 및 sediment와 수질인자의 유입농도, 외부유입 량, 반응상수 등

표 11.14 GEMSS 모형(국립환경과학원, 2012)

구분	특성
공간적 범위	1, 2, 3차원 모의
시간적 범위	동적(Dynamic) 모의
적용 수체	강, 호수, 저수지, 하구, 해양
가정	Hydrostatic assumption, Boussinesq approximation
특징	• 3차원 수리모델인 GLLVHT모델과 여러 개의 수질모델로 구성 • 수질모델 중 부영양화 모델인 WQDPM 모델은 EUTRO5(WASP5)의 확장모델 • fully dynamic 3D finite difference semi-implicit hydrodynamic model • wetting and drying 기능 있음 • 전후처리기의 기능이 탁월함(grid 생성기, GIS 모듈 등) • sediment transport module 및 diagenesis 포함 • 표면 열교환, wind shear, 표면 강우/교환이 포함됨 • 격자층이 고정되어 있어 취수 및 방류 높이 설정이 가능함
수질모의 항목	수온, 염분도와 DO, NH3-N, NO3-N, PO4-P, 식물성플랑크톤, ON_D, ON_P, OP_D, OP_P, CBOD_D, CBOD_P, TSS 의 12종
제한요소	• 사유(proprietary) 모델 • 격자 개수가 많을 경우 모의시간이 오래 걸림 • single phytoplankton group
source code	Fortran, 비공개
입력자료	위치, 고도, 수체 형상 자료, 시간에 따른 경계조건, 유입유량 및 수온, 유입 구성성분 농도, 유 출유량, 기상 자료 등

표 11.15 MIKE3 모형(국립환경과학원, 2012)

구분	특성
공간적 범위	1, 2, 3차원 모의
시간적 범위	동적(Dynamic) 모의
적용 수체	강, 호수, 하구, 해안, 해양
가정	–
특징	• 수리 모듈은 Reynolds-averaged Navier-Stokes 방정식을 이용함 • complete hydrodynamic model • computational grid option이 여러 종류 포함 • implicit ADI finite difference scheme of 2nd order accuracy • 서로 다른 turbulence model을 포함 • sediment nutrient flux model과 sediment diagenesis 포함 • cohesive sediment, noncohesive sediment 모의 • 미량의 용존 물질의 이동을 모델링 • wetting and drying 기능 있음
수질모의 항목	수온, 염분도와 대장균, DO, BOD, N-series, P-series, 식물성플랑크톤, 동물성플랑크톤, macroalgae, 저서식물, 사용자 정의 수질항목, 금속 등
제한요소	사유(proprietary) 모델
source code	비공개
입력자료	지형자료, segmentation, 경계 조건, 초기 조건, 점 및 비점 오염 부하량, 반응상수 등

표 11.16 RMA-2/RMA-4 모형(국립환경과학원, 2012)

구분	특성
공간적 범위	1, 2차원 (수심방향 평균) 모의
시간적 범위	동적(Dynamic) 모의
적용 수체	하천, 하구, 연안, 해양
가정	• RMA-2 모델은 hydrostatic assumption(정역학적 가정)하에서 작용. 즉, 수직방향의 가속도는 무시 • RMA-4 모델은 수심방향 농도분포가 일정하다고 가정
특징	• RMA-2는 수리모델, RMA-4는 수질모델 • 수심별 변화가 무시할 만한 성층화되지 않은 수체에 적용 • RMA-2는 Navier-Stokes 방정식에 난류의 흐름을 고려한 Reynolds 방정식으로 유한 요소의 해를 계산 • wetting and drying 모의 • marsh porosity를 모의 • RMA-4 모델은 수심방향의 농도분포는 균일하다고 가정하는 유한요소 수질이송 수치모형 • RMA-4 모델은 RMA-2 모델의 시뮬레이션 결과에 기초하여 오염물질 부하량과 위치, 중력에 의한 침강을 고려하여 시간에 따른 수체 내 수질 분포를 예측하며 유한요소법으로 해를 구함 • 하천, 하구, 해양에서 토사 확산과정을 예측하는 데 적합
수질모의 항목	보존성 또는 비보존성 물질의 6종의 농도를 모의 가능
제한요소	• 수심별 수리 및 수질 변화에 대한 반영이 불가능 • 상호 연관된 수질 항목에 대한 예측이 불가능
source code	Fortran
입력자료	초기조건, 경계조건, 수리계수, 반응계수 등

표 11.17 WASP 모형(국립환경과학원, 2012)

구분	특성
공간적 범위	1, 2, 3차원 모의 유사3차원(DYNHYD)
시간적 범위	동적(Dynamic) 모의 및 사용자 정의 time step
적용 수체	하천, 호수, 강, 하구, 해양
가정	완전 혼합 control volume을 가정
특징	• 수리모델인 DYNHYD와 수질모델 중 수질 및 부영양화 모델인 EUTRO와 독성물질 모델인 TOXI로 구성 • 수리모델 DYNHYD는 1차원이고, wetting and drying 기능 포함 안 됨 • EFDC와 같은 다른 수리모델과 연결하여 1, 2, 3차원 모의를 할 수 있음 • time difference를 위해서는 1-step Euler method solution 적용하고 advection term을 풀기 위해서는 공간에 대해서 UPWIND difference method 사용 • EUTRO는 부영양화, 영양염류, DO를 모의, TOXI는 금속, 독성물질, sediment transport 모의 • 중금속의 재부유 flux를 모의할 수 있음 • sediment diagenesis 포함
수질모의 항목	수온, 염분도, bacteria, DO, CBOD, ultimate BOD, NBOD, phytoplankton carbon, Chl-a, phytoplankton Nitrogen, N-series, P-series, TKN, 대장균, 식물성플랑크톤, 보존성 및 비보존성 물질, 유기화학물질, 금속, sediment를 포함하는 독성 오염물질 등
제한요소	• periphyton과 macroalgae를 고려 안 함 • DYNHYD와 연결되면 평면 2차원 모의 • 동물성플랑크톤은 직접 모의되지 않음 • 수심 방향으로는 구성 가능한 수층의 수가 제한적
source code	Fortran, open source code
입력자료	지형 자료, 기후, segmentation 자료, benthic flux, external loading, 초기조건, 경계조건, 점 및 비점오염원 유입자료, 유량 파일, vertical mixing coefficient, open boundary condition, 생물학적 화학적 반응계수

표 11.18 모형의 일반적 특성 비교(국립환경과학원, 2012)

특성 \ 모형	CE-QUAL-RIV1	CE-QUAL-W2	EFDC	GEMSS	MIKE3	RMA-2/ RMA-4	WASP
성층화현상	–	○	○	○	○	–	–
3차원	–	–	○	○	○	–	○*
동적 모의	○	○	○	○	○	○	○
하천 모의	○	○	○	○	○	○	○
호소 모의	–	○	○	○	○		○
전/후처리기	–	△	△*	○	○	○	△
비용	–	–	–	–	○	○	–
국내 적용 사례	○	○	○	○	–	○	○

○ : 해당 특성이 해당(*: 유사3차원)
– : 해당 특성이 없음
△ : grid 생성 기능 없음(*: 별도의 프로그램 이용 가능)

표 11.19 모델의 주요 수질모의 항목 비교(국립환경과학원, 2012)

특성 \ 모형	CE-QUAL-RIV1	CE-QUAL-W2	EFDC	GEMSS	MIKE3	RMA-2/RMA-4	WASP
BOD	○	○	△	○	○	−	○
DO	○	○	○	○	○	−	○
Nitrogen	○	○	○	○	○	−	○
Phosphorus	○	○	○	○	○	−	○
sediment diagenesis	−	−	○	○	−	−	○
Toxics	−	−	○	−	○	−	○
Metals	○	−	○	−	○	−	−
User-defined	−	−	○	−	○	○	○
Temperature	○	○	○	○	○	−	○
Coliform bacteria	○	○	○	○	○	−	○
Salinity	−	−	○	○	○	−	○
TSS	−	○	○	○	○	−	○
Chl-a	○	○	○	○	○	−	○
Algae	○	○	○	○	○	−	○

○: 해당 수질 항목을 모의함
−: 해당 수질 항목을 모의하지 않음
△: POC, DOC, TOC 모의 후 환산

참고문헌

1) 국립환경과학원(2012), 4대강 수질예측을 위한 3차원 수치모델 개발 및 다중모델 수질예보 활용성 평가(I).

2) 환경부(2004), 수질오염총량관리제도: 지속가능한 사회를 열어갑니다.

3) 환경부(2016), 제2차 물환경관리 기본계획.

4) 환경부(2019), 물환경측정망 설치·운영 계획.

5) 환경부, 물환경정보시스템(http://water.nier.go.kr).

6) 환경부, 실시간수질정보시스템(http://www.koreawqi.go.kr)

7) Park, M. H., Cho, H. L., and Koo, B. K.(2014). "Estimation of Pollution Loads from the Yeongsan River Basin using a Conceptual Watershed Model." *Journal of Korean Society on Water Environment*, Vol. 30, No. 2, pp. 184-198.

8) Shin, C. M., Na, E. Y., Lee, E. J., Kim, D. G., and Min, J. H.(2013). "Operational Hydrological Forecast for the Nakdong River Basin Using HSPF Watershed Model." *Journal of Korean Society on Water Environment*, Vol. 29, No. 2, pp. 212-222.

찾아보기

저자 소개

정관수   충남대학교 교수
1993년 미국 University of Arizona 공학박사(수공학)
- 1995-1997년   한국수자원공사 수자원연구원 선임연구원
- 1997년-현재   충남대학교 토목공학과 교수
- 2011년-현재   충남대학교 국제수자원연구소 소장

안현욱   충남대학교 교수
2011년 일본 Kyoto University 공학박사(수자원공학)
- 2011-2013년   국가수리과학연구소 연구원
- 2014-2014년   수원대학교 토목공학과 교수
- 2014년-현재   충남대학교 지역환경토목학과 교수

장창래   한국교통대학교 교수
2003년 일본 Hokkaido University 공학박사(수리학)
- 2004-2009년   한국수자원공사 수자원연구원 선임연구원
- 2014-2015년   미국 지질조사국(US Geological Survey) Visiting Scholar
- 2009년-현재   한국교통대학교 토목공학과 교수

김연수   K-water 연구원 선임연구원
2013년 일본 Kyoto University 공학박사(수자원공학)
- 2013-2014년   Kyoto University 대학원 박사후연구원
- 2014-2015년   충남대학교 국제수자원연구소 연구원
- 2015년-현재   K-water연구원 선임연구원

이기하   경북대학교 교수
2008년 일본 Kyoto University 공학박사(수문학)
- 2009-2011년   충남대학교 국제수자원연구소 전임연구원
- 2012-2013년   국회입법조사처 입법조사관
- 2013년-현재   경북대학교 건설방재공학부 교수

최미경   충남대학교 국제수자원연구소 연구원
2014년 일본 Kyoto University 공학박사(생태수리학)
- 2014-2015년   Kyoto University 방재연구소 연구원
- 2015년-현재   충남대학교 국제수자원연구소 연구원
- 2018년-현재   국립생태원 외부연구원

박상현   국립환경과학원 환경연구사
2013년 충남대학교 공학박사(수공 및 환경공학)
- 2008-2010년   국립환경과학원 수질오염총량관리 전문위원
- 2010년-현재   국립환경과학원 환경연구사

하천공학

초판발행 2019년 11월 25일
초판 2쇄 2020년 8월 10일

저   자 정관수, 안현욱, 장창래, 김연수, 이기하, 최미경, 박상현
펴 낸 이 김성배
펴 낸 곳 도서출판 씨아이알

책임편집 박영지, 김동희
디 자 인 송성용, 윤미경
제작책임 김문갑

등록번호 제2-3285호
등 록 일 2001년 3월 19일
주   소 (04626) 서울특별시 중구 필동로8길 43(예장동 1-151)
전화번호 02-2275-8603(대표)
팩스번호 02-2265-9394
홈페이지 www.circom.co.kr

I S B N 979-11-5610-804-7 (93530)
정   가 22,000원